# 电网物资质量检测技术实务

## 开关类物资

国网江苏省电力有限公司电力科学研究院　编著

## 内 容 提 要

《电网物资质量检测技术实务》丛书共有《线缆类物资》《材料类物资》《线圈类物资》《开关类物资》4 个分册。

本书为《开关类物资》分册，共分两部分，高压开关设备和低压成套开关设备，详细介绍了高压开关柜、环网柜、柱上开关、隔离开关（接地开关）、电缆分支箱（10~35kV）、低压综合配电箱（JP 柜）、低压开关柜、低压电缆分支箱（0.4kV）等高低压开关类设备的检测试验技术。

本书实用性强、覆盖面广，可供广大从事高低压开关类产品设计、制造、试验、运行等工作的技术人员参考使用，同时对实验室专业检测人员也有很好的指导作用。

**图书在版编目（CIP）数据**

电网物资质量检测技术实务．开关类物资 / 国网江苏省电力有限公司电力科学研究院编著．—北京：中国电力出版社，2021.10

ISBN 978-7-5198-5902-2

Ⅰ．①电…　Ⅱ．①国…　Ⅲ．①配电系统－开关－质量检验　Ⅳ．①TM727

中国版本图书馆 CIP 数据核字（2021）第 163376 号

---

出版发行：中国电力出版社
地　　址：北京市东城区北京站西街 19 号（邮政编码 100005）
网　　址：http://www.cepp.sgcc.com.cn
责任编辑：王　南（010-63412876）
责任校对：黄　蓓　常燕昆
装帧设计：张俊霞
责任印制：石　雷

---

印　　刷：三河市万龙印装有限公司
版　　次：2021 年 10 月第一版
印　　次：2021 年 10 月北京第一次印刷
开　　本：787 毫米×1092 毫米　16 开本
印　　张：19
字　　数：408 千字
印　　数：0001—1000 册
定　　价：110.00 元

---

## 本书编写组

**主　　编**　贾勇勇

**副主编**　戴建卓

**编写人员**　汪　伦　宋思齐　赵　恒　郭光辉　韩　侃

李成钢　储昭杰　杨卫星　张思聪　陈昱彤

刘　媛　李　杰　曹　坚　陈　晨　杨英杰

徐秀红　陈　源　贾觉山　彭中林　金心如

贾晓明　周　璇　章君春　刘　铁　肖少非

房　红　李静怡　杨店飞　周　军　王方青

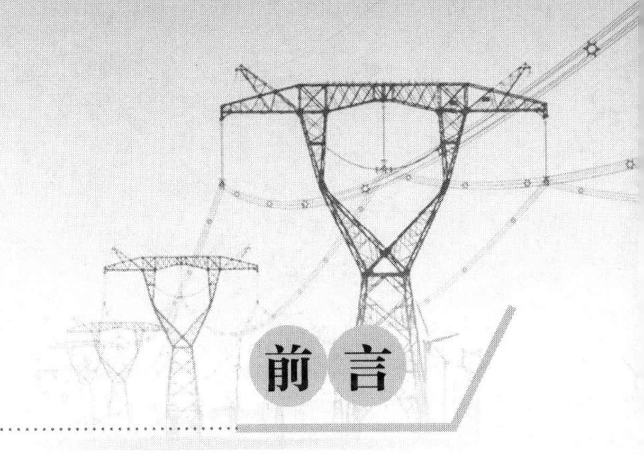

# 前 言

近年来，随着电网物资质量检测覆盖的物资品类、检测项目增多，从业检测人员也越来越多。各电网企业及许多电力用户均加大了对电网物资的质量监督力度。如国家电网有限公司（简称国网公司）对入网物资提出了“三个百分百”（物资品类、批次、供应商百分百全覆盖）的抽检要求。经调研发现，现有的电网物资质量检测专业的图书多数侧重于介绍检测试验技术原理，未对检测试验的试验准备、试验过程、试验结果评判、典型案例进行系统阐述。因此，国网江苏省电力有限公司电力科学研究院调研最新电力系统物资质量水平及电网物资抽检模式，依据电网物资采购技术规范的最新要求，总结实际抽检过程中常见的不合格情况等，组织编写了《电网物资质量检测技术实务》丛书，将23类电网物资归纳分类为《线缆类物资》《材料类物资》《线圈类物资》《开关类物资》4个分册。

本书为《开关类物资》分册，共分两部分：高压开关设备和低压成套开关设备，详细介绍了高压开关柜、环网柜、柱上开关、隔离开关（接地开关）、电缆分支箱（10～35kV）、低压综合配电箱（JP柜）、低压开关柜、低压电缆分支箱（0.4kV）等高低压开关类设备检测工作，主要包括试验项目概述、试验准备、试验过程、注意事项、试验后检查、结果判定、案例分析等内容。

本套丛书实用性强、覆盖面广，适用于广大从事电气设备产品设计、制造、试验、运行等工作的技术人员，同时对实验室专业检测人员有很好的指导作用。

本套丛书在编写过程中得到了西安高压电器研究院有限责任公司、苏州电器科学研究院股份有限公司等同行业单位的大力支持，在此，向他们表示由衷的感谢！

由于编者水平有限，书中难免有疏漏、不妥或错误之处，恳请广大读者给予批评指正。

编 者

2021年7月

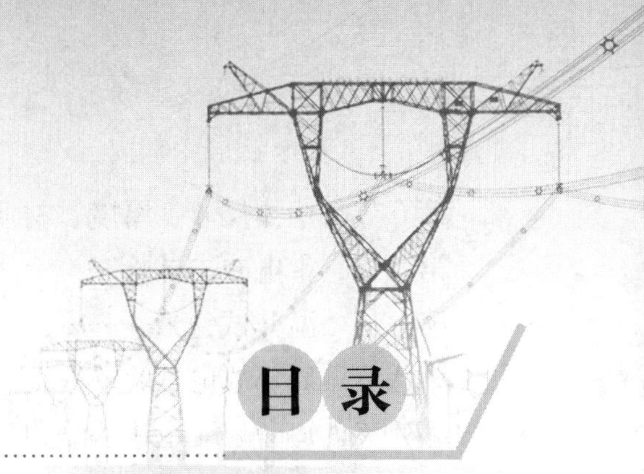

# 目 录

# 第二部分　低压成套开关设备

# 第一部分 高压开关设备

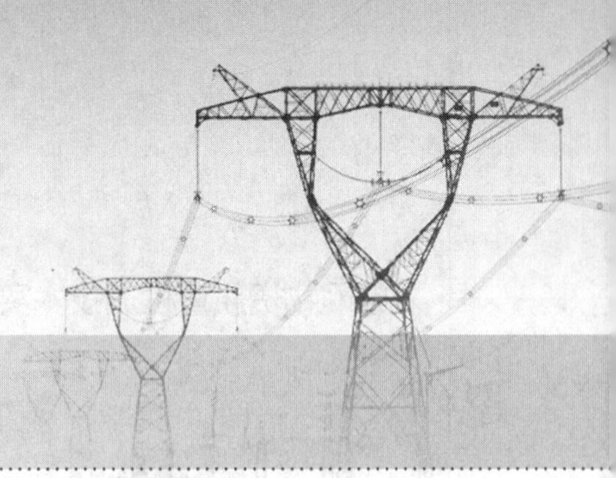



# 第一章 概　　述

高压开关设备是指额定电压 1kV 及以上，主要用于开断和关合导电回路的电器，是高压开关与其相应的控制、测量、保护、调节装置以及附件、外壳和支撑等部件及其电气和机械的联结组成的总称，是接通和断开回路、切除和隔离故障的重要控制设备。

高压开关设备一般包括：高压开关柜、环网柜、高压断路器、柱上开关、隔离开关、负荷开关、熔断器及高压电缆分支箱等。

高压开关设备广泛应用于配电系统，作接受与分配电能之用。既可根据配电系统运行需要将一部分电力设备或线路投入或退出运行，也可在电力设备或线路发生故障时将故障部分从配电系统中快速切除，从而保证配电系统中无故障部分的正常运行，以及设备和运行维修人员的安全。因此，高压开关设备是非常重要的配电设备，其安全、可靠运行对配电系统具有十分重要的意义。

本部分所涉及的高压开关设备仅包含以下 5 种产品：高压开关柜、环网柜、柱上开关、隔离开关（接地开关）、电缆分支箱（10～35kV）。

由于上述 5 种高压开关设备的检测试验项目内容重复较多，因此，本部分中针对试验内容的相同部分不做重复介绍，请直接对应参考查阅。

本书推荐和涉及的高压开关设备检测标准如下，本书引用的标准未注明年号，均以编写时的最新版本为准：

GB/T 1984《高压交流断路器》

GB/T 1985《高压交流隔离开关和接地开关》

GB/T 3804《3.6kV～40.5kV 高压交流负荷开关》

GB/T 3906《3.6kV～40.5kV 交流金属封闭开关设备和控制设备》

GB/T 4208《外壳防护等级（IP 代码）》

GB/T 7354《高电压试验技术 局部放电测量》

GB/T 11022《高压交流开关设备和控制设备标准的共用技术要求》

GB/T 16926《高压交流负荷开关—熔断器组合电器》

GB/T 16927.1《高电压试验技术　第 1 部分：一般定义及试验要求》

DL/T 402《高压交流断路器》

DL/T 404《3.6kV～40.5kV 交流金属封闭开关设备和控制设备》

DL/T 486《高压交流隔离开关和接地开关》

DL/T 593《高压交流开关设备和控制设备标准的共用技术要求》

DL/T 991《电力设备金属光谱分析技术导则》

JB/T 3855《高压交流真空断路器》

Q/GDW-11-284《交流隔离开关及接地开关触头镀银层厚度检测导则》

# 第二章　高 压 开 关 柜

高压开关柜是交流金属封闭开关设备和控制设备，是由制造厂按照一定的接线方式，将同一回路的开关电器、母线、测量仪表、保护电器和辅助设备等都装配在封闭的金属柜中的成套配电装置，一般适用于交流 50Hz、3.6～40.5kV 电压的电力系统中，具备接受及分配电能的接通、断开和监视保护作用。其具有结构紧凑、使用方便等特点，可以广泛用于控制和保护变压器、高压线路和高压电动机等设备。

高压开关柜具有架空进出线、电缆进出线、母线联络等功能，主要适用于发电厂、变电站、电力系统变电站、石油化工、厂矿企业和住宅小区等不同场所。

高压开关柜的类型主要包括固定式和手车式两种。按结构的不同，可分为开启式、封闭式和半封闭式三种；按使用环境的不同，可分为户内和户外两种；按操作方式的不同，可分为电磁操动机构、弹簧操动机构和手动操动机构等。

高压开关柜应满足交流金属封闭开关设备标准的相关要求，其主要由柜体和断路器两大部分组成；柜体由壳体、母排、电器元件（包括绝缘件）、综保装置、二次端子及连线等组成，一般分为母线室、开关室、电缆室和仪表室四个不同的功能单元；断路器由灭弧室、操动机构以及手车等组成。

国网公司高压开关柜抽样检测试验项目见表 2-1，分为 A、B、C 三类。

**表 2-1　　　　国网公司高压开关柜抽样检测试验项目**

| 序号 | 抽检类别 | 试　验　项　目 |
|---|---|---|
| 1 | C类 | 工频耐压试验 |
| 2 | | 主回路电阻测量 |
| 3 | | 机械操作和机械特性测量试验 |
| 4 | | 电气联锁试验 |
| 5 | | 柜体尺寸、厚度、材质检测 |
| 6 | | 隔离开关触头镀银层厚度检测 |
| 7 | | 一次接线型式、相序、安全净距检查 |
| 8 | | 辅助和控制回路的绝缘试验 |

续表

| 序号 | 抽检类别 | 试验项目 |
|---|---|---|
| 9 | B类 | 雷电冲击试验 |
| 10 | | 温升试验 |
| 11 | A类 | 短时耐受电流和峰值耐受电流试验 |
| 12 | | 内部故障电弧试验 |

## 第一节 工频耐压试验

### 一、试验概述

#### （一）试验目的

高压开关设备的绝缘性能关系到设备和人身安全，一旦绝缘失效发生短路，就会导致恶性事故。绝缘击穿或绝缘破坏是高压开关设备在运行中发生最多的故障之一。工频耐压试验目的是确认高压开关设备的绝缘性能（额定短时工频耐受电压），以及耐受低频暂时过电压的能力。

高压开关设备在运行中，绝缘长期经受电场，温度和机械振动的作用会逐步发生劣化，形成缺陷。各种试验方法各有所长，均能发现一些缺陷，反映出绝缘状况，工频耐压试验符合电力设备在运行中所承受的电气状况，同时工频耐压试验电压一般比运行电压高，因此工频耐压试验合格的设备都有较大安全裕度，工频耐压试验的目的也是考核高压开关设备的绝缘强度，验证设备是否具有在电网可靠安全运行的必要条件。

#### （二）试验依据

GB/T 1984《高压交流断路器》

GB/T 3804《3.6kV～40.5kV 高压交流负荷开关》

GB/T 3906《3.6kV～40.5kV 交流金属封闭开关设备和控制设备》

GB/T 16926《高压交流负荷开关—熔断器组合电器》

GB/T 16927.1《高电压试验技术　第1部分：一般定义及试验要求》

GB/T 11022《高压交流开关设备和控制设备标准的共用技术要求》

DL/T 402《高压交流断路器》

DL/T 404《3.6kV～40.5kV 交流金属封闭开关设备和控制设备》

DL/T 593《高压开关设备和控制设备标准的共用技术要求》

#### （三）试验主要参数

1. 开关设备和控制设备

开关设备和控制设备是开关装置及与其相关的控制、测量、保护和调节设备的组合，以及这些装置和设备同相关的电气连接、附件、外壳和支撑件的总装的总称。

2. 绝缘水平

绝缘水平是指在规定的条件下，所设计装置的绝缘应耐受试验电压。

3. 1min 工频耐受电压

1min 工频耐受电压是指在规定的试验条件下，高压开关柜的绝缘耐受的工频正弦交流电压的有效值。额定绝缘水平见表 2-2。

表 2-2　额定绝缘水平　kV

| 额定电压 $U_r$（有效值） | 额定工频短时耐受电压 $U_d$（有效值） | |
|---|---|---|
| | 通用值 | 隔离断口 |
| 12 | 42 | 48 |
| 24 | 50* | 60* |
| | 65 | 79 |
| 40.5 | 95 | 118 |

* 此时的数值适用于中性点接地系统。

4. 交流电压峰值

交流电压峰值是指正负半波峰值的平均值。

5. 试验电压值

试验电压值是交流电压峰值除以 $\sqrt{2}$ 。

6. 试验电压有效值

试验电压有效值是指一个完整的周波中电压值平方的平均值的平方根。

试验电压一般应是频率为 45～55Hz 的交流电压，通常称为工频试验电压。

试验电压的波形为近似正弦波，且正半波与负半波幅值的差应小于 2%。如果正弦波的峰值与有效值之比在 $\sqrt{2}$ ±5%以内，则认为高压试验结果不受波形畸变的影响。

试验电压的容差，若试验持续时间不超过 60s 时，在整个试验过程中试验电压的测量值应保持在规定电压值的±1%以内。当试验持续时间超过 60s 时，在整个试验过程中试验电压测量值可保持在规定电压值的±3%以内。

7. 破坏性放电

破坏性放电是指与电气作用下绝缘发生故障有关的现象。试验时绝缘完全被放电桥接，并使电极间的电压实际降到零。适用于固体、液体和气体介质以及他们的复合介质中的破坏性放电。有时也称“电气击穿”。

8. 火花放电

火花放电是指气体或液体媒介中发生的破坏性放电。

9. 闪络

闪络是指气体或液体媒介中沿介质表面发生的破坏性放电。

10. 击穿

击穿是指固体介质中发生的破坏性放电。注意：固体介质中发生破坏性放电会导致绝缘强度的永久丧失；而在液体或气体介质中绝缘只是暂时丧失强度。

11. 非破坏性放电

非破坏性放电是指发生在中间电极之间或导体之间的放电，此时试验电压并不跌落至零。除非有关技术委员会另有规定，否则，这种现象不能视作破坏性放电。有些非破坏性放电称为局部放电，参见 GB/T 7354。

12. 外绝缘

外绝缘是指空气绝缘及设备固体绝缘的外露表面，承受电压作用并直接受大气和其他外部条件的影响。

13. 内绝缘

内绝缘是指不受外部条件如污秽、湿度和虫害等影响的设备内部绝缘的固体、液体或气体部件。

14. 自恢复绝缘

自恢复绝缘是指施加试验电压引起破坏性放电后，能完全恢复其绝缘特性的绝缘。

15. 非自恢复绝缘

非自恢复绝缘是指施加试验电压引起破坏性放电后，丧失或不能完全恢复其绝缘特性的绝缘。

## 二、试验前准备

### （一）试验装备与环境要求

1. 试验装备

一般情况下高压成套开关设备的该项试验所用的试验仪器设备参数见表 2-3。

**表 2-3　　试验仪器设备参数表**

| 仪器设备名称 | 关键参数 | 准确级 |
| --- | --- | --- |
| 工频试验变压器成套装置 | 1. 额定电压应大于被试品工频耐压试验要求值，并有一定裕度；<br>2. 高压侧额定电流大于 0.5A | 电压：±3%<br>时间：±3% |

2. 环境要求

根据 GB/T 11022 的规定，对于户内高压开关柜：

（1）空气温度：周围空气温度不超过 40℃，且在 24h 内测得的平均值不超过 35℃。

（2）海拔：海拔不超过 1000m。

（3）湿度条件：在 24h 内测得的相对湿度的平均值不超过 95%；在 24h 内测得的水蒸气压力的平均值不超过 2.2kPa；月相对湿度平均值不超过 90%；月水蒸气压力平均值不超过 1.8kPa。

（4）大气修正因数（$K_t$）：标准参考大气条件和大气条件修正因数见 GB/T 16927.1—2011 中 4.3 的规定。试验现场的大气条件包括大气压力 $b$、温度 $t$ 和绝对湿度 $h$。对处于大气中的外绝缘是主要绝缘的高压开关柜，应该使用大气修正因数 $K_t$。

$K_t$ 的计算方法如下：

1）相对空气密度 $\delta$

$$\delta = \frac{b}{101.3} \times \frac{273+20}{273+t} \qquad (2\text{-}1)$$

2）空气密度修正因数 $k_1$

$$k_1 = \delta^m \qquad (2\text{-}2)$$

3）湿度修正因数 $k_2$

$$k_2 = K^w \qquad (2\text{-}3)$$

其中，$K=1+0.012(h/\delta-11)$。

对于额定电压 40.5kV 及以下的高压开关柜，以上公式中的 $m$ 和 $w$ 有如下假定：

a．绝对湿度高于参考大气的湿度，即 $h>11\text{g/m}^3$ 时，$m=1$ 且 $w=0$；

b．绝对湿度低于参考大气的湿度，即 $h<11\text{g/m}^3$ 时，$m=1$ 且 $w=1$。

4）大气修正因数则为

$$K_t = k_1 \times k_2 \qquad (2\text{-}4)$$

实际施加的试验电压

$$U = K_t \times U_0 \qquad (2\text{-}5)$$

3. 大气参数的测量

（1）湿度：湿度最好用其扩展不确定度不大于 $1\text{g/m}^3$ 的仪表直接测量绝对湿度。只要能够满足上述绝对湿度测量准确度的要求，也可通过测量相对湿度和环境温度确定绝对湿度。

（2）温度：通常测量环境温度扩展不确定度不大于 1℃。

（3）绝对压力：测量周围绝对压力的扩展不确定度应不大于 0.2kPa。

对于既有内绝缘又有外绝缘的开关设备和控制设备，如果修正因数 $K_t$ 的值在 0.95 到 1.05 之间，应该使用修正因数。然而，为了避免内绝缘受到过高的电压，如果已确认外绝缘性能良好，则可以略去修正因数 $K_t$。

如果 $K_t$ 大于 1.0，完成外绝缘的试验时内绝缘承受的电压过高，则需要分步进行以避免内绝缘电压过高。如果 $K_t$ 小于 1.0，完成内绝缘的试验时外绝缘承受的电压会过高，则需要分步进行以避免外绝缘电压过高。

**（二）试验前的检查**

（1）试验前检查试验设备是否完好，测量仪表应在校准有效期内。

（2）检查样机试品是否装配完整，绝缘件的外表面应处于清洁状态。

（3）样机试品试品应该按制造厂规定的最小电气间隙和高度安装。

（4）如果装有保护系统用的弧角或弧环，为了进行试验，可以把它们拆下或增大它们的间距。如果是用来改善电场分布的，试验时它们应该保持在原来的位置。

（5）试验前应对高压开关柜进行一次分合闸操作，确保其操作正常。

## 三、试验过程

### （一）试验原理和接线

（1）对于三个试验电压（相对地、相间、断口间）相等的一般情况，当高压开关柜进行相间和对地工频耐压试验时，应依次将主回路每一相的导体与试验电源的高压端连接，同时，其他各相导体和柜体底架接地，并保证主回路的连通（例如，通过合上开关装置或其他方法）。

（2）对于开关装置断口试验电压高于相对地耐受电压的特殊情况，当高压开关柜进行开关断口（或隔离断口）之间工频耐压试验时，如果依次将主回路每一相的导体与试验电源的高压端连接，将试验电压施加在断口之间，试验电源另一端接地时，其他各相导体和柜体底架应与地绝缘。

（3）工频耐压试验原理接线图如图 2-1 所示，工频耐压试验接线实物图如图 2-2 所示。

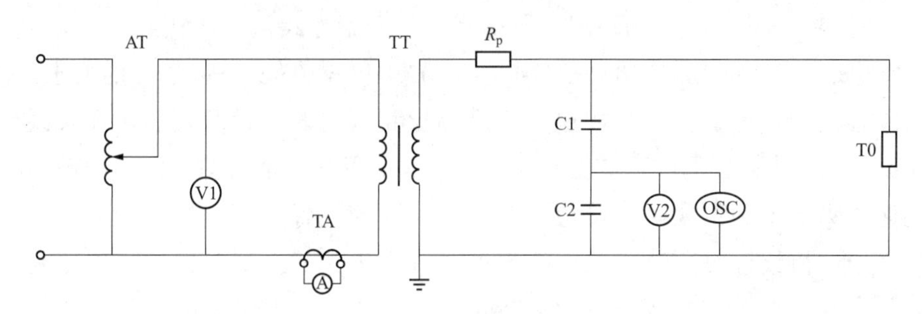


图 2-1 工频耐压试验原理接线图

AT—调压器；$R_p$—保护电阻；TA—电流互感器；TT—工频试验变压器；T0—试品；A—电流表；C1—高压臂电容；C2—低压臂电容；V2—峰值电压表（Voltmeter）；OSC—数字示波器（Oscilloscope）

### （二）试验方法

（1）试验前做好试验的安全措施，应设有安全警示灯、指示牌，所有设备和试品周围应设有安全围栏，并留有足够的安全距离。

（2）对于充有绝缘气体的试品，应检查气体压力，应在技术文件规定的范围内，如果气体压力低于规定要求，不能进行试验，应及时通知送检单位处理。

（3）如果试品内带有避雷器和电压互感器，应与主回路断开，电流互感器二次绕组应短接。

图 2-2 工频耐压试验接线实物图

（4）整个测量回路中的所有接地都应引至同一参考接地点。

（5）试验前记录周围大气环境的湿度、温度及绝对压力值，并按照式（2-4）计算大

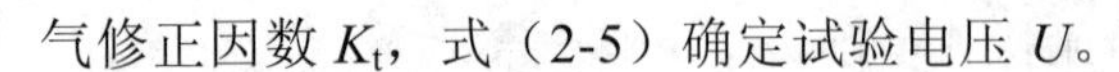


气修正因数 $K_t$，式（2-5）确定试验电压 $U$。

（6）接线及倒换接线。

（7）试验电压的施加和试验条件（原则上应包括下列试验）。

1）相间和对地。

试验电压值按 GB/T 3906—2020 中 7.2.6 的规定。主回路的每相导体应依次与试验电源的高压接线端连接。主回路的其他导体和辅助回路应与接地导体或框架相连，并与试验电源的接地端子相连接。

应在所有的开关装置（接地开关除外）处于合闸位置，且所有的可移开部件处于工作位置的条件下进行绝缘试验。并应注意到下述可能的情况，即在开关装置处于分闸位置或可移开部件处于隔离位置、移开位置、试验位置或接地位置时，可能引起更为不利的电场条件时，试验应在该条件下重复进行。当可移开部件处于隔离位置、试验位置或移开位置时，其本身不进行这些耐压试验。

对这些试验，例如电流互感器、电缆终端和过流脱扣/指示器这些装置应按正常工作情况装设。如果不能确定最不利的情况，则需在其他布置方式重复试验。

为了检验是否符合 GB/T 3906—2020 中 6.102.4 和 6.103.3.3 的项 a）的要求，对操作和维护时可能触及的绝缘材料的观察窗、绝缘隔板和活门的可触及表面，在其绝缘强度最不利的位置覆盖一块接地的圆形或方形金属箔，其面积尽可能大些，但不超过 $100cm^2$，当不能确定何处为最不利位置时，试验应在几个不同的位置重复进行。为便于试验，根据制造厂和用户的协议，可同时用几个金属箔，或用更大的金属箔覆盖于绝缘材料的更大的部分。

2）隔离断口之间。

主回路的各隔离断口应施以 GB/T 3906—2020 中 5.3 所规定的试验电压，按 GB/T 11022—2020 的 7.2.6.1 规定的试验程序进行试验。

隔离断口可以是：

a．打开的隔离开关。

b．由可抽出或可移开的开关装置连接的主回路的两个部分之间的断口。

c．如果在隔离位置或试验位置，有一个接地的金属活门插在被分开的触头之间形成一个分隔，则在接地的金属活门与带电部分之间的距离仅应耐受对地的试验电压。

d．若在固定部分与可抽出部件之间形成隔离断口且两者间没有分隔时，试验电压应按下述要求施加在断口之间。

e．处于隔离或试验位置的可抽出部件应该使得固定触头和可移动触头之间距离最短。

f．可抽出部件的开关装置应处于合闸位置。

g．如果开关装置不可能处于合闸位置（例如联锁），应按下述进行两项试验：

（a）可抽出部件的位置应确保固定触头和可动触头之间的距离最短，且可抽出部件的开关装置需分闸；

（b）可抽出部件处于其他确定的位置，而可抽出部件的开关装置合闸。

3）补充试验。

为了检验是否符合 GB/T 3906—2020 标准中 6.103.3.3 的项 c）规定的要求，应按上述 1）相间和对地内容的规定，用一接地的金属箔覆盖于绝缘板或活门朝向带电体的表面，在主回路带电部分与绝缘隔板、活门内表面之间进行工频耐压试验，试验电压为 150%的额定电压，时间为 1min。

（8）开关设备和控制设备应按照表 2-2 的规定，承受短时工频耐受电压试验。对每一试验条件，升到试验电压并保持 1min。只进行工频电压干试验。

互感器、电力变压器或熔断器可以用能够再现高压连接电场分布情况的模拟品代替。过电压保护元件可以断开或移开。正常连接于相间的互感器、线圈或类似装置应该从试验电压作用的一极上隔离。

进行工频电压试验时，试验变压器的一端应与金属封闭开关设备和控制设备的外壳相连并接地。但当按 GB/T 3906—2020 中 7.2.6 的项 b）进行试验时，电源的中点或另一中间抽头接地并与外壳相连，以使得在任一带电部分和外壳之间的电压不超过 GB/T 3906—2020 中 7.2.6 的项 a）规定的试验电压值。如果不能这样，经制造厂同意，试验变压器的一端可以接地，必要时，外壳应与地绝缘。

对于开关断口或隔离断口的工频耐压试验，如果用一个电源进行试验时，试验电压施加在一个端子和地之间，对侧的端子接地；没有承受试验的其他所有端子和底架需要与地绝缘。

高压开关柜相间、相对地及断口间进行工频耐压试验的电压施加条件，见表 2-4 所示。高压开关柜的合分位置联结图如图 2-3 所示。

**表 2-4　　高压开关柜相间、相对地及断口间工频耐压试验的电压施加条件**

| 考核部位 | 试验条件 | 主开关 | 隔离开关 | 接地开关 | 加压部位 | 接地部位 |
|---|---|---|---|---|---|---|
| 相间、相对地 | 1 | 合闸 | 合闸 | 分闸 | Aa | BCbcF |
| | 2 | 合闸 | 合闸 | 分闸 | Bb | ACacF |
| | 3 | 合闸 | 合闸 | 分闸 | Cc | ABabF |
| | 4 | 分闸 | 合闸 | 分闸 | A | BCabcF |
| | 5 | 分闸 | 合闸 | 分闸 | B | ACabcF |
| | 6 | 分闸 | 合闸 | 分闸 | C | ABabcF |
| | 7 | 分闸 | 合闸 | 分闸 | a | ABCbcF |
| | 8 | 分闸 | 合闸 | 分闸 | b | ABCacF |
| | 9 | 分闸 | 合闸 | 分闸 | c | ABCabF |
| 断口 | 10 | 合闸 | 分闸 | 分闸 | a | A |

续表

| 考核部位 | 试验条件 | 主开关 | 隔离开关 | 接地开关 | 加压部位 | 接地部位 |
|---|---|---|---|---|---|---|
| 断口 | 11 | 合闸 | 分闸 | 分闸 | b | B |
| | 12 | 合闸 | 分闸 | 分闸 | c | C |
| | 13 | 合闸 | 分闸 | 分闸 | A | a |
| | 14 | 合闸 | 分闸 | 分闸 | B | b |
| | 15 | 合闸 | 分闸 | 分闸 | C | c |
| | 16 | 分闸 | 合闸 | 分闸 | a | A |
| | 17 | 分闸 | 合闸 | 分闸 | b | B |
| | 18 | 分闸 | 合闸 | 分闸 | c | C |
| | 19 | 分闸 | 合闸 | 分闸 | A | a |
| | 20 | 分闸 | 合闸 | 分闸 | B | b |
| | 21 | 分闸 | 合闸 | 分闸 | C | c |

注 1. 对于高压开关柜的隔离开关，进行隔离断口试验时，所有端子和底架可以与地绝缘。
2. 对于高压开关柜的隔离开关，通常代表的是可移开式部件（抽出式手车）。
3. 表中的 a、b、c 和 A、B、C 分别代表两侧的三相接线端子，F 为底架，如图 2-3 所示。

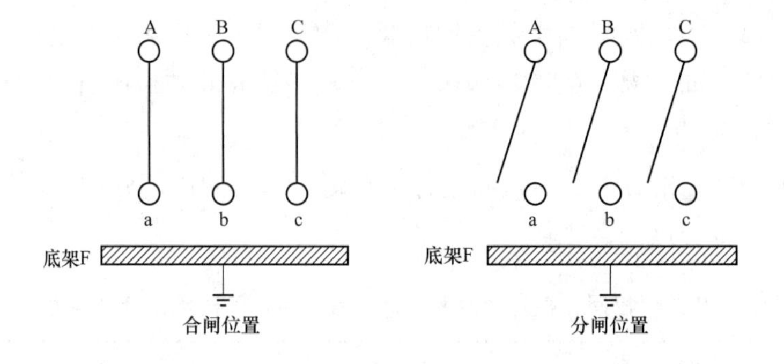


图 2-3 高压开关柜的合分位置联结图

（9）施加电压。用警铃提示开始试验。接通电源，对试品施加试验电压，电压应当从足够低的数值开始，以防止操作瞬变过程引起的过电压的影响；然后缓慢地升高电压，以便能在仪表上准确读数。但也不能升得太慢，以免造成在接近试验电压时耐压时间过长。若试验电压值从达到 75%$U$ 时以每秒 2%$U$ 的速率上升，一般可满足上述要求。试验电压应保持规定时间（1min），然后迅速降压，最终电压降至零，但不能突然切断，以免可能出现瞬变过程而导致故障或造成不正确的试验结果。

（10）每一试验条件的使用结束后，确认电源断开后，用接地棒放电。倒换接线，进行下一试验条件的试验。注意：倒换接线前应断开电源，挂接地棒，确保安全，倒换接线完成后摘除接地棒。

（11）全部试验结束后，确认电源断开后，用接地棒放电，并将接地棒挂接的设备上。

（12）如果试验过程中发生击穿或闪络，应确认已断开电源，挂接地棒，检查样品击穿位置，外部闪络还是内部击穿，如果是外部闪络，用无水酒精清洁绝缘表面，重新进行试验。如果确认是内部击穿，判定为试验不合格。

（13）在对隔离断口的试验中，如果发生对地闪络，这可能是对地绝缘水平低于隔离断口的绝缘水平导致的，不能判定对地绝缘不合格，可以把试品与地绝缘起来，再施加试验电压。

（14）注意，隔离开关处于分闸位置时的绝缘试验，应在指示或信号装置能够发出分闸信号时隔离开关的最小隔离断口，或在规定的锁定布置相一致的最小隔离断口下进行，无论哪种情况，隔离断口或间隙均为最小。

## 四、注意事项

（1）试验前做好试验的安全措施，要有关键位置联锁（防止人员带电进入）、信号灯、指示牌、安全围栏等。

（2）整个测量回路中所有的接地都应引至同一参考接地点。

（3）试验前，应检查充气压力并记录，确认充气压力符合标准要求。

（4）每次试验后、倒换接线前应断开电源，挂接地棒，确保安全，倒换接线完成后摘除接地棒（可以采用自动接地装置）。

（5）注意电压互感器和避雷器应与主回路断开，电流互感器二次绕组短接并接地。

（6）被试品应保持清洁并干燥，以免损坏被试品和试验带来的误差。

（7）使用工频耐压试验装置时，升压速度不能太快，并必须防止突然加压。例如调压器不在零位的突然合闸，也不能突然切断电源，一般应在调压器降至零位时合闸。

（8）在进行开关设备隔离断口试验时，应充分考虑带电部位对外壳的绝缘裕度，防止对地击穿（可以将试品对地绝缘）。

（9）在进行全绝缘开关设备隔离断口试验时，电缆的屏蔽层不应接地，防止电缆绝缘击穿。

## 五、试验后的检查

（1）检查所使用设备的完好性，并将所用的设备进行整理归位。

（2）检查试品的完好性、是否有击穿放电痕迹以及明显的破坏性放电。

（3）应该将试品状态复原，保证其完整性。

## 六、结果判定

若试品没有发生破坏性放电，则认为其通过了工频耐压试验。

针对该检测项目不合格现象严重性程度进行初步分级，不合格现象严重程度分级表见表 2-5。

表 2-5　　不合格现象严重程度分级表

| 序号 | 不合格现象 | 严重程度分级 | 结果判定依据 |
|---|---|---|---|
| 1 | 电压升高到试验电压，在规定的耐受时间（1min）内放电 | 轻微 | GB/T 3906<br>GB/T 11022 |
| 2 | 施加电压过程中，出现放电 | 严重 | |
| 3 | 电压无法施加 | 严重 | |

## 七、案例分析

**【案例一】**

1. 案例概况

规格为 KYN28-12/1250-31.5 高压开关柜，工频耐压试验进行到 Aa-BbCcF 时出现破坏性放电。

2. 不合格现象描述

可移开部分处于工作位置，断路器处于合闸位置，接地开关处于分闸位置时，对高压开关柜 A 相进行相间及对地工频电压耐受试验，当试验电压升至 39.9kV 时出现破坏性放电。按照 GB/T 11022—2020 的 7.2.5 条，判断试验不合格。触臂和活门放电痕迹图如图 2-4 所示。

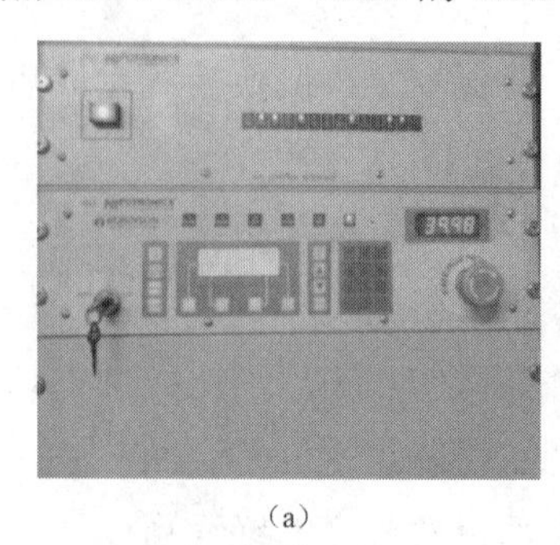


（a）

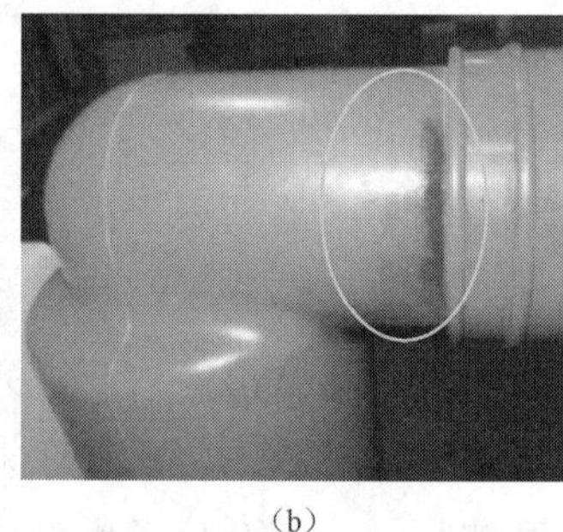

（b）

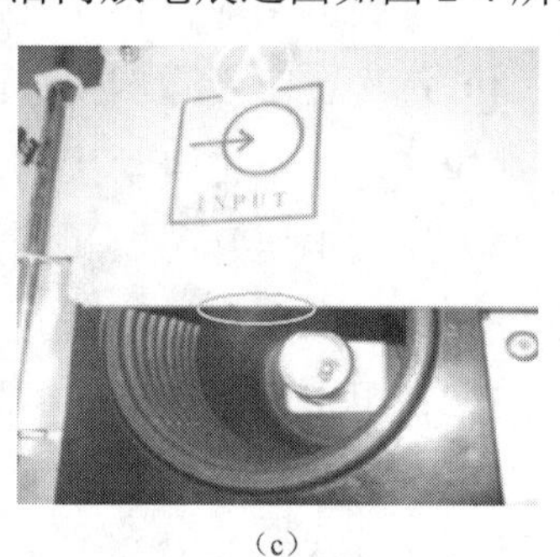


（c）

图 2-4　触臂和活门放电痕迹图

（a）试验电压；（b）触臂放电痕迹；（c）活门下沿放电痕迹

3. 不合格原因分析

（1）触臂的绝缘材料问题使其绝缘性能下降，导致主回路对金属活门击穿放电；

（2）断路器极柱与触臂连接处存在金属导体裸露现象；

（3）活门未安装到位，倾斜后距离主回路触臂较近，绝缘距离不足。

**【案例二】**

1. 案例概况

规格为 KYN61-40.5/1250-31.5 高压开关柜，工频耐压试验进行断路器断口考核时发生击穿现象。

2. 不合格现象描述

可移开部分处于工作位置，断路器处于分闸位置，接地开关处于分闸位置时，对高压开关柜断路器断口进行工频电压耐受试验，当试验电压升至 90.4kV 时断路器断口击穿，试

验后对断路器断口再进行绝缘电阻测量，发现绝缘电阻下降至 2.55MΩ，判断断路器断口已无绝缘能力，试验不合格。试验前后绝缘电阻变化图如图 2-5 所示。

（a）

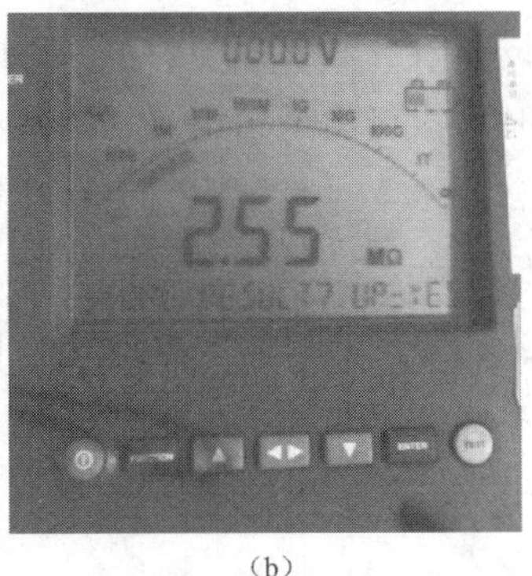


（b）

图 2-5　试验前后绝缘电阻变化图

（a）试验前；（b）试验后

3. 不合格原因分析

（1）真空灭弧室绝缘能力无法承受规定耐受电压要求；

（2）开关触头开距出厂前未调整到规定位置，导致触头开距不足。

【案例三】

1. 案例概况

规格为 KYN28-12/1250-31.5 高压开关柜，工频耐压试验进行相间及对地部位时出现放电现象。

2. 不合格现象描述

可移开部分处于工作位置，断路器处于合闸位置，接地开关处于分闸位置时，对高压开关柜进行相间及对地工频电压耐受试验，在升压过程中发生电缆室内部闪络放电现象，试验后对电缆室内部检查发现边相带电体与外壳金属螺栓之间距离小于 125mm，导致试验过程中发生闪络放电现象，判断试验不合格。

3. 不合格原因分析

（1）产品设计时侧边板处螺栓选择不合理，安装后也未及时处理；

（2）一次回路中的三相带电体安装存在错位现象，导致相间距离不对称且一侧靠近侧板距离太近。

# 第二节　主回路电阻测量

## 一、试验概述

### （一）试验目的

主回路电阻作为高压开关设备电气参数中最重要的特性指标之一，是供电异常早期警告的关键信息，也是电力系统性能和衰变的最可靠的指示。在评估可靠性和预测大多数类型的电力连接的失效中，主回路电阻的稳定性测试是最有效的。同时主回路电阻值是表征导电主回路的连接是否良好的一个参数，各类型产品都规定了一定范围内的值。若主回路电阻超过规定值时，很可能是导电主回路某一连接处接触不良，在大电流运行时接触不良处的局部温升增高，严重时甚至引起恶性循环造成氧化烧损，因此经常性的测量主回路电阻是必要的，可以做到早期预防，早期干预。

高压开关设备的主回路电阻包括触头（以及导体）的接触电阻和导体本身的电阻。导体电阻大小取决于导电材料的电导率和几何尺寸。而接触电阻与接触形式、接触压力、接触面积以及接触状况有关。如果接触电阻过大，接触部位就会过热，触头会发生局部熔焊，影响开关的性能。

高压开关设备的主回路电阻测量的主要用途是作为某些试验项目的使用判据，如标准中规定，温升试验前后以及短时耐受电流和峰值耐受电流试验前后的主回路电阻值差不得超过 20%。

**（二）试验依据**

GB/T 1984《高压交流断路器》

GB/T 1985《高压交流隔离开关和接地开关》

GB/T 3906《3.6kV～40.5kV 交流金属封闭开关设备和控制设备》

GB/T 11022《高压开关设备和控制设备标准的共用技术要求》

DL/T 402《高压交流断路器》

DL/T 404《3.6kV～40.5kV 交流金属封闭开关设备和控制设备》

DL/T 486《高压交流隔离开关和接地开关》

DL/T 593《高压开关设备和控制设备标准的共用技术要求》

**（三）试验主要参数**

（1）电阻：对于端子为 A 和 B 的电阻性二端元件或二端电路，端子间电压 $U_{AB}$ 除以元件或电路中流过电流 $i$ 的商。

主回路电阻值一般由制造厂根据额定电流和主回路的长度等规定。

（2）主回路：开关设备中承载额定电流的回路中的所有高压导电部件。

（3）接地回路：用来将高压导电部件同设施的接地系统相连的导体、连接以及接地装置的导电部件。

1）可以认为与接地系统连接的金属外壳的部件是接地回路的一部分。

2）电阻是指在电路中对电流的阻碍作用。

电阻的大小与导体的材料有关，与长度成正比，与直径成反比。长度越长，电阻阻值越大，直径越大，电阻阻值越小。

## 二、试验前准备

### （一）试验装备与环境要求

（1）试验装备：一般情况下高压成套开关设备的该项试验所用的试验仪器设备参数见表 2-6。

表 2-6 试验仪器设备参数表

| 仪器设备名称 | 参数 | 准确级 |
|---|---|---|
| 回路电阻测试仪 | 测量范围 0～20mΩ | 0.5%±0.2μΩ |
| 温度计 | 测量范围 0～50℃ | 温度：±0.8℃ |

（2）环境要求：根据 GB/T 11022—2020 的规定，对于户内高压开关柜：

1）空气温度：周围空气温度不超过 40℃，且在 24h 内测得的平均值不超过 35℃。

2）海拔：海拔不超过 1000m。

3）湿度条件：在 24h 内测得的相对湿度的平均值不超过 95%；在 24h 内测得的水蒸气压力的平均值不超过 2.2kPa；月相对湿度平均值不超过 90%；月水蒸气压力平均值不超过 1.8kPa。

4）主回路电阻测量值与周围空气的温度值有关，试验一般在–25～+40℃的温度下进行试验。试验数据应根据环境温度进行校正。

### （二）试验前的检查

（1）检查试验仪器仪表应完好、在校准有效期内；

（2）试品的端子应擦拭干净；

（3）测量线夹应与试品端子接触良好；

（4）选择合适的测量挡位，试验电流应不小于 100A。

## 三、试验过程

### （一）试验原理和接线

（1）本测量试验是为了检查高压开关柜主导电回路连接是否可靠，材料导电性能是否符合要求的检测试验。通常使用直流电阻测试仪，试验电流应该取 100A 到高压开关柜额定电流之间的任意值，测量高压开关柜母线侧至电缆出线侧的直流电阻值。

（2）如果受试样机没有温升试验，则需参照型式试验的试验结果；若测量所得电阻值为 $R$，依据标准 GB/T 11022—2020 的要求：$R<1.2R_u$（其中：$R_u$ 为高压开关柜型式试验时温升试验前的主回路电阻测量值）。

（3）如果受试样机也有温升试验，则温升试验后在同一位置测量的主回路电阻也不应该超过试验前测量值的 20%。

（4）主回路电阻测量接线原理图如图 2-6 所示，主回路电阻测量接线实物图如图 2-7

所示。

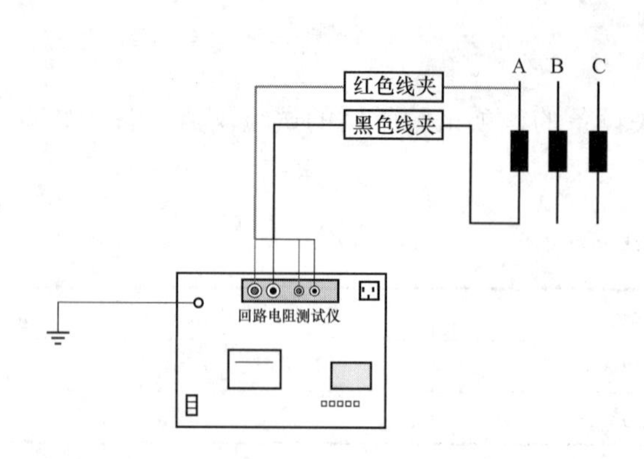


图 2-6　主回路电阻测量接线原理图

图 2-7　主回路电阻测量接线实物图

**（二）试验方法**

（1）试验过程中记录测量时测环境温度值，如果测量结果适当超出技术条件规定值，应对电阻进行温度修正。用于某些试验项目试验前后的比较时，建议电阻修正到同一温度下，再进行比较。

$$R_2=R_1\times(235+T_2)/(235+T_1) \quad (2\text{-}6)$$

式中　$R_1$——在温度 $T_1$ 下测得的电阻值；

$R_2$——修正到温度 $T_2$ 时的电阻值。

（2）采用直流电压降法：试品处于合闸状态，把回路电阻测量仪的接线夹与试品的两个端子良好连接，施加 100A 直流电流，测量每极端子间的电压降或电阻。分别对每极测量 3 次，取 3 次的平均值。

（3）明确测量部位，并给出示意图，每次测量时测量线夹必须保证在同一位置。

## 四、注意事项

（1）做好试验的安全措施，要有信号灯、指示牌、围栏隔离等。

（2）测量点应清洁干净，测量夹应与样品测量点（端子）接触良好。

（3）确保开关设备和控制设备处于周围空气温度条件下测量回路电阻。

（4）选择合适的测试电流（100A 或 200A）。

（5）明确测量部位，并用示意图给出，每次测量时测量线夹必须保证在同一位置。

（6）如果重复测试，只需要切断测量开关，将测试钳重新夹好，再按测量开关即可。

（7）在取下测试钳之前，务必确认设备进行复位，测试钳上没有电流，才可以取下测试钳，以免发生危险。

（8）测试仪在使用前应检查仪器接线，确保接线正确。

（9）测试前设备应可靠接地。

（10）注意记录测量时的温度，将所测量结果和型式试验的结果修正到统一参考温度

下进行比较。

（11）检查所使用的设备的完好性，并将设备进行整理归位。

（12）检查所试验的试品的完整性，对试验中拆除的附件予以复位。

## 五、试验后的检查

（1）检查所使设备的完好性，并将所用的设备、仪器进行整理归位。

（2）检查试品的完好性，将试品状态复原，保证其完整性。

## 六、结果判定

（1）对于受试样机没有温升试验的情况，依据标准 GB/T 11022—2020 的要求：如果测量所得电阻值：$R<1.2R_u$（其中：$R_u$ 为高压开关柜型式试验时温升试验前的主回路电阻测量值），判定试验结果合格；反之，则判定不合格。

（2）对于受试样机有温升试验的情况，在满足上述判定条件（1）的同时，也必须满足试验后在同一位置测量的主回路电阻不应该超过试验前测量值的 20%。

针对该检测项目不合格现象严重性程度进行初步分级，回路电阻测量不合格现象严重程度分级表见表 2-7。

表 2-7　回路电阻测量不合格现象严重程度分级表

| 序号 | 不合格现象 | 严重程度分级 | 结果判定依据 |
|---|---|---|---|
| 1 | $1.2R_u \leqslant$ 实测电阻值 $R \leqslant 1.5R_u$ | 轻微 | GB/T 3906<br>GB/T 11022 |
| 2 | 温升试验前后电阻差值超过 20% | 轻微 | |
| 3 | 实测电阻值 $R>1.5R_u$ | 严重 | |
| 4 | 温升试验前后电阻差值超过 50% | 严重 | |

## 七、案例分析

**【案例一】**

1. 案例概况

型号为 KYN28-12/1250-31.5 高压开关柜，一次回路中主要元件配置与额定电流不符，回路电阻实测值异常。

2. 不合格现象描述

进行主回路电阻测量时，实测值为 180.2μΩ，主回路电阻允许的最大值（$1.2R_u$）为 150μΩ，试验结果超出最大值 20%，判定试验结果不合格。

3. 不合格原因分析

高压开关柜作为成套装置，试验后发现主回路中的电流互感器并未按照额定电流 1250A 进行配置，电流互感器铭牌额定电流仅有 600A，故造成主回路电阻值的超标。

【案例二】

1. 案例概况

型号为 KYN28-12/1250-31.5 高压开关柜，梅花触头松动，回路电阻实测值异常。

2. 不合格现象描述

当进行到 B 相主回路时，回路电阻无法显示数据，通过数显万用表对 B-b 两端子进行通断测量时，发现回路不通，试验结果不合格。

3. 不合格原因分析

抽出可移开部件发现，断路器梅花触头松动后导致触指散落在开关柜触头盒内，开关柜动静触头无法正常接触。

【案例三】

1. 案例概况

型号为 KYN28-12/1250-31.5 高压开关柜，动静触头氧化腐蚀现象，主回路电阻实测值异常。

2. 不合格现象描述

对试品 A、B、C 三相回路电阻在同一测量部位测量三次，得到主回路电阻测量数据，见表 2-8。

表 2-8 主回路电阻测量数据 μΩ

| 相别＼次数 | 第一次 | 第二次 | 第三次 | 允许最大值（$1.2R_u$） |
|---|---|---|---|---|
| A 相 | 156.3 | 155.8 | 156.5 | 150 |
| B 相 | 162.6 | 161.0 | 160.9 | 150 |
| C 相 | 153.5 | 154.2 | 156.7 | 150 |

3. 不合格原因分析

抽出可移开部件，发现试品的动、静触头处存在氧化腐蚀现象，由此造成主回路电阻偏大。

## 第三节 机械操作和机械特性测量试验

### 一、试验概述

#### （一）试验目的

开关的机械操作试验是验证开关机械性能及操作可靠性的试验。主要包括机械操作试验和机械特性测量试验两部分。机械操作试验是开关处于空载（即主回路没有电压、电流）情况下进行的各种操作性试验。机械特性测量试验是测量开关机械性能的相关参数，如开

关的合分闸时间、分合闸不同期、合分闸速度等机械特性参数。

高压开关柜的机械操作和机械特性测量试验，主要是针对高压开关柜的主开关元件——柜内断路器进行试验，柜内断路器的分合闸速度、时间、不同期程度，以及分合闸线圈的动作电压，直接影响断路器的关合和开断性能，并且对继电保护，自动重合闸及电网的稳定带来极大影响。只有保证适当的分、合闸速度，才能充分发挥断路器开断电流的能力；减小断路器开断或者关合过程中，预击穿造成的触头电磨损及避免发生触头熔焊。

**（二）试验依据**

GB/T 1984《高压交流断路器》

GB/T 3906《3.6kV～40.5kV 交流金属封闭开关设备和控制设备》

GB/T 11022《高压开关设备和控制设备标准的共用技术要求》

DL/T 402《高压交流断路器》

DL/T 404《3.6kV～40.5kV 交流金属封闭开关设备和控制设备》

DL/T 593《高压开关设备和控制设备标准的共用技术要求》

**（三）试验主要参数**

（1）触头开距：处于分闸位置的开关装置的一极的触头间或任何与其相连的导电部件间的总间距。一般情况下就是断路器断口的净间距。

开距是跟产品电压等级直接相关的参数，如 10kV 真空灭弧室常见开距参数为 9～12mm，35kV 真空灭弧室常见开距参数为 18mm 左右。

在设计公差范围内，开距并非越大越好，开距越大，开断难度越大，对产品损伤越大，产品寿命将缩短。

（2）超程：又叫接触行程，指从刚合点到合闸稳定位置之间的位移。超程增大，那么分闸时起始速度越小，对机构操作功率要求越高，可能会导致开断困难，并且增加磨损程度；超程较小，触头压力降低，可能会导致触头烧蚀增多。

（3）合闸时间：指处于分闸位置的断路器，从合闸回路带电时刻到所有极触头都接触时刻的时间间隔。合闸时间过长或过短，都会影响产品的合闸速度。合闸速度过小，预击穿时间增加，关合电流较大，触头烧损严重，甚至熔焊，造成无法分闸。合闸速度过大，操作功增加，对产品本身冲击较大，影响产品机械寿命，而且整体震动增加，辅助回路元件可靠性降低，如继电保护受振动误动作等。

（4）分闸时间（非自脱扣断路器）：指从分闸脱扣器带电时刻到所有极触头分离时刻的时间间隔。分闸时间过长或过短，都会影响产品的分闸速度。分闸速度过小，燃弧时间增加，触头烧损严重，甚至造成断路器爆炸。分闸速度过大，也影响产品机械寿命和可靠性。

（5）合闸不同期：从首极合闸开始到所有极触头都合为止的时间之差。合闸不同期可由断口信号跳变先后时间间隔测得。合闸不同期过大，会导致产品各极烧损程度不一致，进而影响产品的使用寿命。

（6）分闸不同期：从首极开始分到所有极触头都分为止的时间之差。分闸不同期可由断口信号跳变先后时间间隔测得。分闸不同期过大，会影响开断性能，后开极烧损不断加重，影响产品寿命甚至造成电网故障。

（7）合闸/分闸速度：根据产品设计不同定义不同，常见的有刚合/刚分速度、平均合闸/分闸速度、自定义区间速度。

全程平均速度可由开距除以动作时间获得。速度值的获取与行程—时间特性曲线直接相关，任意区间或者点的速度均可以通过曲线斜率计算获得。由于触头动作的复杂性，开关动作起始或结束时刻较难精确获得，设计时一般用行程的中间区间（例如开距的30%～90%）来反映开关动作的速度特征，可根据“时间—行程特性曲线”计算获得。

## 二、试验前准备

### （一）试验装备与环境要求

（1）试验装备：一般情况下高压成套开关设备的该项试验所用的试验仪器设备参数见表2-9所示。

**表2-9　试验仪器设备参数表**

| 名称 | 型号规格 | 测量范围 | 扩展不确定度/*k*最大允差/*l*准确度等级 |
|---|---|---|---|
| 开关机械特性测试系统 | CY2009 | 合分闸时间：10～1000ms<br>DC：0～1000V，400ps～400s<br>弹跳周期：1～10ms<br>AC：0～750V<br>弹跳次数：0～20次 | ±0.02%<br>DC：±（0.0045%×测量值+0.0010%×量程）<br>AC：±（0.06%×测量值+0.03%×量程）±0.4% |
| 测力计，扭矩扳手等 | — | 0～400N | 1N |
| 卡尺 | — | 0～500mm | ±0.02mm |

（2）环境要求：对环境没有特别要求，试验通常在常温下进行。试验时，主回路一般不施加电压和电流，但测量所需电源及装有直接过电流脱扣器的高压开关设备所进行的直接过电流脱扣试验除外。

### （二）试验前的检查

（1）检查试验设备：试验前检查试验设备是否完好，测量仪表应在校准有效期内。

（2）检查样机试品：检查产品是否装配完整；试验前应对开关设备进行一次分合闸操作，保证其操作正常。

## 三、试验过程

### （一）试验原理和接线

（1）机械操作试验。

1）机械操作试验是为了证明开关装置和可移开部件能完成预定的操作，且机械联锁

工作正常。

2）对于高压开关柜，作为补充，安装在金属封闭柜体中的所有开关装置应进行 50 次 CO 操作；可移开部件应进行 25 次插入和 25 次移开操作以验证设备的操作性能良好。

（2）机械特性测量试验。

1）开关装置的机械特性是为了表征该装置的机械性能。其可以用来确认在机械关合、开断和开合型式试验中使用的不同试品的机械性能类似。

2）机械特性一般包含以下特性：分闸和合闸操作的机械特性；合闸时间；分闸时间；平均合闸速度；平均分闸速度；触头合闸弹跳时间；三相不同期性；空载行程曲线；触头开距等。

（3）机械特性测量试验原理。使用机械特性测量设备，在试品典型连接轴上安装行程传感器，无论是直线型或旋转型，原理上都是滑动变阻器，传感器中间抽头位置与输出电压呈线性关系。线性变换含两种情况，直线传感器测量直线位移和旋转传感器测量隔离开关类开关设备的位移。

（4）机械特性测量试验接线。机械特性测量设备的操作电源有储能、合闸、分闸三组，分别接在高压开关柜的辅助回路对应端子上，采集通道有传感器信号线、断口信号线，传感器可靠安装后连接机械特性测量设备，断口信号连接在高压开关柜的进出线两端。

（5）户内断路器机械特性测量接线示意图如图 2-8 所示，户内断路器机械特性测量接线实物图如图 2-9 所示。

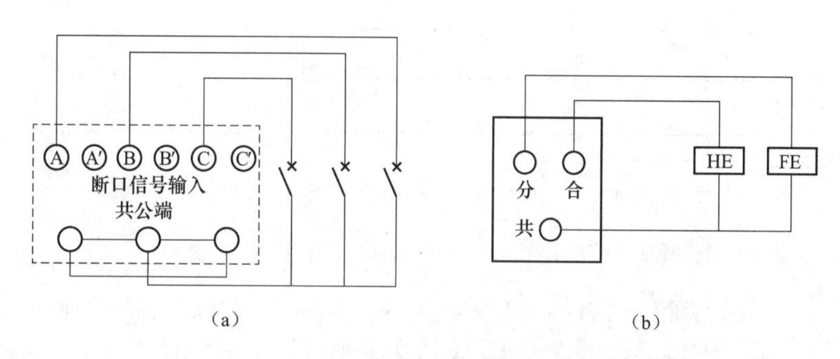


图 2-8　户内断路器机械特性测量接线示意图

（a）断口线的连接；（b）合、分闸信号线的连接

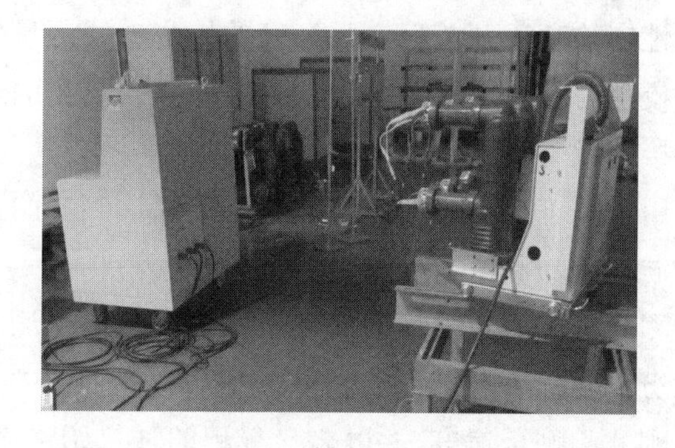

图 2-9　户内断路器机械特性测量接线实物图

**（二）试验方法**

（1）分闸时间的测量按图 2-10 的方法进行。

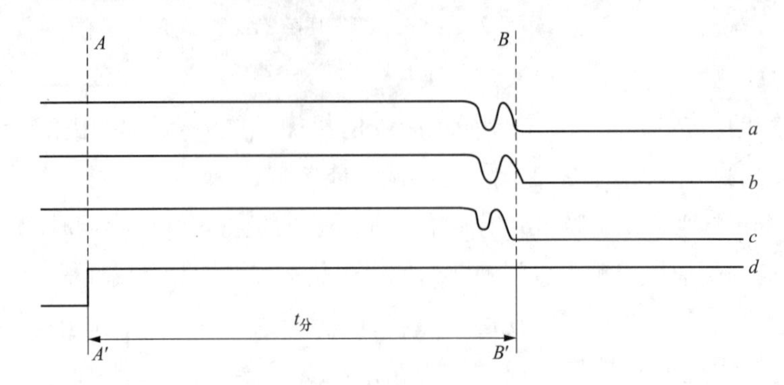


图 2-10 分闸时间的测量

*a*、*b*、*c*—各相测量信号；*d*—分闸操作指令；*A-A′*—开关接到分闸指令瞬间；*B-B′*—最后一相的弧触头分离瞬间；$t_{分}$—分闸时间

（2）合闸时间的测量按图 2-11 的方法进行。

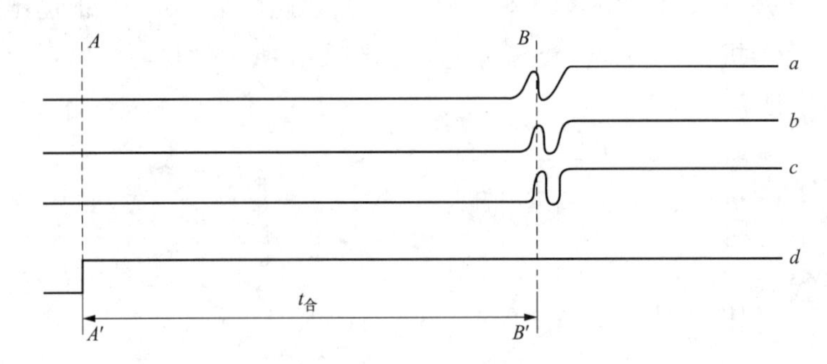


图 2-11 合闸时间的测量

*a*、*b*、*c*—各相测量信号；*d*—合闸操作指令；*A-A′*—开关接到合闸指令瞬间；*B-B′*—最后一相的弧触头接触瞬间；$t_{合}$—合闸时间

（3）行程、开距、超程用钢板尺、卷尺等长度测量仪测量。

（4）合、分闸同期性应按高压开关柜实际运行的操作方式测量。

（5）触头压力用经校正后的专用装置直接测量，取 3 次测量的最小值，也可用经验证确认的换算方法进行间接测量。

（6）手动操作力矩用经校正后的专用装置测量，取 3 次测量的最大值，操作时注意施力方向和手柄的运动方向一致，测量前按规定部位进行润滑。

（7）合—分闸速度测量时应取产品技术文件所规定区段的平均速度，通常可分为刚分速度、刚合速度及最大分闸速度。技术条件无规定时，一般推荐取刚分后和刚合前 0.01s 内的平均速度分别作为刚分和刚合速度，并以名义行程的计算始点作为刚分和刚合计算点。最大分闸速度去开关分闸过程中区段平均速度的最大值，但区段长度应按技术条件确定，

如无规定，应按 0.01s 计。测量仪器可以采用转鼓式测速仪，各类行程记录仪配用示波器，电磁振荡器，数字显示测速仪和微机测速装置等。速度取 3 次测量结果的平均值。

## 四、注意事项

（1）试验前做好安全防护措施，要有安全指示灯、指示牌、围栏隔离等。

（2）使用适当的电源线，只可使用该产品专用、并且符合该产品规格的电源线。

（3）正确地连接和断开，当测试导线与带电端子连接时，请勿随意连接或断开测试导线。

（4）产品接地，该产品除通过电源线接地导线接地外，产品外壳的接地柱必须接地。为了防止电击，接地导体必须与地面相连。在与该产品输入或输出终端连接前，应确保该产品已正确接地。

（5）注意所有终端的额定值。为了防止火灾或电击危险，请注意该产品的所有额定值和标记。在对该产品进行连接之前，请阅读该产品使用说明书，以便进一步了解有关额定值的信息。

（6）请勿在无仪器盖板时操作。如盖板或面板已卸下，请勿操作该产品。

（7）使用适当的熔丝。只可使用符合该产品规定类型和额定值的熔丝。

（8）避免接触裸露电路和带电金属。产品有电时，请勿接触裸露的接点和部位。

（9）高压开关机械特性测试仪测试结束后要等放电完毕再拆除测试线。

## 五、试验后的检查

（1）试验后检查试验设备、仪表完好，并收纳整理归位。

（2）检查试品是否完好，包括开关的合分闸，储能指示是否完好。

## 六、结果判定

机械试验中及试验后，试品应能正常地操作，一般以满足下列全部要求作为机械试验合格判据。

（1）试验后，高压开关柜应符合产品标准或技术条件规定的机械操作性能的要求；

（2）试验后，高压开关柜试品的机械特性应符合技术条件的有关规定。

针对该检测项目不合格现象严重性程度进行初步分级，仅供参考。不合格现象严重程度分级表见表 2-10。

**表 2-10　　不合格现象严重程度分级表**

| 序号 | 不合格现象 | 严重程度分级 | 结果判定依据 |
|---|---|---|---|
| 1 | 断路器在最高和最低操作电压下进行机械试验，发生动作异常或机械特性参数不在规定范围内 | 轻微 | GB/T 1984 |

续表

| 序号 | 不合格现象 | 严重程度分级 | 结果判定依据 |
|---|---|---|---|
| 2 | 断路器在额定操作电压下进行机械试验，发生动作异常或机械特性参数不在规定范围内 | 严重 | GB/T 1984 |

## 七、案例分析

【案例一】

1. 案例概况

户内真空断路器机械特性测量试验，在最低电压下操作时，断路器无法正常分闸。

2. 不合格现象描述

断路器额定操作电压为DC110V，依据GB/T 11022—2020中5.9条规定，最低操作电压为71.5V，此电压下对断路器进行分闸操作时，分闸线圈得电后立即动作，但无法撞开断路器的限位扣，再对分闸线圈给电后才将断路器分开，进行数次操作后情况一致，判断试验不合格。

3. 不合格原因分析

（1）此试验要求在最低操作电压下进行，由于分闸线圈选用不合理，分闸线圈得电后，对分闸脱口装置撞击力量不够；

（2）操动机构调整不良，分闸弹簧弹力不足或传动连杆卡涩。

【案例二】

1. 案例概况

户内真空断路器机械特性测量试验，在最高电压下操作时，断路器合闸后立即自动分闸。

2. 不合格现象描述

断路器额定操作电压为DC 220V，依据GB/T 11022—2020中5.9条规定，最高操作电压为242V，此电压下对断路器进行合闸操作时，断路器在合闸后立刻自动分闸，判定试验不合格。

3. 不合格原因分析

操动机构中弹簧力调整过紧，导致分闸脱扣时使用很小的撞击力就可以使断路器分闸，甚至在合闸操作时由于产生瞬间的震动力，造成断路器直接分闸。

# 第四节　电气联锁试验

## 一、试验概述

### （一）试验目的

高压开关柜除具备正常的机械联锁功能外，通常设计或用于特殊场合下的高压开关柜

同时还需要具备电气联锁功能，电气联锁是通过在其电气控制回路加装辅助接点以限制其进行操作，只有当条件满足时，其回路才能导通或可操作。

高压开关柜在电力系统运行中应具备电气联锁，可防止操作人员误操作，或者误入带电区域触电。在自动化控制中，电气联锁可防止电气短路，防止运行中的设备超出设定范围和动作，按设定顺序完成。

**（二）试验依据**

目前引用的标准主要有：

GB/T 3906《3.6kV～40.5kV 交流金属封闭开关设备和控制设备》

GB/T 1984《高压交流断路器》

GB/T 11022《高压开关设备和控制设备标准的共用技术要求》

DL/T 404《3.6kV～40.5kV 交流金属封闭开关设备和控制设备》

DL/T 402《高压交流断路器》

DL/T 593《高压开关设备和控制设备标准的共用技术要求》

**（三）试验主要参数**

电气联锁：用电气设备二次设备来控制的联锁。如通过接触器上的辅助触点通过电气上的连接形成联锁，使两个接触器不能同时动作等。

## 二、试验前准备

**（一）试验装备与环境要求**

（1）试验装备：一般情况下高压成套开关设备的该项试验所用的试验仪器设备参数见表 2-11。

**表 2-11　　试验仪器设备参数表**

| 名称 | 型号规格 | 测量范围 | 扩展不确定度/k 最大允差/l 准确度等级 |
|---|---|---|---|
| 开关设备机械特性测试系统 | CY2009 | 合分闸时间：10～1000ms<br>DC：0～1000V，400ps～400s<br>AC：0～750V | ±0.02%<br>DC：±（0.0045%×测量值+0.0010%×量程）<br>AC：±（0.06%×测量值+0.03%×量程）±0.4% |

（2）环境要求：电气联锁试验在试验地点的常温下进行。试验时，主回路一般不施加电压和电流，但测量所需电源及装有直接过电流脱扣器的高压开关设备所进行的直接过电流脱扣试验除外。

**（二）试验前的检查**

（1）确认高压开关柜的电气联锁具体内容。

（2）试验仪器仪表检查是否完好、测量仪器设备应在校准有效期内。

（3）操作电源是否可靠接在二次端子，检查试验电压是否与要求一致。

## 三、试验过程

### （一）试验原理和接线

电气联锁试验主要是根据产品控制回路和辅助回路接线原理图纸，试验室提供需要的操作电源，对高压开关柜具备的电气联锁功能进行操作验证。高压开关柜电气联锁检查电气原理图如图 2-12 所示。

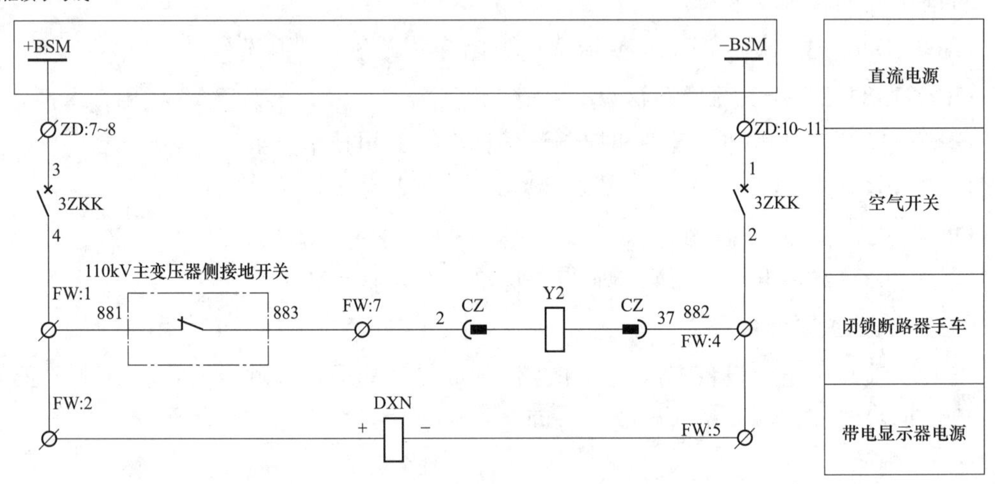


图 2-12　高压开关柜电气联锁检查电气原理图

### （二）试验方法

（1）高压开关柜的“五防”联锁检查：

1）防止误合、误分断路器；手车处于工作位置，断路器处于合闸位置，将手车摇向试验位置，应该被阻止。

2）防止带负荷误合、误分隔离开关（可移开部件）。

3）防止带电合（挂）接地开关（接地线）。

4）防止在接地开关合闸状态下，关合断路器、隔离开关（可移开部件）；防止在挂接地线时送电。

5）防止误入带电间隔。

注：高压开关柜在设计时，需要通过机械或电气联锁方式满足“五防”的要求。

（2）联锁装置应设定在防止开关装置操作、接近操作界面和可移开部件插入或抽出的位置。应进行下述试验以验证联锁是否失效。

1）50 次打开所有带联锁的门或盖板的试操作。

若由联锁装置（活门、选择杆等）限制接近或者使用操作接口，进行 50 次接近或使用操作接口的试操作。

若操作接口可触及，采用人力进行 50 次开关装置的试操作；在错误的、但不限于仅在同一错误方向上，对人力操作开关装置进行 10 次试操作，作为对上述 50 次试操作的补充。

2）对可移开部件分别进行 25 次插入和抽出的试操作。

应采用常规人力操作手柄进行试验。若联锁阻碍了操作轴的操作，则应在沿着操作手柄的握紧部分长度的一半处施加 750N 的预期力，否则，试验期间应采用两倍的正常操作力。如果操作手柄具有限制操作力的特性，只要该操作手柄不能与其他手柄互换，最大试验力应限制在手柄所能施加的力。

这些试验期间，不应对开关装置、可移开部件和联锁进行调整。

如果设计仅通过机械联锁对电动机驱动的开关装置进行操作限制，则应使用电机补充进行下述试验：

3）50 次开关装置的试操作。

在错误的、但不限于仅在同一错误方向上，对开关装置进行 10 次试操作，作为对上述 50 次试操作的补充。

施加电压值为辅助回路额定电源电压的 110%，持续时间 2s。

这些试验可以作为机械操作试验顺序的一部分进行。

（3）高压开关柜的电气联锁检查以图 2-12 为例，这台高压开关柜在手车从试验位置到工作位置的摇进过程间设计了电气闭锁功能，只有当主变压器侧的接地开关合闸后，Y2 电磁铁才可以得电，从而操作手车。

试验时首先找出电源接线端子，通过在 FW：1 和 FW：7 端子间断开和接通两个条件下，对手车进行摇进操作，验证电气联锁是否有效。

## 四、注意事项

（1）做好试验的安全措施，要有信号灯、指示牌、围栏隔离等。

（2）准确读取周围空气温、湿度及大气压值。

（3）检查检测设备的有效期及输出电源大小，输出电源保证在偏差范围内。

## 五、试验后的检查

（1）检查所使用的设备的完好性。

（2）检查所试验的试品的完好性。

## 六、结果判定

如果样机试品按照本节“试验方法”的内容完成了对应试验，并且满足下列条件，则认为联锁通过了试验：

（1）不能操作开关装置；

（2）阻止接近带联锁的隔室；

（3）阻止可移开部件的插入与抽出；

（4）开关装置、可移开部件及联锁装置工作情况良好，并且操作这些装置所需要的最大手动操作力（人力操作）或峰值能量损耗（电动机操作），在试验前后的偏差不会超过50%。在用750N试验的情况下，只要联锁仍然阻止了操作，损坏是可以接受的。

针对该检测项目不合格现象严重性程度进行初步分级。电气联锁试验不合格现象严重程度分级表见表2-12。

**表2-12　　电气联锁试验不合格现象严重程度分级表**

| 不合格现象 | 严重程度分级 | 结果判定依据 |
|---|---|---|
| 高压开关柜内对于技术规范中规定的电气联锁进行了相关配置，但由于辅助回路接线错误、配置电磁锁无法正常动作等异常情形 | 轻微 | GB/T 3906<br>GB/T 1984 |
| 高压开关柜内对于技术规范中规定的电气联锁的相关配置要求，完全没有进行配置 | 严重 | |

## 七、案例分析

1. 案例概况

型号为KYN28-12/4000-40的高压开关柜，电缆室后门随时都可以正常打开。

2. 不合格现象描述

当主回路状态显示可移开部件处于工作位置且断路器合闸时，对后下门进行打开操作，电磁锁未起到电气联锁功能作用，判定试验不合格，如图2-12所示。

3. 不合格原因分析

（1）该样机试品辅助回路端子有个别二次线未按照原理图正确接线；

（2）实现电气联锁功能的辅助开关、电磁锁损坏或机械错误造成。

# 第五节　柜体尺寸、厚度、材质检测

## 一、试验概述

### （一）试验目的

高压开关柜目前在电力系统中使用数量很大，为确保供应商提供的产品的主要材料满足供货要求，柜体尺寸、厚度、材质检测基本已经成为检测的常规项目。

高压开关柜外形尺寸和材料厚度的检测是验证开关柜外形尺寸、外壳板材的厚度是否满足供货要求。

高压开关柜材质检测目的是验证开关柜的壳体材质及母排材质的主要元素含量是否满足供货要求。

### （二）试验依据

柜体尺寸、厚度、材质检测目前引用的标准主要有：

GB/T 3906《3.6kV～40.5kV交流金属封闭开关设备和控制设备》

GB/T 11344《无损检测接触式超声脉冲回波法测量厚度》

DL/T 404《3.6kV～40.5kV 交流金属封闭开关设备和控制设备》

DL/T 991《电力设备金属光谱分析技术导则》

**（三）试验主要参数**

（1）柜体尺寸：指高压开关柜柜体的宽度×深宽×高度的测量值，单位（mm×mm×mm）；

（2）柜体板材厚度：指高压开关柜柜体板材厚度的测量值，单位（mm）；

（3）柜体及铜材材质检查：指测量高压开关柜主要导体、柜体的材质中的元素含量；

（4）光谱分析：利用被检材料中原子（或离子）发射的特征线光谱，或某些分子（或基团）所发射的特征带光谱的波长和强度，来检测元素的存在及含量的方法。

（5）光谱仪：一种利用色散元件和光学系统将光辐射按波长分开排列，并用适当的接收器接收不同波长辐射的分析仪器。按照使用色散元件的不同，分为棱镜光谱仪、光栅光谱仪、干涉光谱仪；按照接收谱线方式不同分为看谱镜、摄谱仪、直读光谱仪。按照安装方式，分为台式和便携式。

## 二、试验前准备

**（一）试验装备与环境要求**

（1）试验装备：一般情况下高压成套开关设备的该项试验所用的试验仪器设备参数见表 2-13。

**表 2-13　　试验仪器设备参数表**

| 仪器设备名称 | 精度 |
|---|---|
| 钢卷尺 | 2 级 |
| 超声波测厚仪 | 分辨率：0.001mm<br>误差：±0.05mm |
| 手持式 X 荧光光谱仪 | 示值误差：±0.03% |

（2）环境要求：试验在试验地点的常温下进行；周围空气温度不超过 40℃，周围最低空气温度不低于−25℃；海拔不超过 1000m；相对湿度不超过 95%。

**（二）试验前的检查**

（1）做好技术准备，查清产品有效的试验标准。

（2）试验仪器仪表检查是否完好、测量仪器设备应在校准有效期内。

（3）样品外表面应处于清洁状态。

## 三、试验过程

**（一）试验原理**

（1）使用钢卷尺对高压开关柜柜体尺寸进行测量；

（2）使用超声波测厚仪对高压开关柜柜体板材厚度进行测量；

（3）使用 X 荧光光谱仪对高压开关柜柜内母排材质进行检测。

**（二）试验方法**

（1）高压开关柜柜体尺寸：用钢卷尺实测柜体的宽度（不含侧封板）、框架高度（不含眉头及泄压盖板）、深度（不含前后柜门）。

（2）高压开关柜柜体板材厚度测量方法。

1）柜体材质厚度测量不包括油漆涂层厚度。

2）无油漆涂层的柜体，采用超声波测厚仪直接进行测量。

3）带有油漆或其他涂层的柜体，用小刀刮铲等恰当方法去除涂层后再进行测量，注意打磨不能破坏柜体材质本身。

4）采用分辨率 0.01mm、最大允许示值误差不超过±0.05mm 的超声波测厚仪进行测量。

5）对高压开关柜的顶部、侧板、前门、后门板材每个面检测五个点，五个点大致呈“X”字形均匀分布，取最小值作为最终测量结果进行评判。

（3）高压开关柜母排材质检测方法。

1）将试品按正常使用时放置好，用手持式 X 荧光光谱仪对高压开关柜进行母排材质检测并记录测量值。

2）对高压开关柜的母排进行材质检测时，测量表面应清洁，若母排表面有镀层，应先进行机械打磨。

3）打开手持式光谱仪电源，输入密码，选择合适测量模式：测量—金属—常见金属。

4）将手持式光谱仪摄像头对准测量部位，扣下扳机，仪器液晶屏上显示金属牌号和元素含量，测量时间 10s，记录数据保留四位有效数字。

## 四、注意事项

（1）成套设备应如同正常使用时一样放置，所有覆板等都应就位。

（2）使用超声波测厚仪测量前，需使用标样进行校准。

（3）使用手持荧光光谱仪测量前，需使用标样进行校准，确保仪器测量数据准确有效。

（4）测量有涂层的壳体和有镀层的母排材质时，需先使用合适打磨的方法，去除表面的涂层和镀层材料后再进行测量。

## 五、试验后的检查

（1）检查所使用的设备的完好性。

（2）如果在试验样品上进行采样，应及时安装至原位，并检查有无损伤。

## 六、结果判定

（1）高压开关柜柜体尺寸与技术资料一致，通过试验。

（2）一般要求板材厚度≥2mm，也有 2±0.12，2±0.08 等要求，具体判定值按检测任

务委托书提供的数值要求进行。

（3）母排铜材材质检测，结果判定值要求见表 2-14。

**表 2-14　　　　　　　　　　材质元素含量参照表**

| 测点部位/部件 | 牌号 | 数量 | 主要元素含量（%） |
|---|---|---|---|
| | | | Cu |
| 母排 | T2 | 1 | ≥99.90 |

针对该检测项目不合格现象严重性程度进行初步分级，见表 2-15。

**表 2-15　　　　柜体尺寸、厚度、材质检测不合格现象严重程度分级表**

| 序号 | 不合格现象 | 严重程度分级 | 结果判定依据 |
|---|---|---|---|
| 1 | 板材厚度大于 1.5mm，小于 2mm | 轻微 | 技术规范书要求 |
| 2 | 铜排含铜量大于 97%，小于 99.90% | 轻微 | |
| 3 | 铜排含铜量小于 97% | 严重 | |
| 4 | 板材厚度小于 1.5mm | 严重 | |
| 5 | 柜体尺寸与图纸尺寸偏差超过 10% | 严重 | |

## 七、案例分析

**【案例一】**

1．案例概况

高压开关柜壳体敷铝锌板厚度不达标。

2．不合格现象描述

高压开关柜壳体板材厚度不达标，壳体板材厚度要求值≥2mm。测量时记录侧板厚度为 1.942mm、后门板为 1.934mm、顶板为 1.974mm。上述部位测量结果均小于要求值，板材厚度不合格。

板材厚度不合格数据实物图如图 2-13 所示。

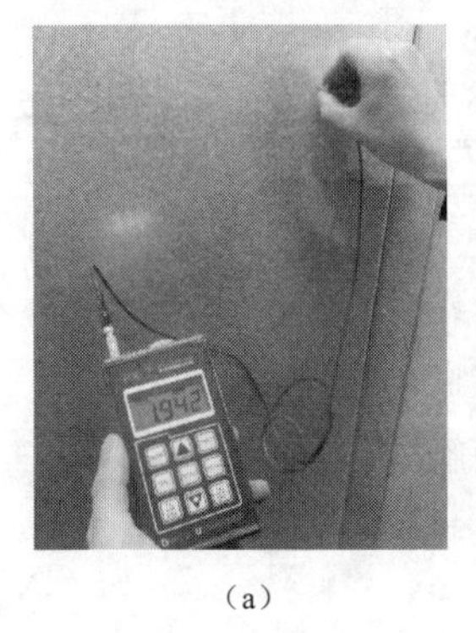

（a）

（b）

（c）

图 2-13　板材厚度不合格数据实物图

（a）侧板；（b）后门板；（c）顶板

3．不合格原因分析

选用的壳体板材厚度不满足要求。

**【案例二】**

1．案例概况

高压开关柜铜排材质不达标。

2．不合格现象描述

高压开关柜母排铜材金属含量测量数据参见表 2-16。

**表 2-16　　　　铜排金属含量表**

| 测点部位/部件 | 牌号 | 数量 | 主要元素含量（%） |
|---|---|---|---|
| | | | Cu |
| 母排 | T2 | 1 | 99.82 |

注　相关规定中要求该母排中铜材含量≥99.90%。

3．不合格原因分析

选用的母排铜材含量＜99.90%，不满足要求。

# 第六节　隔离开关触头镀银层厚度检测

## 一、试验概述

### （一）试验目的

高压开关柜的开关触头在运行中要受到机械力和环境的影响。镀层可以为触头提供防腐蚀、防护装饰、抗磨损和提高导电性能的用途，为保证高压开关柜在各种电压作用下安全运行，需要用相应的试验对产品进行考核，触头镀银层厚度检测试验就是为了考核高压开关柜开关触头性能的重要指标。

### （二）试验依据

Q/GDW-11-284《交流隔离开关及接地开关触头镀银层厚度检测导则》

### （三）试验中主要参数

（1）触头：两个或两个以上导体相互接触使导电回路连续，其相对运动可分、合导电回路，而在铰链或滑动接触情况下还能维持导电回路的连续性。

（2）触头接触面：触头在合闸位置时，动静触头相互接触的区域。

（3）触头非接触面：除接触面以外的触头其他区域。

（4）最小镀层厚度：镀银层厚度中的最小值。

（5）库伦法：根据法拉第原理，用特定的电解溶液将基体上的电镀层溶解，通过测量固定面积的电解池中溶解电镀层的时间计算镀层厚度的方法。

（6）X 射线衍射仪和荧光法：通过照射基体上的镀层，使得镀层元素产生二次特征 X 射线（即荧光），记录镀层中元素的特征 X 射线照射量率，从而确定镀层厚度的方法。

## 二、试验前准备

### （一）试验装备与环境要求

（1）试验装备：一般情况下高压成套开关设备的该项试验所用的试验仪器设备参数见表 2-17。

**表 2-17　　试验仪器设备参数表**

| 仪器设备名称 | 测量范围（μm） | 测量精度（%） |
|---|---|---|
| 手持式 X 荧光光谱仪 | 0～90 | ±0.03 |
| 电解（库仑）测厚仪 | 0～50 | ≤±10 |

（2）环境要求：试验在试验地点的常温下进行；周围空气温度不超过 40℃，周围最低空气温度不低于–25℃；海拔不超过 1000m；相对湿度不超过 95%。

### （二）试验前的检查

（1）校准测量仪器：对 X 射线荧光镀层厚度进行检测校准，无论被检测镀层和基体是何种元素，均采用 Cu 和 Ag 元素片进行基准测量，基准测量应每 7 天进行一次，每次检测前还应采用 20μm 的标准片对仪器进行校准。

（2）检查样品的被测部件是否完好，有无损伤。

## 三、试验过程

### （一）检测部位的选取及标记

检测部位应包括触头的接触面，触头的接触面尺寸以制造厂家的图纸标注为准，如制造厂家无法提供接触面的相关图纸，则认为整个触头为接触面。根据表 2-18 的要求设定检测点。

**表 2-18　　检测点设定表**

| 长度 $L$（cm） | 长宽比 | 测点布置 |
|---|---|---|
| ≤12 | <3 | 每 $2cm^2$ 至少有一检测点数量不得小于 3 |
| | ≥3 | 每 $L/4$ 处至少有一检测点，单个触头总检测量不得小于 3 |
| >12 | <3 | 每 $4cm^2$ 至少有一检测点 |
| | ≥3 | 每 $L/8$ 处至少有一检测点，单个触头总检测量不得小于 6 |

注　1．长度 $L$ 为接触面最长部分长度，宽度为接触面最短部分长度。
　　2．一个触头由多组单触头组成的，每个单触头单独计。
　　3．接触面是曲面的，长度 $L$ 指沿曲面的最长线性长度，宽度指沿曲面的最短线性长度。

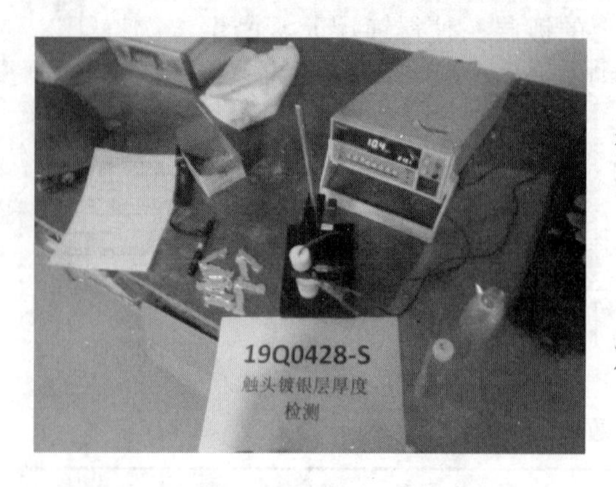

图 2-14　触头镀银层厚度测量示例

在触头上标明测点，对测试部位进行拍照或画出测量部位的示意图。对每个测点的镀层厚度值进行记录。触头镀银层厚度测量示例如图 2-14 所示。

**（二）试验方法**

1. 荧光法镀层测厚的操作方法

（1）完成开机步骤、预热基校准后，可开始对试品进行测量。

（2）测量步骤：

1）根据光谱分析结果确定被检试件表面镀层的材质。

2）根据镀层情况，选择相应的产品程式。

3）将样品置于工作台上，调整其位置并聚焦清晰，使其清楚显示在视频十字线中央。

4）聚焦完毕，开始测量。

（3）测量注意事项：

1）测量时间的选择，单镀层测量时间不应少于 15s，双镀层测量时间不少于 30s。

2）样品放置原则，从正面看 X 射线荧光接收器在所放样品的左边，应正确放置样品，保证 X 射线荧光不受干扰地到达探测器。

2. 库伦法测量镀银层厚度的操作方法

（1）测量步骤：

1）选取 $4mm^2$ 的密封垫进行准备。

2）根据底材和镀层材料选择合适的电解液。

3）将密封垫固定在试样上，使试样上的检测点位于密封垫中间，然后将电解液注入密封垫，准备测量。

4）准备完毕，开始测量。

（2）测量注意事项：

1）电解液可多次使用，但重复使用不应超过 30 次。

2）使用过的旧液应单独存储，不可与未使用过的溶液混合。

注：去银镀层的电解液为硝酸铵溶液或硫氰化钾溶液，当底材为非金属、铝、钢铁时用硝酸铵溶液；当底材为铜、黄铜、镍、镍—银时用硫氰化钾溶液。

## 四、注意事项

（1）样品应清洁干净。测量前，测量仪器必须校准。

（2）被检试件镀银层不应该用刷涂工艺。

（3）被检试件表面不应有硬伤、碰伤、大于 $0.5mm^2$ 漏镀斑点、凹坑以及长度大于 5mm 的划痕等缺陷存在。

## 五、试验后的检查

（1）检查所使用的设备的完好性。

（2）检查试品的外观状态是否有损伤；检查数据是否有误，核查技术要求值和实测数据，记录相关的特性参数，试验后所有零部件都处于良好的状态。

## 六、结果判定

所有的检测点中最小镀银层厚度不应小于技术文件规定值。

针对该检测项目不合格现象严重性程度进行初步分级，仅供参考。参见表 2-19。

**表 2-19　　不合格现象严重程度分级表**

| 试验项目 | 序号 | 不合格现象 | 严重程度分级 | 结果判定依据 |
|---|---|---|---|---|
| 隔离开关触头镀银层厚度检测 | 1 | 镀层厚度测量值在规定值 80%以上 | 轻微 | 技术规范书 |
| | 2 | 镀层厚度测量值在规定值 80%以下 | 中度 | |
| | 3 | 无镀层 | 严重 | |

## 七、案例分析

1. 案例概况

高压开关柜内部安装配置的断路器，梅花触头作为断路器和高压开关柜动静触头连接的搭接点，通常表面进行了镀银处理，并且镀层厚度也有相关的要求，试验是通过对拆卸下的触头片进行镀银层厚度测量。

2. 合格现象描述

根据表 2-18 的要求设定检测点。所以选取 10 个点进行测量，选用库伦法镀层测厚，用电解溶液将基体上的电镀层溶解，通过测量固定面积的电解池中溶解电镀层的时间计算镀层厚度的方法。

（1）选取 $4mm^2$ 的密封垫进行准备。

（2）根据底材和镀层材料选择合适的电解液（试件底材为铜，选用硫氰化钾溶液）。

（3）将密封垫固定在试样上，使试样上的检测点位于密封垫中间，然后将电解液注入密封垫，开始测量。

（4）测量所得的 10 组数据均符合要求值的规定，试验通过。触头镀银层厚度测量数据检验结果见表 2-20。

**表 2-20　　触头镀银层厚度测量数据　　μm**

| 次数 | 触头（可拆卸部分） | 测量最小值 | 要求值 |
|---|---|---|---|
| 1 | 8.2 | 8.1 | ≥8.0 |

续表

| 次数 | 触头（可拆卸部分） | 测量最小值 | 要求值 |
|---|---|---|---|
| 2 | 8.4 | 8.1 | ≥8.0 |
| 3 | 8.2 | | |
| 4 | 8.2 | | |
| 5 | 8.1 | | |
| 6 | 8.2 | | |
| 7 | 8.3 | | |
| 8 | 8.2 | | |
| 9 | 8.1 | | |
| 10 | 8.3 | | |

## 第七节　一次接线型式、相序、安全净距检查

### 一、试验概述

#### （一）试验目的

检查高压开关柜的一次接线形式、相序、安全净距，给使用者选择、安装、使用高压开关柜提供检测结果和数据参考。

#### （二）试验依据

GB/T 3906《3.6kV～40.5kV 交流金属封闭开关设备和控制设备》

DL/T 404《3.6kV～40.5kV 交流金属封闭开关设备和控制设备》

高压开关柜技术资料，包含：一次接线图、二次电路图、外形尺寸图、总装图等。

#### （三）试验中主要参数

（1）相序标识：A 相为黄色；B 相为绿色；C 相为红色。

（2）安全净距：是指带电导体到金属部件或接地导体的距离，以 mm 为单位。

### 二、试验前准备

#### （一）试验装备与环境要求

（1）试验装备：一般情况下高压成套开关设备的该项试验所用的试验仪器设备参数见表 2-21。

**表 2-21　　试验仪器设备参数表**

| 仪器设备名称 | 测量范围 | 测量精度 |
|---|---|---|
| 高压开关柜图纸 | — | — |
| 钢卷尺 | 0～200mm | 2 级 |
| 游标卡尺 | 0～500mm | ±0.02mm |

（2）环境要求：试验可在试验场所任何方便的周围空气温度下进行。

**（二）试验前的检查**

（1）做好技术准备，查清产品试验标准。

（2）试验仪器仪表检查是否完好、测量仪器设备应在校准有效期内。

（3）高压开关柜壳体是否完好，主回路元件是否安装到位。

## 三、试验过程

**（一）试验原理和接线**

根据提供的技术资料、一次接线图、二次电路图、外形尺寸图、总装图等，检查一次接线形式和相序；实测电气间隙（相间、相对地）安全净距。

（1）一次接线形式和相序根据企业提供图纸进行检查。

（2）安全净距要求试验人员用游标卡尺进行测量。

**（二）试验方法**

（1）一次接线形式：主要根据企业提供的技术资料、一次接线图、二次电路图、外形尺寸图、总装图等核对面板一次接线图和柜内元件布置是否一致。

（2）相序：主要根据企业提供的技术资料、一次接线图、二次电路图、外形尺寸图、总装图等检查柜体一次回路相序是否具有标识，标识是否正确。母线相序、颜色、安装排列表详见表 2-22。

**表 2-22　　母线相序、颜色、安装排列表**

| 相序 | 颜色 | 母线相序排列 | | |
|---|---|---|---|---|
| | | 上下排列 | 左右排列 | 前后排列 |
| A | 黄 | 上 | 左 | 远 |
| B | 绿 | 中 | 中 | 中 |
| C | 红 | 下 | 右 | 近 |

（3）安全净距：主要根据企业提供的技术资料、一次接线图、外形尺寸图、总装图等检验柜体电气间隙（相间、相对地）是否满足标准要求。

（4）两个主要间隙：测量相间和相对地的间隙（mm）、带电体至门的间隙（mm）。

## 四、注意事项

（1）准确读取周围空气温、湿度。

（2）测量数据准确无误，重要部分进行相关照片记录。

## 五、试验后的检查

（1）检查所使用的设备的完好性。

（2）检查所试验的试品的完好性。

## 六、结果判定

（1）一次接线形式：面板一次接线图和柜内元件布置与企业提供的技术资料、一次接线图、二次电路图、外形尺寸图、总装图等一致。

（2）相序：柜体一次回路相序具有标识，标识：A 相为黄色；B 相为绿色；C 相为红色，且与企业提供的技术资料、一次接线图、二次电路图、外形尺寸图、总装图等一致。

（3）安全净距：相间和相对地、带电体至门的电气间隙（mm）须满足 GB/T 3906 和 DL/T 404 相关要求。

针对该检测项目不合格现象严重性程度进行初步分级，仅供参考。参见表 2-23。

表 2-23　　一次接线型式、相序、安全净距检查不合格现象严重程度分级表

| 序号 | 不合格现象 | 严重程度分级 | 结果判定依据 |
| --- | --- | --- | --- |
| 1 | 安全净距小于标准要求，但绝缘试验通过 | 轻微 | GB/T 3906<br>DL/T 404<br>技术资料 |
| 2 | 相序标识未配置齐全 | 轻微 | |
| 3 | 无任何相序标识 | 中度 | |
| 4 | 安全净距小于标准要求，绝缘试验也没有通过 | 严重 | |
| 5 | 一次接线型式不符合标准和技术资料规定的要求 | 严重 | |

## 七、案例分析

1. 案例概况

高压开关柜安全净距不满足标准要求，柜内无相序标识配置，如图 2-15 所示。

（a）

（b）

图 2-15　实物图

（a）相间安全净距 122mm；（b）高压开关柜内无相序标识

2. 不合格现象描述

（1）12kV 高压开关柜，标准要求相间安全净距为 125mm，实际测量时 A 相到 B 相安

全净距为122mm。

（2）高压开关柜内无任何相序标识。

3. 不合格原因分析

（1）安全净距不满足GB/T 3906和DL/T 404要求，主要原因为高压开关柜三相主回路上的固定工艺差，导致边相有轻微的误差错位。

（2）相序标识缺失、错误或者不完整，主要原因为产品出厂时，企业未做好相关的相序位置指示的配置。

## 第八节 辅助和控制回路的绝缘试验

### 一、试验概述

#### （一）试验目的

高压开关柜的辅助和控制回路在电力系统运行中应当承受正常运行的工频电压。辅助和控制回路的绝缘试验是通过实验装置及控制平台模拟产生相应的工频电压对高压开关柜的辅助和控制回路进行试验，试验目的是检测并确认辅助和控制回路的绝缘性能，即承受额定短时工频耐受电压的能力。

#### （二）试验依据

目前引用的标准主要有：

GB/T 3906《3.6kV～40.5kV交流金属封闭开关设备和控制设备》

GB/T 11022《高压开关设备和控制设备标准的共用技术要求》

GB/T 16927.1《高电压试验技术　第1部分：一般定义和试验要求》

DL/T 404《3.6kV～40.5kV交流金属封闭开关设备和控制设备》

DL/T 593《高压开关设备和控制设备标准的共用技术要求》

#### （三）试验主要参数

（1）辅助回路（开关装置的）：包括在装置的主回路和控制回路以外的导电路径中的所有导电部件。

（2）控制回路（开关装置的）：包括在用来进行装置的合闸操作、分闸操作或两者的回路中的开关装置的所有导电部件（不同于主回路的）。

### 二、试验前准备

#### （一）试验装备与环境要求

（1）试验装备：一般情况下高压成套开关设备的该项试验所用的试验仪器设备参数见表2-24。

表 2-24　　试验仪器设备参数表

| 仪器设备名称 | 参数 | 准确级 |
|---|---|---|
| 工频耐受电压试验仪 | 击穿报警电流：5～500mA 在±3%范围内任意可调；<br>输出电压：0～6000V | 0～1000V：±1.5%；<br>1000～6000V：±3% |

（2）环境要求：参考本章第一节工频耐压试验中环境要求的相关内容。

（3）大气参数的测量：参考本章第一节工频耐压试验中大气参数的测量的相关内容。

**（二）试验前的检查**

（1）试验前检查试验设备是否完好，测量仪表应在校准有效期内。

（2）检查试品样机是否装配完整，绝缘件的外表面应处于清洁状态。加压电源是否与端子接触良好。

## 三、试验过程

**（一）试验原理和接线**

（1）开关设备和控制设备的辅助和控制回路应该承受短时工频电压耐受试验。应该按照 GB/T 17627 进行工频试验。试验电压应为 2kV，持续时间 1min。

（2）辅助和控制回路的绝缘试验原理如图 2-16 所示。辅助和控制回路的绝缘试验接线图如图 2-17 所示。

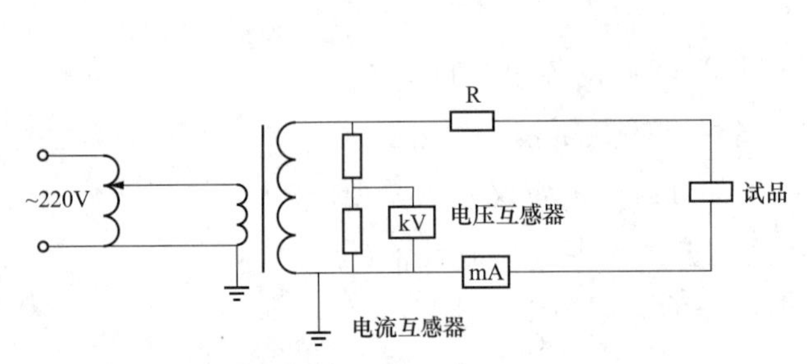


图 2-16　辅助和控制回路的绝缘试验原理图

图 2-17　辅助和控制回路的绝缘试验接线图

**（二）试验方法**

（1）试验前做好试验的安全措施，应设有安全警示灯、指示牌，所有设备和试品应周围应设有安全围栏，并留有足够的安全距离。

（2）试验首先应对开关设备的辅助和控制回路进行一次正常的分合闸控制操作，确保其操作回路正常。

（3）开始时施加的工频试验电压不应超过全电压值的 50%，然后将试验电压平稳增加至全试验电压值，并维持 1min。试验电压应施加于：连接在一起的辅助和控制回路和开关装置底架之间。

## 四、注意事项

（1）试品及试验设备要正确接线，要保证引线对各接地部分的绝缘距离，以免在试验过程中出现不应有的放电。

（2）检查产品内元器件的连接，确认产品内消耗电流的器件以及不能承受规定电压的半导体器件等端子应拆除或旁路。

（3）确认主回路上开关位置，并用万用表检查分接开关导通状态，保证接触良好。

（4）整个测量回路中所有的接地都应引至同一参考接地点。

## 五、试验后的检查

（1）检查使用的试验设备的完好性。

（2）检查进行试验的试品样机的完好性。

（3）如果试验过程中发生异常现象，试验需拍摄出现异常部位的局部照片。

## 六、结果判定

试验过程中，若试品没有发生破坏性放电，则认为高压开关柜的辅助和控制回路通过了工频耐压试验。

针对该检测项目不合格现象严重性程度进行初步分级，辅助和控制回路的绝缘试验（工频电压试验）不合格现象严重程度分级表见表 2-25。

**表 2-25　　不合格现象严重程度分级表**

| 序号 | 不合格现象 | 严重程度分级 | 结果判定依据 |
|---|---|---|---|
| 1 | 电压升高到试验电压，在规定的耐受时间（1min）内放电 | 轻微 | GB/T 17627<br>GB/T 11022 |
| 2 | 施加电压过程中，出现放电 | 严重 | |
| 3 | 电压无法施加 | 严重 | |

## 七、案例分析

1. 案例概况

规格为 KYN28-12/630-20 的高压开关柜，在进行辅助和控制回路绝缘试验时出现破坏性放电。按照 GB/T 11022—2020 的 7.10.5 条，判断试验不合格。

2. 不合格现象描述

在进行辅助和控制回路绝缘试验时，要求施加为 2kV 的工频电压，偏差为±1%，持续时间 1min。试验时，施加电压上升至 1.2kV 时，发生破坏性放电现象。

3. 不合格原因分析

进行辅助和控制回路绝缘试验时，施加电压上升至 1.2kV 时发生破坏性放电现象，根据现场检查时发现的问题进行分析，原因是安装人员在安装二次线时，螺钉将二次线绝缘皮刺破，造成绝缘性能下降。

## 第九节　雷电冲击试验

### 一、试验概述

#### （一）试验目的

高压开关柜在电力系统运行中除了承受正常运行的工频电压外，还可能受到暂时过电压及雷电过电压的冲击，雷电过电压对绝缘的破坏与工频交流电压对绝缘的破坏在特征上有很大的不同。雷电冲击试验就是通过试验装置及控制平台模拟产生相应的雷电冲击电压对高压开关柜进行冲击试验，以此验证高压开关柜设备耐受雷电冲击的能力。

#### （二）试验依据

GB/T 3906《3.6kV～40.5kV 交流金属封闭开关设备和控制设备》

GB/T 11022《高压开关设备和控制设备标准的共用技术要求》

GB/T 16927.1《高电压试验技术　第 1 部分：一般定义和试验要求》

GB/T 16927.2《高电压试验技术　第 2 部分：测量系统》

DL/T 404《3.6kV～40.5kV 交流金属封闭开关设备和控制设备》

DL/T 593《高压开关设备和控制设备标准的共用技术要求》

#### （三）试验中主要参数

（1）绝缘水平：在规定的条件下，所设计的装置的绝缘应耐受的试验电压。

（2）雷电冲击耐受电压：在规定的试验条件下，高压开关柜的绝缘耐受的标准雷电冲击电压波的峰值。额定绝缘水平见表 2-26。

表 2-26　额定绝缘水平　kV

| 额定电压 $U_r$（有效值） | 额定雷电冲击耐受电压 $U_p$（峰值） | |
|---|---|---|
| | 通用值 | 隔离断口 |
| 12 | 75 | 85 |
| 24 | 95① | 110① |
| | 125 | 145 |
| 40.5 | 185 | 215 |

① 标出的数值适用于中性点接地系统。

（3）雷电冲击全波电压：不被破坏性放电截断的雷电冲击电压。

（4）标准雷电冲击电压：是指波前时间 $T_1$ 为 1.2μs，半波峰值时间 $T_2$ 为 50μs 的光滑的

雷电冲击全波。考虑实际的冲击电压波形中，起始部分通常不易区分，峰值附近波形比较平滑，标准中用峰值电压的30%、50%及90%等数值来确定冲击波形的实际参数。

（5）波前时间 $T_1$：定义为试验电压曲线峰值的30%和90%之间时间间隔 $T$ 的1/0.6倍。

（6）半峰值时间 $T_2$：定义为从视在原点 $O_1$ 到试验电压曲线下降到试验电压值一半时刻之间的时间间隔。

（7）视在原点 $O_1$：试验电压曲线中相当于 $A$ 点超前 $0.3T_1$ 的瞬间，对于具有线性时间刻度的波形，它为通过波前部分 $A$、$B$ 两点所画直线与时间轴的交点。

（8）试验电压值：从与施加冲击一致的基准水平上测得的试验电压曲线的最大值。冲击全波电压时间参数如图2-18所示。

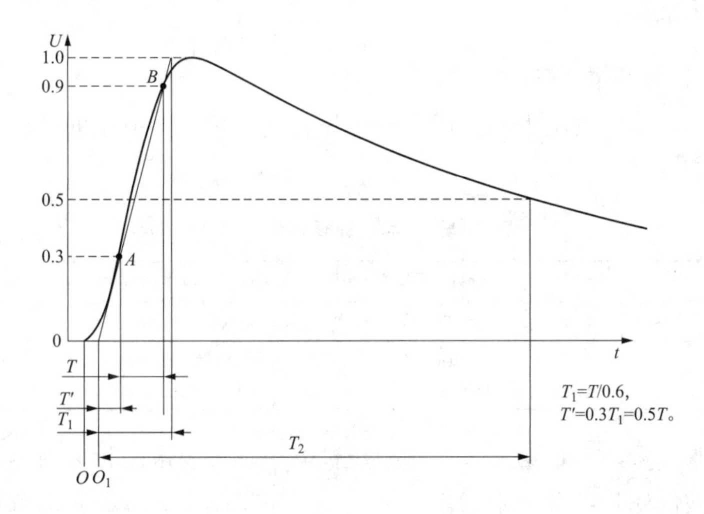


图2-18 冲击全波电压时间参数

标准雷电冲击规定值与实际记录值之间的允许偏差如下：

峰值为±3%

波前时间为±30%

半峰值时间为±20%

（9）破坏性放电：与电气作用下绝缘发生故障有关的现象。试验时绝缘完全被放电桥接，并使电极间的电压实际降到零。适用于固体、液体和气体介质以及它们的复合介质中的破坏性放电。有时也称“电气击穿”。

（10）火花放电：气体或液体媒介中发生的破坏性放电。

（11）闪络：气体或液体媒介中沿介质表面发生的破坏性放电。

（12）击穿：固体介质中发生的破坏性放电。

备注：固体介质中发生破坏性放电会导致绝缘强度的永久丧失；而在液体或气体介质中绝缘只是暂时丧失强度。

（13）非破坏性放电：发生在中间电极之间或导体之间的放电，此时试验电压并不跌落至零。除非有关技术委员会另有规定，否则，这种现象不能视作破坏性放电。有些非破坏性放电称为局部放电，参见 GB/T 7354。

（14）外绝缘：空气绝缘及设备固体绝缘的外露表面，承受电压作用并直接受大气和其他外部条件的影响。

（15）内绝缘：不受外部条件如污秽、湿度和虫害等影响的设备内部绝缘的固体、液体或气体部件。

（16）自恢复绝缘：施加试验电压引起破坏性放电后，能完全恢复其绝缘特性的绝缘。

（17）非自恢复绝缘：施加试验电压引起破坏性放电后，丧失或不能完全恢复其绝缘特性的绝缘。

## 二、试验前准备

### （一）试验装备与环境要求

（1）试验装备：一般情况下高压成套开关设备的该项试验所用的试验仪器设备参数，见表 2-27。

**表 2-27　　试验仪器设备参数表**

| 名称 | 测量范围 | 扩展不确定度/k 最大允差/l 准确度等级 |
| --- | --- | --- |
| 电容分压器 | 额定电压：±400kV | 测量精度≤±1% |
| 冲击电压实验设备 | 标称电压：±400kV<br>标称能量：30kJ | 额定电流 20mA；<br>控制电压范围 0～100% |

（2）环境要求：参考本章第一节工频耐压试验中环境要求的相关内容。

（3）大气参数的测量：参考本章第一节工频耐压试验中大气参数的测量的相关内容。

### （二）试验前的检查

（1）检查试验设备：试验前检查试验设备是否完好，测量仪表应在校准有效期内。

（2）检查样机试品：检查产品是否装配完整，绝缘件的外表面应处于清洁状态。

试品应该按制造厂规定的最小电气间隙和高度安装。

如果装有保护系统用的弧角或弧环，为了进行试验，可以把它们拆下或增大它们的间距。如果是用来改善电场分布的，试验时它们应该保持在原来的位置。

（3）试验前应对开关设备进行一次分合闸操作，保证其操作正常。

对于采用压缩气体作为绝缘的开关设备和控制设备，绝缘试验应该在制造厂规定的最低功能压力下进行。在试验过程中应该记录气体的温度和压力，并将其列入试验报告。

注：在装有真空开关装置的开关设备和控制设备的绝缘试验中，应当采取预防措施以保证在高压试验期间可能发射的 X 射线的水平在安全限值内。

## 三、试验过程

### （一）试验原理和接线

（1）对于三个试验电压（相对地、相间、断口间）相等的一般情况，当高压开关柜进

行相间和对地雷电冲击电压试验时，应依次将主回路每一相的导体与试验电源的高压端连接，同时，其他各相导体和柜体底架接地，并保证主回路的连通（如通过合上开关装置或其他方法）。

（2）对于开关装置断口试验电压高于相对地耐受电压的特殊情况，当高压开关柜进行开关断口（或隔离断口）之间雷电冲击电压试验时，如果依次将主回路每一相的导体与试验电源的高压端连接，将试验电压施加在断口之间，试验电源另一端接地时，其他各相导体和柜体底架应与地绝缘。

（3）雷电冲击电压试验原理接线图如图 2-19 所示，雷电冲击电压试验布置照片图如图 2-20 所示。

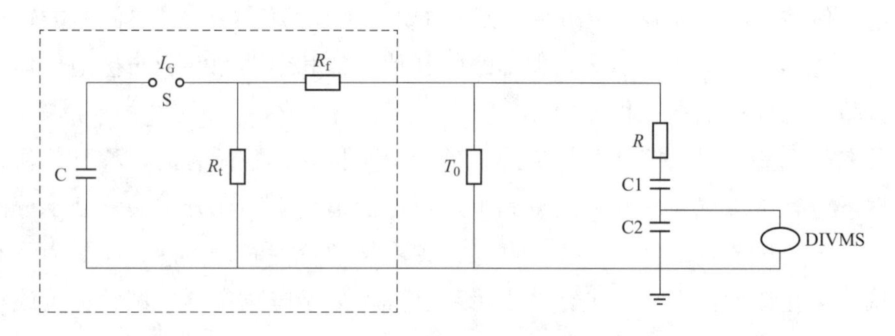


图 2-19　雷电冲击电压试验原理接线图

C—冲击发生器主电容；$R_f$—波头电阻；$R_t$—波尾电阻；S—冲击点火球隙；$R$—阻尼电阻；C1—高压臂电容；$T_0$—试品；C2—低压臂电容

图 2-20　雷电冲击电压试验布置照片图

### （二）试验方法

（1）试验前做好试验的安全措施，应设有安全警示灯、指示牌，所有设备和试品周围应设有安全围栏，并留有足够的安全距离。

（2）对于充有绝缘气体的试品，应检查气体压力，应在技术文件规定的范围内，如果气体压力低于规定要求，不能进行试验，应及时通知送检单位处理。

（3）如果试品内带有避雷器和电压互感器，应与主回路断开，电流互感器二次绕组应短接。

（4）整个测量回路中的所有接地都应引至同一参考接地点。

（5）试验前记录周围大气环境的湿度、温度及绝对压力值，并按照式（2-4）计算大气修正因数，式（2-5）确定试验电压 $U$。

（6）接线及倒换接线。

（7）试验电压的施加和试验条件，原则上应包括下列试验。

1）对地和相间。

试验电压值按 GB/T 3906—2020 中 7.2.6 的规定（参见表 2-26）。主回路的每相导体应依次与试验电源的高压接线端连接。主回路的其他导体和辅助回路应与接地导体或框架相连，并与试验电源的接地端子相连接。

应在所有的开关装置（接地开关除外）处于合闸位置，且所有的可移开部件处于工作位置的条件下进行绝缘试验。并应注意到下述可能的情况，即在开关装置处于分闸位置或可移开部件处于隔离位置、移开位置、试验位置或接地位置时，可能引起更为不利的电场条件时，试验应在该条件下重复进行。当可移开部件处于隔离位置、试验位置或移开位置时，其本身不进行这些耐压试验。

对这些试验，例如电流互感器、电缆终端和过流脱扣/指示器这些装置应按正常工作情况装设。如果不能确定最不利的情况，则需在其他布置方式重复试验。

2）隔离断口之间。

主回路的各隔离断口应施以 GB/T 3906 中所规定的试验电压，按 GB/T 11022 中所规定的试验程序进行试验。

隔离断口如下：

a．打开的隔离开关。

b．由可抽出或可移开的开关装置连接的主回路的两个部分之间的断口。

c．如果在隔离位置或试验位置，有一个接地的金属活门插在被分开的触头之间形成一个分隔，则在接地的金属活门与带电部分之间的距离仅应耐受对地的试验电压。

d．若在固定部分与可抽出部件之间形成隔离断口且两者间没有分隔时，试验电压应按下述要求施加在断口之间。

e．处于隔离或试验位置的可抽出部件应该使得固定触头和可移动触头之间距离最短。

f．可抽出部件的开关装置应处于合闸位置。

g．如果开关装置不可能处于合闸位置（例如联锁），应按下述进行两项试验。

h．可抽出部件的位置应确保固定触头和可动触头之间的距离最短，且可抽出部件的开关装置需分闸。

i．可抽出部件处于其他确定的位置，而可抽出部件的开关装置合闸。

互感器、电力变压器或熔断器可以用能够再现高压连接电场分布情况的模拟品代替。过电压保护元件可以断开或移开，电流互感器二次应短路并接地，也允许电流互感器一次侧短接。

进行雷电冲击电压试验时，冲击发生器的接地端子应与高压开关柜的外壳相连。但是，当按 GB/T 3906—2020 中 7.2.6 的 b）项进行试验时，可以将外壳和地绝缘，以使带电部分和外壳之间的电压不超过 GB/T 3906—2020 中 7.2.6 的项 a）规定的试验电压值。

高压开关柜只应该在干燥状态下承受雷电冲击电压试验。试验应该按 GB/T 16927.1 用标准雷电冲击波 1.2/50μs 在两种极性的电压下进行。如果用一个电压源的替代方法来试验隔离断口，对额定电压为 12kV 的高压开关柜，可以把没有承受试验的所有端子和外壳底架与地绝缘。

高压开关柜的合分位置联结图见图 2-3。高压开关柜相间、相对地及断口间进行雷电冲击的试验电压施加条件见表 2-28。

**表 2-28　　高压开关柜相间、相对地及断口间雷电冲击试验电压的施加条件**

| 考核部位 | 试验条件 | 主开关 | 隔离开关 | 接地开关 | 加压部位 | 接地部位 |
|---|---|---|---|---|---|---|
| 相间、相对地 | 1 | 合闸 | 合闸 | 分闸 | Aa | BCbcF |
| | 2 | 合闸 | 合闸 | 分闸 | Bb | ACacF |
| | 3 | 合闸 | 合闸 | 分闸 | Cc | ABabF |
| | 4 | 分闸 | 合闸 | 分闸 | A | BCabcF |
| | 5 | 分闸 | 合闸 | 分闸 | B | ACabcF |
| | 6 | 分闸 | 合闸 | 分闸 | C | ABabcF |
| | 7 | 分闸 | 合闸 | 分闸 | a | ABCbcF |
| | 8 | 分闸 | 合闸 | 分闸 | b | ABCacF |
| | 9 | 分闸 | 合闸 | 分闸 | c | ABCabF |
| 断口 | 10 | 合闸 | 分闸 | 分闸 | a | A |
| | 11 | 合闸 | 分闸 | 分闸 | b | B |
| | 12 | 合闸 | 分闸 | 分闸 | c | C |
| | 13 | 合闸 | 分闸 | 分闸 | A | a |
| | 14 | 合闸 | 分闸 | 分闸 | B | b |
| | 15 | 合闸 | 分闸 | 分闸 | C | c |
| | 16 | 分闸 | 合闸 | 分闸 | a | A |
| | 17 | 分闸 | 合闸 | 分闸 | b | B |

续表

| 考核部位 | 试验条件 | 主开关 | 隔离开关 | 接地开关 | 加压部位 | 接地部位 |
|---|---|---|---|---|---|---|
| 断口 | 18 | 分闸 | 合闸 | 分闸 | c | C |
| | 19 | 分闸 | 合闸 | 分闸 | A | a |
| | 20 | 分闸 | 合闸 | 分闸 | B | b |
| | 21 | 分闸 | 合闸 | 分闸 | C | c |

注 1．对于高压开关柜的隔离开关，进行隔离断口试验时，所有端子和底架可以与地绝缘。

2．对于高压开关柜的隔离开关，通常代表的是可移开式部件（抽出式手车）。

3．表中的 a、b、c 和 A、B、C 分别代表两侧的三相接线端子，F 为底架，如图 2-3 所示。

（8）波形调整。

在进行冲击电压试验时，冲击电压发生器的波形应满足规定偏差，因此，在试验前需要按照规定的电压波形调整冲击电压发生器的参数。首先选择冲击发生器的级数及串并联联结。然后采用 50%电压对冲击波形进行预调整。

冲击电压波形可用式（2-7）估算：

波前时间

$$T_1=2.3R_fC_L \tag{2-7}$$

半峰值时间

$$T_2=0.693R_tC_1 \tag{2-8}$$

式中 $R_f$——波头电阻，$R_f=nr_f$，$r_f$ 为发生器每级的波头电阻，$n$ 为发生器的级数，Ω；

$R_t$——波尾电阻，$R_t=nr_t$，$r_t$ 为发生器每级的波头电阻，$n$ 为发生器的级数，Ω；

$C_1$——冲击发生器电容，$C_1=C/n$，$C$ 为发生器每级的电容，μF；

$C_L$——总的负荷电容，包括试品、分压器和主体入口电容，μF。

波形不产生振荡时，$R_f$ 为

$$R_f \geqslant 2\sqrt{\frac{L(C_1+C_L)}{C_1\,C_L}} \tag{2-9}$$

式中 $L$——冲击发生器放电回路固有电感。

（9）选择试验程序。

1）雷电冲击电压试验推荐按照 GB/T 16927.1—2011 中试验程序 B 进行：对试品施加 15 次具有规定波形和极性的耐受电压，如果在自恢复绝缘部分发生不超过 2 次破坏性放电，且非自恢复绝缘上无损伤，则认为试验通过。

2）如果进行三极试验，也可以采用 GB/T 16927.1—2011 的程序 C：对试品施加 3 次具有规定波形和极性的耐受电压，如果没有发生破坏性放电，则认为通过试验；如果发生破坏放电超过 1 次，则试品未通过试验；如果仅在自恢复绝缘上发生 1 次破坏性放电，则

再加 9 次冲击，如再无破坏性放电发生，则试验通过。

（10）施加电压。

试验应按 GB/T 16927.1 规定的标准雷电冲击波 1.2/50μs 在两种极性的电压下进行。用警铃提示开始试验。接通电源，对试品施加规定的正、负极性的雷电冲击耐受电压。对每一试验条件分别施加 15 次正极性冲击和 15 次负极性冲击。

（11）每一试验条件的试验结束后，确认电源断开后，用接地棒放电。倒换接线，进行下一试验条件的试验。

注：倒换接线前应断开电源，挂接地棒，确保安全，倒换接线完成后摘除接地棒。

（12）全部试验结束后，确认电源断开后，用接地棒对试验回路充分放电。

（13）如果试验过程中发生击穿或闪络，应确认已断开电源，挂接地棒，检查样品击穿位置，外部闪络还是内部击穿。如果是外部闪络，用无水酒精清洁绝缘表面，重新进行试验；如果确认是内部击穿，判定为试验不合格。

（14）在对隔离断口的试验中，如果发生对地闪络，这可能是对地绝缘水平低于隔离断口的绝缘水平导致的，不能判定对地绝缘不合格，可以把试品与地绝缘起来，再施加试验电压。

（15）注意隔离开关处于分闸位置时的绝缘试验，应在指示或信号装置能够发出分闸信号时隔离开关的最小隔离断口，或在规定的锁定布置相一致的最小隔离断口下进行，无论哪种情况，隔离断口或间隙均为最小。

## 四、注意事项

（1）试验前做好试验的安全措施，要有关键位置联锁（防止人员带电进入）、信号灯、指示牌、安全围栏等。

（2）整个测量回路中所有的接地都应引至同一参考接地点。

（3）试验前，应检查充气压力并记录，确认充气压力符合标准要求。

（4）每次试验后、倒换接线前应断开电源，挂接地棒，确保安全，倒换接线完成后摘除接地棒（可以采用自动接地装置）。

（5）注意电压互感器和避雷器应与主回路断开，电流互感器二次绕组短接并接地。

（6）被试品应保持清洁并干燥，以免损坏被试品和试验带来的误差。

（7）标准雷电冲击波形应是平滑的，试验电压为其峰值。但有时冲击波形的峰值处可能有振荡或过冲，只要振荡的单个波峰幅值不超过峰值的 5%，是允许的。

（8）在进行开关设备隔离断口试验时，应充分考虑带电部位对外壳的绝缘裕度，防止对地击穿（可以将试品对地绝缘）。

（9）在进行全绝缘开关设备隔离断口试验时，电缆的屏蔽层不应接地，防止电缆绝缘击穿。

（10）某些绝缘材料在一次冲击试验后仍有残余电荷，必要时在倒换极性时应该小心。

为使绝缘材料放电，如在试验前施加 3 次约 80%试验电压的反极性冲击。

## 五、试验后检查

（1）检查绝缘是否有击穿痕迹以及破坏性放电的位置。

（2）检查试验设备、仪表状态是否完好，最终设备归位。

## 六、结果判定

对于试验程序 B 进行，如果符合下述条件，则认为通过试验。

（1）每个系列试验不少于 15 次；

（2）对于非自恢复绝缘没有发生破坏性放电；

（3）对自恢复绝缘在每个完整的系列中发生破坏性放电的次数不超过 2 次，而且要验证最后一次破坏性放电之后连续 5 次冲击耐受不发生破坏性放电。这个程序可能会导致最多为 25 次的冲击试验。

对自恢复绝缘，发生击穿可能的组合包括：“前 10/2+后 5/0=总计 15 次、前 10/1（或 0）+后 5/1+追加 5/0=总计 20 次和前 10/0+后 5/1+追加 5/1+追加 5/0=总计 25 次”，其中：“/”前面的数字表示施加冲击的次数，“/”后面的数字表示击穿次数。在这些组合中出现击穿，只要最后 5 次冲击中没有发生击穿，可认为试品通过试验。

针对该检测项目不合格现象严重性程度进行初步分级，仅供参考。参见表 2-29。

**表 2-29　　不合格现象严重程度分级表**

| 试验项目 | 序号 | 不合格现象 | 严重程度分级 | 结果判定依据 |
|---|---|---|---|---|
| 雷电冲击电压试验 | 1 | 对于自恢复绝缘，施加 15 次冲击时，最后 5 次中出现 1 次击穿，追加 5 次冲击，再次发生击穿；追加到 25 次冲击，仍发生击穿 | 轻微 | GB/T 3906<br>GB/T 11022 |
| | 2 | 对于自恢复绝缘，施加 15 次冲击时，最后 5 次中出现 2 次击穿，追加 5 次冲击，再次发生击穿 | 轻微 | |
| | 3 | 对于自恢复绝缘，15 次冲击中连续 3 次击穿 | 严重 | |
| | 4 | 对于非自恢复绝缘，15 次冲击中发生 1 次击穿 | 严重 | |

## 七、案例分析

**【案例一】**

1. 案例概况

型号为 KYN28-12/1250-31.5 高压开关柜，在开展雷电冲击试验过程中，内绝缘对地闪络击穿。

2. 不合格现象描述

在进行高压开关柜相间及对地雷电冲击试验时，A 相对地试验时连续发生 3 次击穿现

象，击穿电压分别是38.99、39.75、39.14kV，试验后对样品进行确认检查发现电流互感器表面有击穿痕迹，依据标准判定试验结果不合格。

3. 不合格原因分析

电流互感器可能存在绝缘缺陷，导致电流互感器在雷电冲击试验时发生重复击穿。

**【案例二】**

1. 案例概况

型号为KYN61-40.5/1250-31.5高压开关柜，在开展雷电冲击试验过程中，相间绝缘闪络击穿。

2. 不合格现象描述

在进行高压开关柜相间及对地雷电冲击试验时，A相主回路连接高压，B、C相及开关柜壳体与地连接，试验时带电体与相间隔板间连续3次发生闪络击穿现象，依据标准判定试验结果不合格。

3. 不合格原因分析

（1）根据绝缘隔板的故障点分析，绝缘配置可能存在薄弱环节，隔板击穿的地方存在质量缺陷。

（2）相间绝缘隔板与带电体直接的距离小于60mm，安全净距不足。

# 第十节 温 升 试 验

## 一、试验概述

### （一）试验目的

温升试验目的是考核高压开关柜产品在额定负荷下的长期载流能力。当温度超过材料的规定值可能材料性能发生变化，导致机械和电气性能降低。特别是导体连接位置和触头，温度过高使其表面发生氧化，接触电阻增大。还会使绝缘材料老化，绝缘性能降低，导致故障。对于人员可触及的部位，温度过高会发生灼伤危险。

### （二）试验依据

GB/T 3906《3.6kV～40.5kV交流金属封闭开关设备和控制设备》

GB/T 11022《高压交流开关设备和控制设备标准的共用技术要求》

DL/T 404《3.6kV～40.5kV交流金属封闭开关设备和控制设备》

DL/T 593《高压开关设备和控制设备标准的共用技术要求》

### （三）试验中主要参数

（1）额定电流：在规定的使用和性能条件下，开关设备应能持续承载的电流的有效值。

（2）温升：开关设备温度与周围空气温度之差。

（3）周围空气温度：按规定条件测定围绕整个开关设备的周围空气的平均温度。

（4）温升极限值：高压开关设备和控制设备各种部件、材料和绝缘介质的温度和温升极限值详见表 2-30（表 2-30 中“说明 1～13”的详细内容见 GB/T 11022—2020 第 7.5.5.2 条）。

**表 2-30　高压开关设备和控制设备各种部件、材料和绝缘介质的温度和温升极限**

| 序号 | 部件、材料和绝缘介质的类别 | | 最大值 | |
|---|---|---|---|---|
| | | | 温度（℃） | 周围空气温度不超过 40℃时的温升（K） |
| 1 | 触头（见说明 4）裸铜或裸铜合金 | 在空气中 | 75 | 35 |
| | | 在 $SF_6$ 中（见说明 5） | 105 | 65 |
| | | 在油中 | 80 | 40 |
| 2 | 镀银或镀镍（见说明 6） | 在空气中 | 105 | 65 |
| | | 在 $SF_6$ 中（见说明 5） | 105 | 65 |
| | | 在油中 | 90 | 50 |
| 3 | 镀锡（见说明 6） | 在空气中 | 90 | 50 |
| | | 在 $SF_6$ 中（见说明 5） | 90 | 50 |
| | | 在油中 | 90 | 50 |
| 4 | 用螺栓的或与其等效的联结（见说明 4）裸铜、裸铜合金或裸铝合金 | 在空气中 | 90 | 50 |
| | | 在 $SF_6$ 中（见说明 5） | 115 | 75 |
| | | 在油中 | 100 | 60 |
| 5 | 镀银或镀镍（见说明 6） | 在空气中 | 115 | 75 |
| | | 在 $SF_6$ 中（见说明 5） | 115 | 75 |
| | | 在油中 | 100 | 60 |
| 6 | 镀锡 | 在空气中 | 105 | 65 |
| | | 在 $SF_6$ 中（见说明 5） | 105 | 65 |
| | | 在油中 | 100 | 60 |
| 7 | 其他裸金属制成的或其他镀层的触头或联结 | | （见说明 7） | （见说明 7） |
| 8 | 用螺栓或螺钉与外部导体连接的端子（见说明 8） | 裸的 | 90 | 50 |
| | | 镀银、镀镍或镀锡 | 105 | 65 |
| | | 其他镀层 | （见说明 7） | （见说明 7） |
| 9 | 油断路器装置用油（见说明 9 和 10） | | 90 | 50 |
| 10 | 用作弹簧的金属零件 | | （见说明 11） | （见说明 11） |
| 11 | 绝缘材料以及与下列等级的绝缘材料接触的金属部件（见说明 12） | Y | 90 | 50 |
| | | A | 105 | 65 |

续表

| 序号 | 部件、材料和绝缘介质的类别 | | 最大值 | |
|---|---|---|---|---|
| | | | 温度（℃） | 周围空气温度不超过40℃时的温升（K） |
| 11 | 绝缘材料以及与下列等级的绝缘材料接触的金属部件（见说明12） | E | 120 | 80 |
| | | B | 130 | 90 |
| | | 瓷漆：油基 | 155 | 115 |
| | | 瓷漆：合成 | 100 | 60 |
| | | H | 120 | 80 |
| | | C其他绝缘材料 | 180（见说明13） | 140（见说明13） |
| 12 | 除触头外，与油接触的任何金属或绝缘件 | | 100 | 60 |
| 13 | 可触及的部件 | 在正常操作中可触及的 | 70 | 30 |
| | | 在正常操作中不需触及的 | 80 | 40 |

## 二、试验前准备

### （一）试验装备与环境要求

（1）试验设备：一般情况下高压成套开关设备该项试验所用试验仪器设备参数见表2-31。

**表2-31　试验仪器设备参数表**

| 名　称 | 推荐参数 | 推荐准确级 |
|---|---|---|
| 温升试验系统（包括调压器、大电流变压器、恒流装置） | 根据最大试验电流选择 | — |
| 热电偶 | T型 | ±1℃ |
| 多路温升测试仪 | — | 温度±1.2℃，电流：±2% |
| 电流互感器 | 根据试验电流选择 | 0.5级 |

（2）环境要求：周围空气温度是开关设备和控制设备周围空气的平均温度。应该在试验期间至少使用3只（推荐4只）均匀布置在开关设备和控制设备周围、处在载流部件的平均高度上并距开关设备和控制设备1m处的温度计、热电偶或其他温度检测器件来测量。应该防止温度计或热电偶受气流以及热辐射的过分影响。

为了避免温度快速变化造成的读数误差，可以把温度计或热电偶放入不少于0.5L的25号变压器油的油杯中。

在最后四分之一的试验期间，周围空气温度的变化在1h时内部应该超过1K。

试验时的周围空气温度应该高于10℃，但低于40℃。在周围空气温度的这一范围内，不需要进行温度值的修正。

注意：应记录试验时的环境温度，进行试验后回路电阻验证时，将回路电阻校正到同一参考温度下。校正公式见式（2-10）。

**（二）试验前的检查**

（1）试验设备完好，电流测量设备（电流互感器）和热电偶应良好，在校准有效期内。

（2）检查产品应装配完整（对于除辅助设备以外的部分的温升试验，开关设备和控制设备及其附件在所有重要方面都应该安装得和使用中的一样，包括开关设备和控制设备各部分在正常工作时的所有外罩，并应该防止来自外部的过度加热和冷却），导体、触头应处于清洁状态。

（3）电流互感器二次绕组不得开路，如果没有装配完整，应短接并接地。

（4）对于采用压缩气体作为绝缘的开关设备和控制设备，温升电流试验应该在密封充气状态下进行，并记录充气压力。

## 三、试验过程

**（一）试验原理和接线**

（1）高压开关柜正常运行时是长期载流的电气设备，因为导体自身及各连接部位搭接工艺等原因，回路中存在一定的电阻，当电流流过整条回路时就会产生热损耗，并且交变电磁场作用于导体周围的铁磁物体和绝缘介质也会产生铁磁损耗和介质损耗，这些都属于热源。

（2）这些热源产生的热量使高压开关柜的温度升高，同时以不同的散热方式向周围介质散热，而保持相对恒定的温度，这个温度减去环境温度就是高压开关柜稳定的温升。

（3）温升试验接线原理图如图 2-21 所示，温升试验接线布置图如图 2-22 所示，温升测量点示意图如图 2-23 所示。

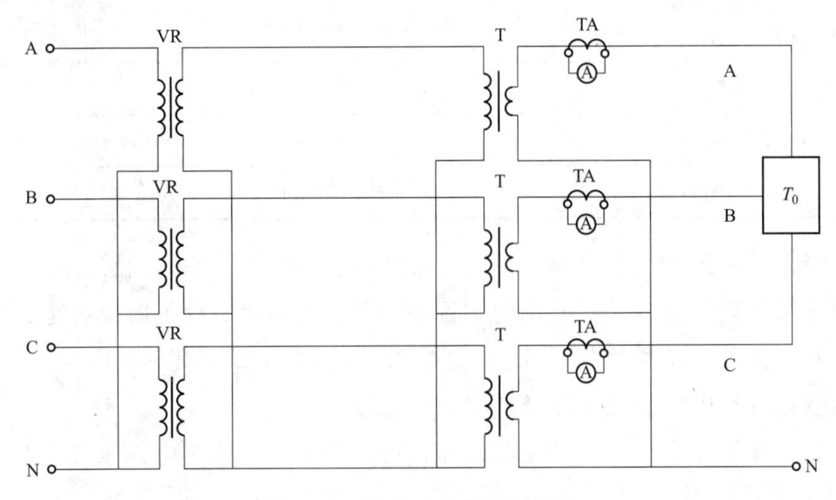


图 2-21　温升试验接线原理图

VR—调压器（voltage-regulator）；TA—电流互感器（current transformer）；

T—升流器（transformer）；$T_0$—试品（test object）

图 2-22 温升试验接线布置图

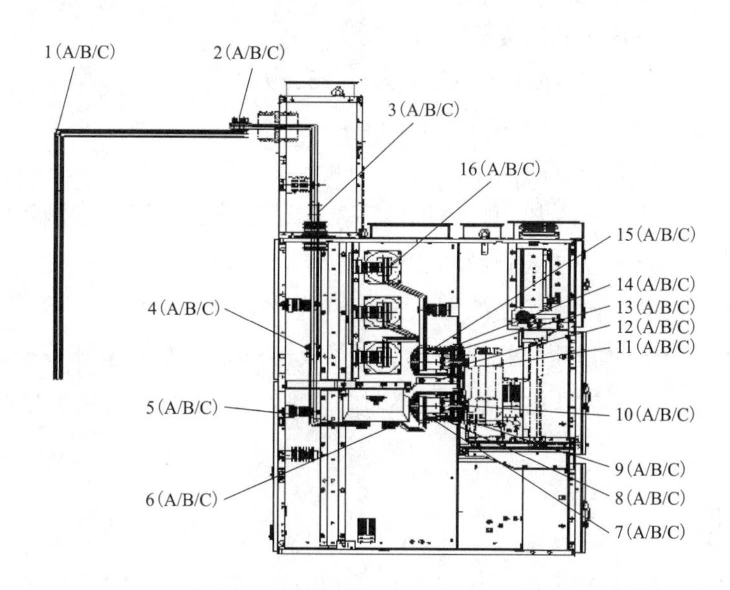


图 2-23 温升测量点示意图

### （二）试验方法

（1）设备布置和接线。

试品尽可能按照实际运行方式安装，如果试品可以在不同的位置安装，温升试验应该在最不利的位置上进行。试品与外接临时线接触面应平整干净。

临时接到主回路的连接线的规格应与试品额定电流相匹配。临时连接线不应使得有明显的热量从开关设备散出或导入开关设备。测量主回路端子和距端子 1m 处临时连接线的温升，两者温升的差值不应该超过 5K。

三极试品应进行三极试验。对于非封闭式的试品，若其他极的影响可以忽略的话，试验也可以在单极上进行。对于额定电流不超过 630A 的三极试品，可以把三极串联后进行试验。

（2）试验前测量试品端子间的主回路电阻，应满足技术条件要求。

（3）确定测量部位，并在测量部位黏贴热电偶。高压开关柜温升试验的测量部位包括接线端子、连接点、触头、可触及表面及不可触及表面等，同时还应测量距接线端子 1m 处临时连接线的温升。确定各测量位置的温升限值。

（4）试品通电流，电流值为额定电流（按国家标准时）或者按照 1.1 倍额定电流（电力行业标准时）。电流的频率为额定频率，频率的偏差为−5%～2%。

（5）试验过程中自动读取各测量点的温度值，试验应该持续足够长的时间以使温升达到稳定。如果在 1h 内温升的增加不超过 1K，就认为达到了稳定。记录此时各测量位置的温度以及周围空气温度。温度差即为各位置的温升。

为了准确比较温升试验前后回路电阻的变化，应把试验后测得的回路电阻修正到试验前的温度下的电阻值。铜导体的温度修正方法为

$$R_2=R_1\times(235+T_2)/(235+T_1) \quad (2\text{-}10)$$

式中 $R_1$——在温度 $T_1$ 下测得的电阻值，Ω；

$R_2$——修正到温度 $T_2$ 时的电阻值，Ω。

（6）切断电源，试品自然冷却的环境温度后，在试验前的相同位置测量回路电阻，并与试验前相比，电阻值应不超过试验前的 20%。

（7）可以采用较大电流预热回路的办法来缩短整个试验的时间。

按试验要求选取合适的温升试验系统包括测量仪器仪表，对高压开关柜通以规定的电流并运行足够长时间，直至温升达到稳定值为止。实际上，当温度变化不超过 1K/h，则认为达到稳定温度。

## 四、注意事项

（1）三相电流应保持平衡，且在最后 1/4 期间电流应稳定。

（2）温度计的球泡或热电偶应该防止来自外部的冷却。

（3）应避免温度快速变化造成的周围空气温度读数误差，可把温度计或热电偶放入装有不少于 0.5L 的 25 号变压器油的小瓶中。在最后 1/4 试验期间，周围空气温度的变化在 1h 内不应该超过 1K，记录最终的周围空气温度。

（4）热电偶应黏贴牢固，保证热电偶与受试部分的表面之间具有良好的导热性。

（5）如果在变化的磁场中应优先考虑使用酒精温度计。

（6）环境温度和测量点应使用同一温度记录仪进行记录，确保数据的准确性。

（7）测量过程中注意观察测量数据，发现部分测量点温度明显异常时，应检查热电偶是否黏贴牢固。

（8）试验中温度上升明显过快、过高或出现其他异常情况（包括试验设备），应及时断

开电源，终止试验，查找原因。

（9）如果试验后的电阻超过了试验前电阻 20%，应仔细检查试品，重新测量电阻，再进行比较。注意：电流互感器二次侧不得开路。

## 五、试验后的检查

（1）试验后，应在试品温度恢复到正常的周围空气温度下测量主回路电阻。

（2）试验后检查试验设备完好，将使用的设备进行规整。

（3）检查试品的完整性，将拆除的附件复位。

## 六、结果判定

（1）各部件温升不应超过表 2-30 的规定，否则，应认为试品没有通过试验。

（2）如果试验后在同一位置测量的回路电阻超过试验前测量值的 20%，也认为试验不合格。

针对该检测项目不合格现象严重性程度进行初步分级，仅供参考。温升试验不合格现象严重程度分级表见表 2-32。

**表 2-32　温升试验不合格现象严重程度分级表**

| 序号 | 不合格现象 | 严重程度分级 | 结果判定依据 |
| --- | --- | --- | --- |
| 1 | 温升满足要求，回路电阻超过 20% | 轻微 | GB/T 11022 |
| 2 | 温升超过规定值 10K 以内，回路电阻未超过 20% | 中度 | |
| 3 | 温升超过规定值 10K，回路电阻超过 20% | 严重 | |

## 七、案例分析

1. 案例概况

型号规格为 KYN28-12/2500-31.5 开关柜，温升试验稳定后温升值超过要求值。

2. 不合格现象描述

通以 2750A 电流进行温升试验，产品散热条件为自然冷却，试验结果统计不合格点有两个，一个是母排连接处（点 3）三相温升分别是 75.5K/80.2K/75.9K，超出极限 75K 的要求，另一个是上静触头（点 14）三相温升分别是 66.8K/68.6K/66.3K，超出极限 65K 的要求，详见图 2-24 温升试验布点图；判定试验结果不合格。

3. 不合格原因分析

此项不合格通过如下几个整改位置最终通过试验，整改前后照片对比表见表 2-33。

（1）动静触头整改，梅花触头由原 64 片整改为 84 片。

（2）桥架壳体内表面喷漆处理。

（3）触头盒更换。

表 2-33 整改前后照片对比表

| 整改位置 | 整改前 | 整改后 |
|---|---|---|
| 梅花触头 |  |  |
| 壳体内喷漆处理 | |  |
| 触头盒更换 |   |   |

# 第十一节 短时耐受电流和峰值耐受电流试验

## 一、试验概述

### （一）试验目的

电力系统发生短路故障时，系统中的高压开关柜应具有承载额定峰值耐受电流和额定短时耐受电流的能力。发生短路故障后，设备需要承受一段时间的短路电流而不发生触头

熔焊、自动弹开或不允许的位移和可觉察的永久变形，给予系统中其他开关装置切除故障的时间，设备在故障切除后仍能继续正常使用。

**（二）试验依据**

GB/T 1984《高压交流断路器》

GB/T 1985《高压交流隔离开关和接地开关》

GB/T 3906《3.6kV～40.5kV 交流金属封闭开关设备和控制设备》

GB/T 11022《高压交流开关设备和控制设备标准的共用技术要求》

DL/T 402《高压交流断路器》

DL/T 404《3.6kV～40.5kV 交流金属封闭开关设备和控制设备》

DL/T 486《高压交流隔离开关和接地开关》

DL/T 593《高压开关设备和控制设备标准的共用技术要求》

**（三）试验中主要参数**

（1）开关设备和控制设备：涵盖开关装置及其相关控制、测量、保护和调节设备的组合，也包括此类设备和相关设备的连接线、附件、外壳和支撑构架的总装。

（2）额定短时耐受电流（$I_k$）：在规定的使用和性能条件下，在所规定的短时间内，开关设备和控制设备在合闸位置能够承载的电流有效值。

（3）额定峰值耐受电流（$I_p$）：在规定的使用和性能条件下，开关设备和控制设备在合闸位置能够承载的额定短时耐受电流第一个大半波的电流峰值。

额定峰值耐受电流应该按照系统特性的直流时间常数来确定。45ms 的直流时间常数覆盖了大多数工况且额定频率为 50Hz 及以下，等于 2.5 倍额定短时耐受电流。对于某些应用，系统特征的直流时间常数高于 45ms。适用于这些系统的、取决于系统标称电压的其他数值有 60、75、100、120ms。对于那些工况，优选值为 2.7 倍额定短时耐受电流。

（4）额定短路持续时间（$t_k$）：开关设备和控制设备在合闸位置能够承载额定短时耐受电流的时间。

GB/T 11022—2020 规定的额定短路持续时间的标准值为 2s；其他推荐值为 3s 和 4s。

## 二、试验前准备

### （一）试验装备与环境要求

（1）试验设备：一般情况下高压成套开关设备的该项试验所用的试验仪器设备参数如表 2-34 所示。

表 2-34　　试验仪器设备参数表

| 试验设备 | 推荐的参数 | 推荐的精度等级 |
| --- | --- | --- |
| 大容量试验系统 | — | — |
| 数据采集系统 | — | 1% |

续表

| 试验设备 | 推荐的参数 | 推荐的精度等级 |
|---|---|---|
| 电流测量传感器 | 根据试验电流选择 | 0.5 级 |
| 回路电阻测试仪 | 输出电流范围 0～200A<br>电阻测量范围 0～3000μΩ | 0.1μΩ |

（2）环境要求：参考第二章第一节工频耐压试验中环境要求的相关内容。

（3）大气参数的测量：参考第二章第一节工频耐压试验中大气参数的测量相关内容。

注：应记录试验时的环境温度，进行试验后回路电阻验证时，将回路电阻校正到同一参考温度下。校正公式见式（2-10）。

**（二）试验前的检查**

（1）检查大容量试验系统及设备完好，测量装置应完好并在校准有效期内。

（2）检查试品应装配完整，触头应处于清洁状态，螺栓连接部位应紧固。

（3）每次试验前，机械开关装置要做一次空载操作，除了接地开关外。

（4）试验前应测量主回路电阻（接地开关除外），测量回路电阻时应记录周围空气温度。

（5）被试设备的布置应使得在设备内部未支撑母线的最大长度、连接和导体的布置方面达到最严酷的条件。在开关设备和控制设备包含多个具有相同开关装置的高压隔室或者并排或者多层设计的情况下，则试验应在开关装置处于最严酷的位置上进行。

（6）到开关设备和控制设备端子的试验用连接的布置，应避免端子承受不实际的应力或支撑。端子同开关设备和控制设备两侧导体的最近的支撑点之间的距离应符合制造厂的说明书，且应考虑到上述要求。

（7）试验报告中应注明试验的布置。

（8）注意回路中电流互感器二次侧不得开路。

## 三、试验过程

**（一）试验原理和接线**

（1）短时耐受电流试验是验证高压开关柜在规定的时间内流过短路电流时，不产生过高的温度，触头不会发生熔焊，即短时热效应能力。

（2）峰值耐受电流试验是验证高压开关柜流过短路电流时承受电动力的能力，主回路元件不应出现变形、触头不会打开等。

（3）GB/T 11022—2020 规定的额定短路持续时间的标准值为 2s；其他推荐值为 3s 和 4s。

（4）试验主回路接线原理如图 2-24（三相）、图 2-25（单相）所示。

（5）试验试品布置如图 2-26 所示，通过调节线路中阻抗以满足各试验参数的要求。

**（二）试验方法**

（1）试验布置：开关设备应安装在自身的支架上，或者安装在等效的支架上，并且装上自身的操动机构，尽量使试验具有代表性。试验应在主触头最不利的状态下进行，主触

头最不利的状态是指合闸操作期间出现“合闸”信号时的最初位置。

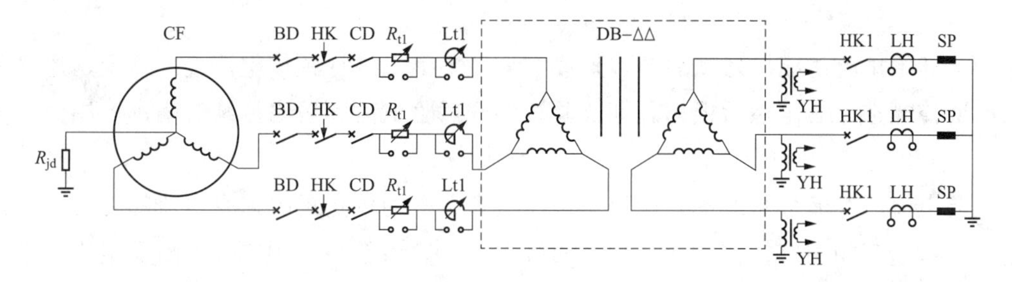


图 2-24 三相试验回路

CF—短路发电机（short-circuit generator）；BD—保护断路器（master circuit-breaker）；HK、HK1—合闸开关（making switch）；CD—操作断路器（operation circuit-breaker）；$R_{t1}$—功率因数调节电阻（power factor resistor）；Lt1—调节电抗器（adjustable reactor）；DB—短路变压器（boostershort-circuit transformer）；YH—电压互感器（voltage transformer）；LH—电流互感器（current transformer）；$R_{jd}$—接地电阻（earthing resistor）；SP—试品（test object）

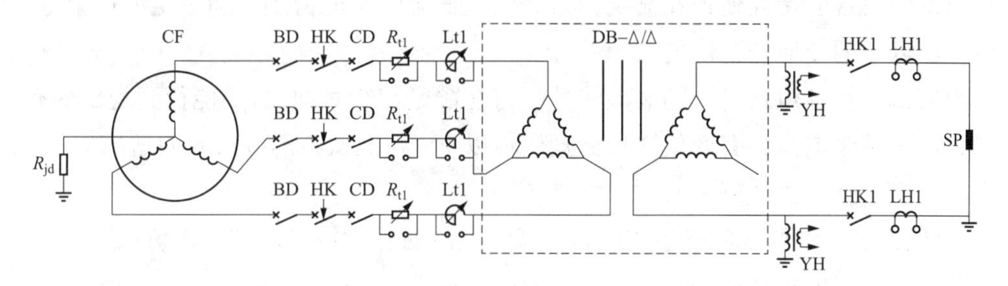


图 2-25 单相试验回路

CF—短路发电机（short-circuit generator）；BD—保护断路器（master circuit-breaker）；HK、HK1—合闸开关（making switch）；CD—操作断路器（operation circuit-breaker）；$R_{t1}$—功率因数调节电阻（power factor resistor）；Lt1—调节电抗器（adjustable reactor）；DB—短路变压器（boostershort-circuit transformer）；YH—电压互感器（voltage transformer）；LH1—电流互感器（current transformer）；$R_{jd}$—接地电阻（earthing resistor）；SP—试品（test object）

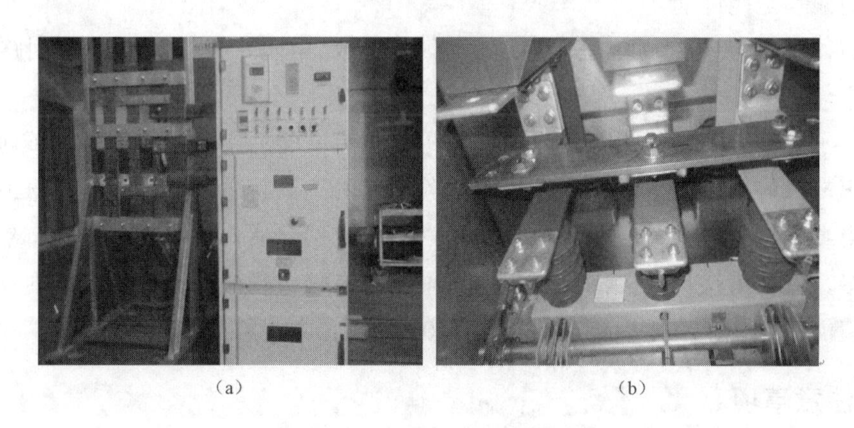

（a） （b）

图 2-26 短时耐受电流和峰值耐受电流试验接线照片图

（a）试验电源与试品主母线排相连；（b）电缆室出线端短接

（2）试验前做好安全防护措施，应设有安全警示灯、指示牌，试验区域应设有安全围栏。

（3）开始试验：连接好试品，首先按50%以下电流进行预期电流校准试验，建议短路持续时间控制在0.1s。然后根据预期试验调整好试验电流和短路持续时间，控制合闸相位产生最大峰值电流。

试验电流的交流分量原则上应该等于高压开关柜的额定短时耐受电流的交流分量。峰值电流（对于三相回路，在任一边相中的最大值）应该不小于额定峰值耐受电流，未经制造厂同意不应该超过该值的5%。对于三相试验，任一相中的电流与三相电流平均值的差别不应该大于10%，试验电流交流分量有效值的平均值不应该小于额定值。

试验电流 $I_t$ 施加的时间 $t_t$ 原则上应该等于额定短路持续时间 $t_k$。

试验的 $I_t^2t_t$ 不应该小于由额定短时耐受电流 $I_k$ 和额定短路持续时间 $t_k$ 算得的 $I_k^2t_k$，未经制造厂同意不应该超过该值的10%。

如果试验设备的特性使得在规定持续时间的试验中不能得到上面规定的试验电流峰值和有效值，以下的变通是允许的：

1）如果试验设备短路电流的衰减特性使得在额定持续时间内，不能得到规定的有效值，试验时允许把试验电流的有效值降低到规定值以下，并把试验的持续时间适当加长，但是，峰值电流不小于规定值和持续时间不大于5s。

2）如果为了得到要求的峰值电流，把试验电流的有效值提高到规定值以上，可以相应地把试验持续时间缩短。

3）如果1）和2）都不可行，允许把峰值耐受电流试验和短时耐受电流试验分开。这时要做两项试验：

a．对于峰值耐受电流试验，施加短路电流的时间不应该小于0.3s；

b．对于短时耐受电流试验，施加短路电流的时间应该等于额定持续时间。然而，符合项a的时间偏差是允许的。

试验后，试品恢复到周围空气温度后测量主回路电阻，并与试验前的回路电阻进行比较。

（4）对于接地开关，如果在短时和峰值耐受电流试验后出现了触头烧损或触头熔焊，则应进行第二次峰值耐受电流试验，该次试验应在两次试验之间不允许进行维修的情况下进行。在第二次试验之前，应进行空载操作。第二次试验后，如果接地开关依然保持完好的接地连接，则认为接地开关满足要求。这里仅允许触头轻微的熔焊是指，对动力操动机构用额定值能够操作；对人力操动机构用120%的操作力能够操作。

## 四、注意事项

（1）试验应在额定频率和任意电压下进行，频率的偏差±10%。

（2）注意检查连接线的可靠连接。

（3）注意接线端子不能因为连接线而引入不真实的应力。

（4）为了准确比较试验前后回路电阻的变化，应把试验后测得的回路电阻修正到试验前的温度下的电阻值。铜导体的温度修正方法见式（2-10）。

注：电流互感器的二次侧不得开路。

## 五、试验后的检查

（1）检查试验设备完好。

（2）检查高压开关柜的部件是否出现机械损伤。

（3）试验后立即进行空载操作，检查触头是否能够分开；如果触头无法见到，应用电阻表进行确认。

（4）测量主回路电阻（接地开关除外）。如果电阻的增加超过 20%，同时又不可能目测检查证实触头状况，应进行一次附加温升试验。

## 六、结果判定

（1）试验中不应出现触头分离、出现电弧；

（2）试品各个部件不应有明显的损坏；

（3）试验后应立即进行空载操作，触头应能在第一次操作即可分开；

（4）试验后高压开关柜主回路电阻的增加不超过 20%。如果电阻的增加超过 20%，同时又不可能用目测检查证实触头的状况，应进行一次附加的温升试验，温升不超过规定值。

针对该检测项目不合格现象严重性程度进行初步分级，仅供参考。参见表 2-35。

表 2-35　　短时耐受电流和峰值耐受电流试验不合格现象严重程度分级表

| 序号 | 不合格现象 | 严重程度分级 | 结果判定依据 |
|---|---|---|---|
| 1 | 试品没有损伤，但回路电阻超过 20%，触头温升超过温升限值 | 轻微 | GB/T 3906<br>GB/T 11022 |
| 2 | 触头轻微熔焊，施加超过 120%的操作力时触头能分开 | 轻微 | |
| 3 | 发生轻微机械变形<br>不影响正常功能 | 轻微 | |
| 4 | 发生轻微机械变形<br>影响正常功能 | 中度 | |
| 5 | 发生机械损伤，触头无法分开 | 严重 | |

## 七、案例分析

1. 案例概况

型号规格为 KYN28-12/1250-31.5 高压开关柜，短时耐受电流 31.5kA，要求持续时间 4s，试验对主回路和接地开关回路分别进行。

2. 不合格现象描述

对高压开关柜的接地开关接地回路进行短时耐受电流和峰值耐受电流试验时，试验波形存在异常，电流持续时间没有达到要求的 4s，且最后阶段电流明显下降，对试品确认后发现接地开关动触头烧熔，判定试验结果不合格。详见图 2-27 和图 2-28 所示。

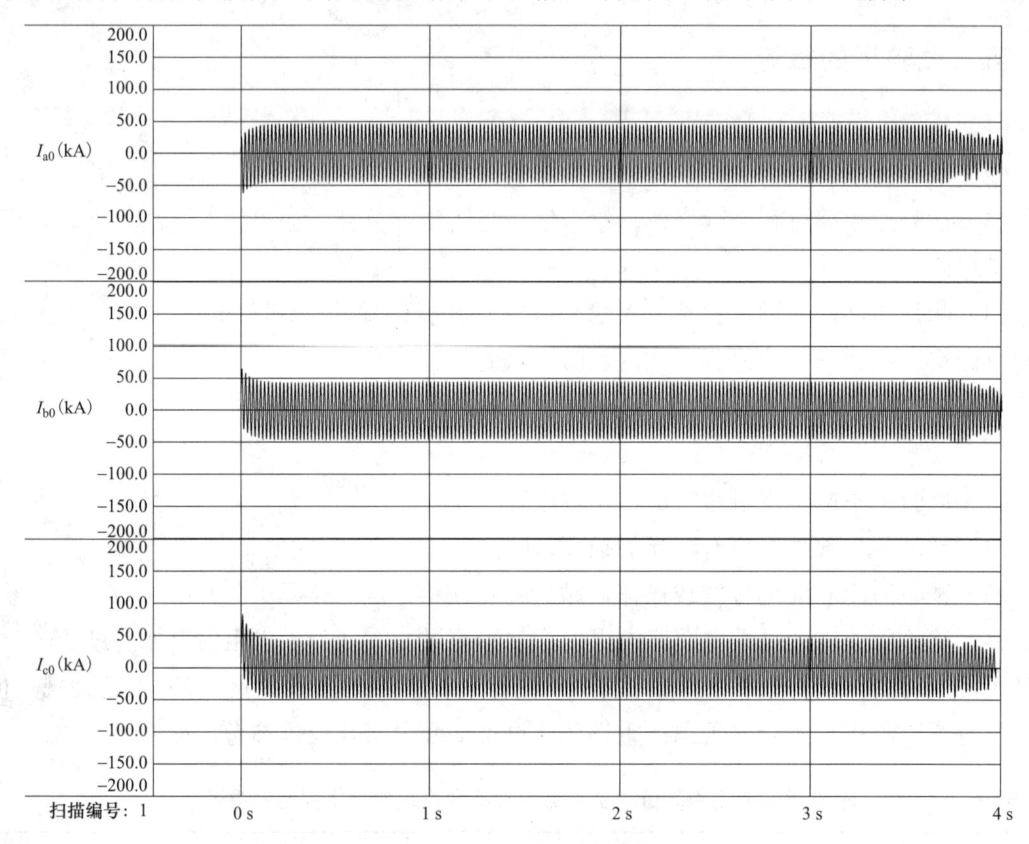


图 2-27 异常试验波形图

图 2-28 触头烧熔照片

3. 不合格原因分析

（1）接地开关触头设计载流截面不够，铜排的载流截面可以根据 GB/T 3906—2020（附录 D）推荐。

（2）弹簧调整不到位，静触头夹紧力过小。

## 第十二节　内部故障电弧试验

### 一、试验概述

#### （一）试验目的

高压开关柜在正常运行中可能会发生内部故障，其内部故障将引起多种物理现象，对周围人员以及环境造成损害，如电弧产生的电弧能量可以引起的内部过压力和局部过热，进而对设备产生机械的和热的应力。内部故障电弧试验的主要目的是模拟高压开关柜在正常运行时发生内部电弧故障时，在其作用下产生的应力对壳体机械强度以及设备附近人员的影响，验证开关柜的内部电弧级（IAC）。

内部故障电弧试验是验证开关设备处于正常工作时发生内部电弧故障事件，开关柜是否可以提供对附近的人员保护。

#### （二）试验依据

GB/T 3906《3.6kV～40.5kV 交流金属封闭开关设备和控制设备》

DL/T 404《3.6kV～40.5kV 交流金属封闭开关设备和控制设备》

#### （三）试验中主要参数

（1）外壳：金属封闭开关设备和控制设备的一部分，能够提供规定的防护等级，以保护内部设备不受外界影响，防止人员接近或触及带电部分，防止人员触及运动部分。

（2）高压隔室：金属封闭开关设备和控制设备的隔室，包含高压导电部件，除内部连接、控制或通风所必要的开孔外，其余均封闭。隔室分为四种类型，其中三种可以打开，称为可触及隔室，一种不能打开，称为不可触及隔室。

（3）内部电弧级开关设备和控制设备：经型式试验验证、在内部电弧情况下，为人员提供规定的保护要求的金属封闭开关设备。

（4）内部电弧级（IAC）的额定值：如果制造厂规定了 IAC 级别，应规定包括可触及性的型式、面板的类别、电弧故障电流和电弧故障持续时间等的额定值。

（5）可触及性的型式：在安装现场金属封闭开关设备和控制设备外壳的可触及型式。分为以下三种类型：

1）A 类可触及性：仅限于授权的人员；

2）B 类可触及性：不受限制的可触及性，包括一般公众；

3）C 类可触及性：安装限制的可触及性，一般公众接触不到或者位置较高。

对于 C 类可触及性，制造厂应规定最小的接近距离。声明最小的安装高度应为最小接近距离加 2m。注意：C 类可触及性针对柱上安装的开关设备和控制设备。标准中定义的 IAC 类别不适用于敞开的隔室和有电弧防护的隔室。IEEE C.37.20.7 给出了这些内容，认为敞开的低压隔室为 B 类设计，电弧防护的隔室为 C 类设计。

（6）面板的类别：满足内部电弧试验判据的外壳面板的 A 类和 B 类可触及性标识为：F 前面板、L 侧面板、R 后面板。

制造厂应清楚地规定前面板。面板类别不适用于 C 类可触及性的开关设备和控制设备。

（7）额定电弧故障电流（$I_{A}$、$I_{Ae}$）：额定电弧故障电流的标准值应从 GB/T 762 规定的 R10 数系中选取。

电弧故障电流分为两个额定值：

1）三相电弧故障电流（$I_{A}$）；

2）适用时，单相对地额定电弧故障电流（$I_{Ae}$）。

如果仅规定了三相额定值，单相额定值默认为三相额定值的 87%，且不需规定。注意：制造厂应规定适用于单相对地电弧故障电流额定值的隔室。在此电流下，这类隔室的结构应该能够防止电弧发展成为三相故障，并在内部电弧故障试验中进行验证。该 87%的取值背景是两相引燃的电弧故障试验。

在所有高压隔室仅设计为单相对地电弧故障的情况下，$I_{A}$ 的额定值无需规定。

（8）额定电弧故障持续时间（$t_{A}$、$t_{Ae}$）

对于三相电弧故障持续时间（$t_{A}$）的标准推荐值为 0.1、0.5、1s。

如果适用，单相对地电弧故障的试验持续时间（$t_{Ae}$）由制造厂规定，推荐值为 0.1、0.5、1s。注意：通常不可能对不同于试验中所用的电流计算出允许的电弧持续时间。

（9）试验电压和试验电流确定如下：

1）试验电流一般为额定短时耐受电流。

2）试验电压为额定电压，当试验站能力达不到时，也可以选取较低的电压值，只要能够满足。

3）通过数字记录装置测量得到的实际电流有效值符合规定。

4）已经引燃电弧的所有相都不会提前熄灭。

（10）试验电流：试验电流应整定到公差 0～15%的额定电弧故障电流。电流峰值为有效值的 2.5 倍，如果外施电压低于额定电压，预期电流的峰值是不适用的，但实际试验电流峰值应不小于额定峰值电流。

（11）频率：当额定频率为 50Hz 时，试验开始时的频率应在 48～52Hz 之间。当在其他额定频率时，偏离额定值不应超过±10%。（引用自 GB/T 3906—2020《3.6kV～40.5kV 交流金属封闭开关设备和控制设备》中附录 B.4）

高压开关柜的内部故障可能发生在多处且可能引起多种物理现象。例如，外壳内绝缘流体中电弧产生的电弧能量可以引起内部过压力和局部过热，进而对设备产生机械的和热的应力。此外，涉及的材料可能产生热的分解物，可能向外壳外部释放出气体或蒸汽。

IAC 允许内部的过压力作用到盖板、门、观察窗、通风口等。它还考虑了电弧或弧根对外壳的热效应以及排出的热气体和灼热粒子，不会损坏正常运行条件下不会触及的内部

隔板和活门。注意：本试验不包括隔室间内部电弧的影响。

内部电弧试验用来验证在内部电弧情况下设计在人员防护方面的有效性，不包括可能导致危害的所有效应（如在故障后可能存在的潜在有毒气体）。从此观点出发，要求在重新进入开关设备室内之前应立即排风和进一步通风。内部电弧后火灾的蔓延对金属封闭开关设备和控制设备周围的可燃材料或设备造成的危害不包括在本试验内。

## 二、试验前准备

### （一）试验装备与环境要求

（1）试验设备：一般情况下高压成套开关设备的该项试验所用的试验仪器设备参数如表 2-36 所示。

**表 2-36　　试验仪器设备参数表**

| | |
|---|---|
| 数据采集仪 | 1-GEN7T-2 |
| 低压大容量试验系统控制台 | DDSKT-11 |
| 回路电阻测试仪 | JYL（200C） |
| 发电机电压断流容量试验控制台 | DLSKT-11 |

（2）环境要求：对环境条件没有特别要求，应该在正常使用条件下，记录环境温度、湿度和大气压力。

### （二）试验前的检查

（1）检查大容量试验系统及设备完好，测量装置应完好并在校准有效期内。

（2）高压开关设备样机试品完整性检查。

（3）高压开关设备样机试品摆放位置是否符合标准要求。

（4）高压开关设备样机试品安全门板是否安装到位。

（5）试验电源连接导体是否固定可靠。

（6）隔室内引弧金属线是否准备到位，电弧的引燃用直径大约 0.5mm 的金属线在所有相间引燃电弧。

（7）指示器、天花板及墙壁距离样机试品的位置是否满足标准要求如下：

1）指示器的布置：指示器应安装在安装架上，布置在可触及的每一个侧面，与每一侧面的距离取决于可触及性的类型。考虑到从受试表面喷出热气体的角度可能达到 45°，安装架每个边的长度应大于试验样品的长度。这意味着：①对 B 类可触及性，安装架应比受试单元长 100mm；②对 A 类可触及性，安装架应比受试单元长 300mm，只要不受到试验室模拟布置中的墙壁位置的限制。

2）天花板：除非制造厂规定了更大的最小间距，否则，天花板应距试验样品上部 600mm±100mm。天花板距地面最小 2m。本规定适用于高度小于 1.5m 的试验样品。为了评估安装条件的判据，制造厂可以在与天花板较小的间距时进行附加的试验。

3）侧面的墙壁：侧面的墙壁应距试验样品侧面 100mm±30mm。只要能够证明墙壁不会妨碍或限制试验样品侧面面板的任何永久变形，则间距可以选取得更小。为了评估安装条件的判据，制造厂可以在与后墙较大间距时进行附加试验。

4）后面的墙壁：根据可触及性的类型，后面的墙壁应位于下述位置：

a．不可触及的后面板：除非制造厂规定了更大的间距，试验样品的后面板距离墙壁 100mm±30mm。只要能够证明墙壁不会妨碍或限制试验样品后面板的任何永久变形，则间距可以选取得更小。只要满足两个附加的条件，认为靠墙壁较近的试验布置是有效的。

如果不能实现这些条件，或制造厂要求直接验证靠墙安装的设计，应在与墙壁没有间距的情况下进行特定的试验。但是，此试验的有效性不能推广到任何的其他安装条件。如果在大于制造厂规定的与后墙壁距离的间距进行试验，则该间距应为安装说明书规定的最小允许间距。说明书还应包括关于防止人员进入这些区域所采取措施的职责方面的导则。

b．可触及的后面板：试验样品的后面板距离墙壁的标准距离为 800+100mm。

为了验证开关设备和控制设备在缩小的空间里（例如：证明在后板不可触及的布置中设备靠近墙壁是合理的）能够正确运行，应在较小的间距下进行附加的试验。如果在大于制造厂规定的与后墙壁距离的间距进行试验，则该间距应为安装说明书规定的最小允许间距。

（8）对于充流体（不是 $SF_6$）的隔室，试验应在充有额定充入条件（±10%）的原始流体上进行。允许在额定充入条件（±10%）下用空气替代 $SF_6$。

## 三、试验过程

### （一）试验原理和接线

（1）内部电弧试验回路如图 2-29 所示、内部电弧试验布置如图 2-30 和图 2-31 所示，通过调节线路中阻抗以满足各试验参数要求。

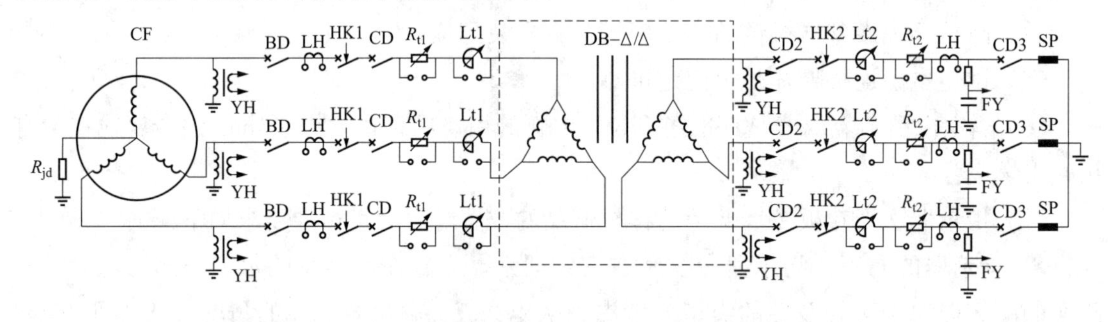


图 2-29　内部电弧试验回路

CF—短路发电机（short-circuit generator）；BD—保护断路器（master circuit-breaker）；HK1、HK2—合闸开关（making switch）；CD—操作断路器（operation circuit-breaker）；$R_{t1}$—功率因数调节电阻（power factor resistor）；Lt1—调节电抗器（adjustable reactor）；DB—短路变压器（boostershort-circuit transformer）；YH—电压互感器（voltage transformer）；LH—电流互感器（current transformer）；FY—阻容分压器（divider）；$R_{t2}$—功率因数调节电阻（power factor resistor）；Lt2—调节电抗器（adjustable reactor）；$R_{jd}$—接地电阻（earthing resistor）；SP—试品（test object）；CD2—操作断路器（operation circuit-breaker）；CD3—操作断路器（operation circuit-breaker）

（2）A 类可触及性的模拟房和指示器位置如图 2-32 所示。

（3）B 类可触及性的模拟房和指示器位置如图 2-33 所示。

（4）中置式开关柜泄压通道示意如图 2-37 所示。

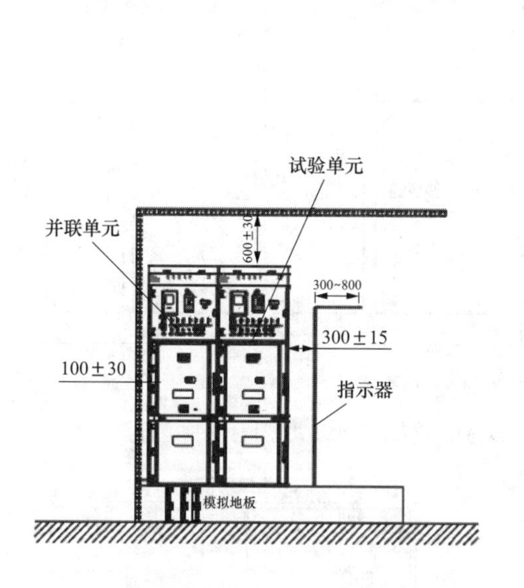


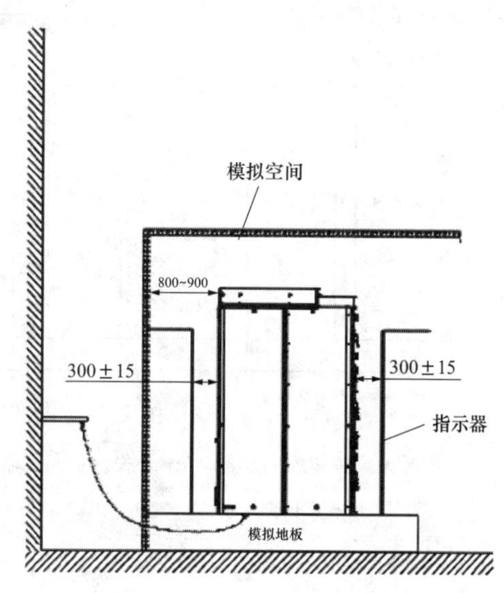


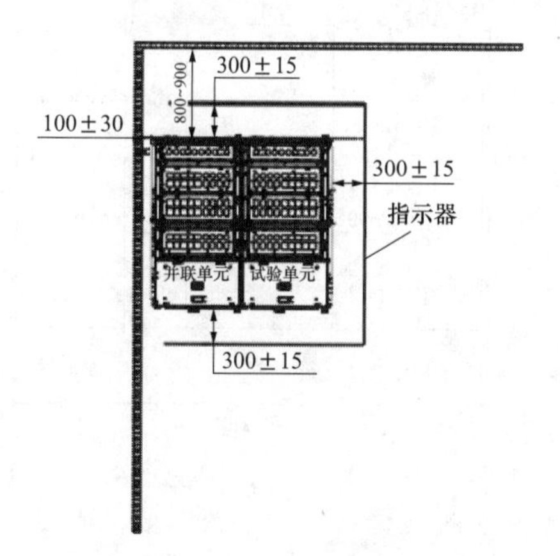


图 2-30　内部电弧试验布置图

### （二）试验方法

（1）现场试验布置，包括试品、模拟地板、天花板、指示器、模拟房。如图 2-31 所示。

（2）试验室提供符合试验参数要求的试验电源（目前有电网或实验室配置的高压冲击发电机提供试验电源）。

（3）内部电弧试验对各个隔室送电的方向应如下：

1）对于电缆隔室：从母线供电，通过主开关装置。

2）对于母线隔室：电源的接线不应使试验的隔室打开。如果母线隔室对整个开关柜是公共的，且隔板安装在功能单元间形成了独立的母线隔室，则电源应通过隔板或者通过位

于开关柜一个末端的主开关装置供电。

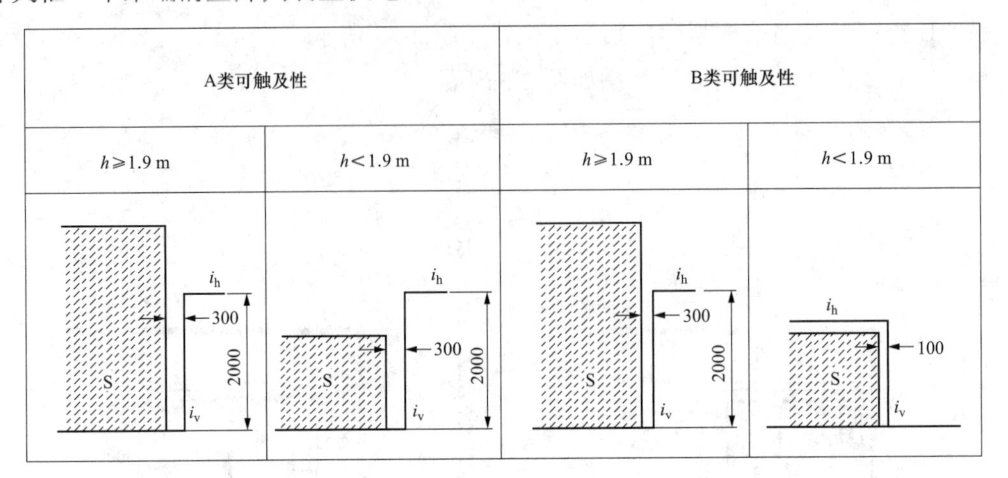


图 2-31　内部电弧试验布置图

S—开关设备和控制设备；$h$—开关设备和控制设备的高度；$i_h$—水平指示器；$i_v$—垂直指示器

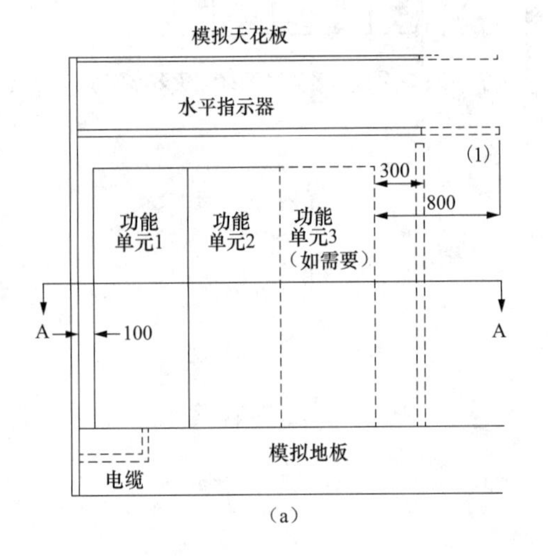


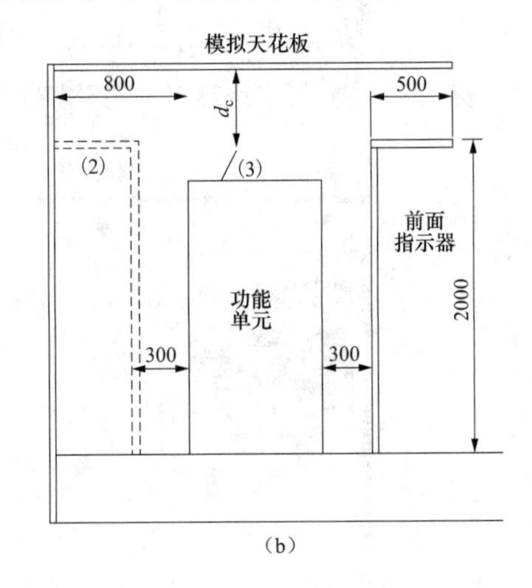


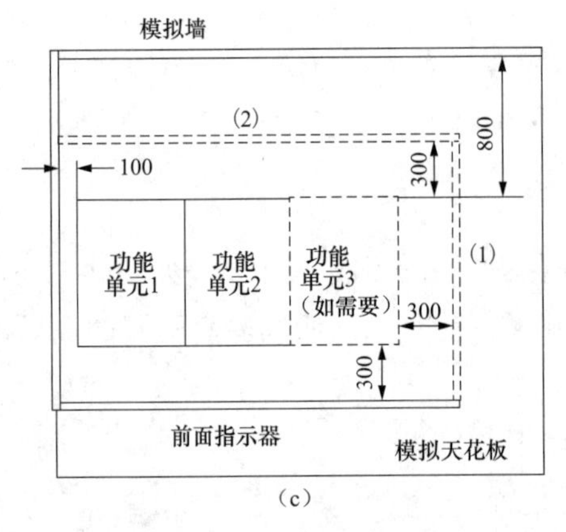


（1）分类的侧面板用指示器

（2）分类的后面板用指示器

（3）打开压力释放盖

$d_c$——到天花板的距离

单位：mm

图 2-32　A 类可触及性的模拟房和指示器位置

（a）正视图；（b）本端侧视图；（c）A-A 剖图

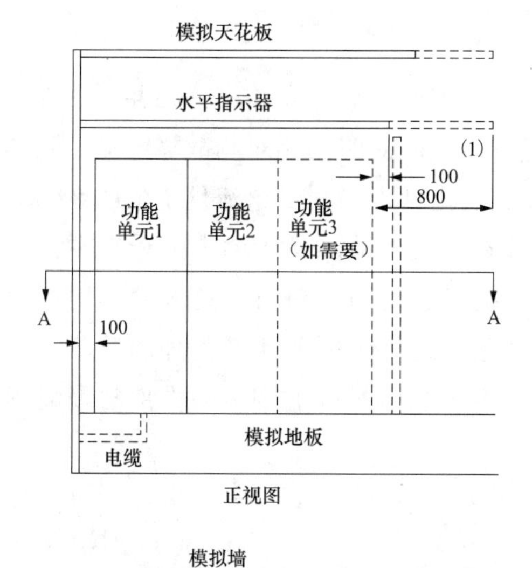


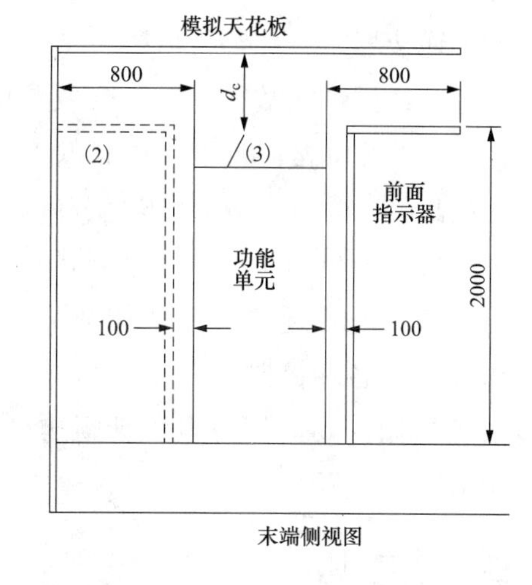


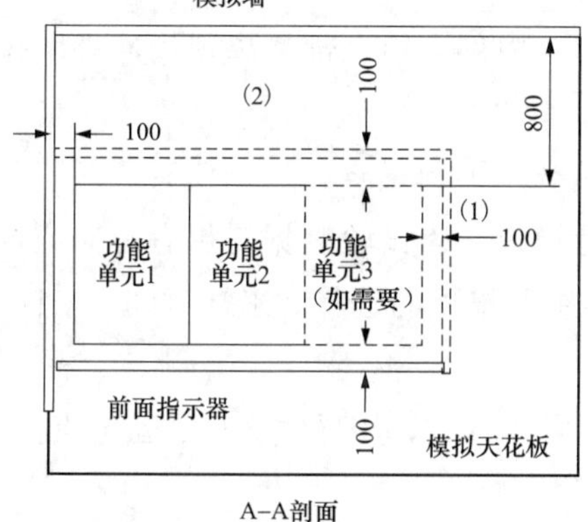


（1）分类的侧面板用指示器

（2）分类的后面板用指示器

（3）打开压力释放盖

$d_c$——到天花板的距离

单位：mm

图 2-33　B 类可触及性的模拟房和指示器位置

3）对于主开关装置隔室：从母线供电，主开关装置处于合闸位置。

4）对于包含几个主回路元件的隔室：通过一组合适的进线套管供电，除接地开关（如果有，应处于分闸位置）外，所有的开关装置都处于合闸位置。

（4）用直径大约为 0.5mm 的金属线在所有的相间引燃电弧。对于分相导体，在一相和地之间引燃。

引燃点应位于受试隔室内距电源最远的可触及位置。

在带电部件采用固体绝缘包覆的功能单元内，电弧应在相邻的两相间引燃，电流值为额定值的 87%。对于分相导体，在一相和地之间的下述位置引燃：

1）在绝缘包覆部件的绝缘之间的间隙或连接表面；

2）如果没有采用预装的绝缘件，在现场制作的绝缘连接处打孔。

除 2）的情况外，不应对固体绝缘打孔。电源回路应是三相的，以使故障能够发展为三相故障（如果适用）。

对于通过插入式连接器连接的电缆隔室，不论连接有屏蔽还是没有屏蔽，或者是现场制作的固体绝缘，受试的两相应安装未绝缘的插（头）入式终端，且第三相装有运行中所用插入式连接器，且能够带电。

注意：经验证明故障一般不会发展成三相故障，因此，选择安装第三相并不关键。

在所有的相间故障情况下，试验电流应按照三相电源回路的相对相故障电流。除非发展成三相故障，否则，就意味着实际的电流值降到了内部电弧耐受电流规定值的87%。

在直接接地电力系统中（非悬浮中性点），或在有接地故障保护的电力系统中，单一的相对地短路电流通常小于两相故障电流，且会被迅速切断。对仅为这种限定用途设计的高压开关设备和控制设备，相应地也可以接受除上述规定的两相试验外的试验。单相对地引燃电弧，其他相带电以使得电弧发展为三相。试验时施加规定的内部故障耐受电流单相值。

## 四、注意事项

（1）试验布置准备完毕后，实验室安全门关闭，内部人员全部撤离现场，外围拉起安全防护栏。

（2）将电缆接线进行捆扎，防止电动力对产品产生不利影响。

（3）如果有条件试验过程采用高速摄像机进行记录，为试验判据提供有力的证据。

（4）数据采集系统的设置，包括电压、电流传感器量程的选择、采样时间、采样频率、触发条件，保证试验过程中可靠的记录试验数据。

（5）试验过程通过监控视频确认试验现场是否发生异常，如导线大火、固定点松动等，确保试验条件不会影响最终的燃弧结果试验判定。

（6）试验加压前，确认预期电流、电压、持续时间是否符合试验要求。

## 五、试验后的检查

（1）试验后对试验布置予以记录（包括产品状态、指示器位置、模拟房间的布置情况）。

（2）外壳仍旧和接地点连接情况。

（3）内部故障的引弧方法和引燃点记录。

（4）试验波形的分析，包括试验电压、电流和持续时间记录。

（5）检查试验设备，对所涉及的设备进行整理。

（6）对产品损伤的位置和指示器点燃的部位进行详细记录，结合高速摄像分析原因，为试品的改进提供依据。

## 六、结果判定

如果满足下述判据，就是IAC级金属封闭开关设备和控制设备（按照相关的可触及性型式）。

1. 判据1

门和盖板没有打开。只要没有部件到达每一侧指示器或墙壁的位置（不管哪个是最近

的），变形是可以接受的。试验后，开关设备和控制设备没有必要满足其规定的 IP 代码。

把这一合格判据推广到比受试设备更靠近墙壁的设施，应满足两个条件：

（1）永久的变形小于预期到墙壁的距离；

（2）排出的气体没有直接朝向墙壁。

2. 判据 2

（1）外壳没有开裂；

（2）没有碎片或单个质量 60g 及以上的开关设备的其他部件飞出；

（3）单个质量 60g 及以上的物体直接在开关设备附近的地板上是可以接受的（对于可触及侧而言，这意味着物体落在开关设备和指示器架之间）。

3. 判据 3

在高度不超过 2m 的可触及面上没有因电弧烧穿而形成孔洞。

4. 判据 4

热气体或燃烧的液体未点燃指示器。

如果有证据证明指示器的点燃是由灼热粒子而不是热气体所引起的，可以认为满足了评估的判据。实验室可以采用由高速摄影机、摄像或任何其他适合的方法获得的照片以证明其结论。

不包括油漆和粘贴物的燃烧导致的指示器的燃烧。

5. 判据 5

外壳仍旧和接地点相连。外观检查通常足以判定是否满足。如有怀疑，应检查接地连接的连续性。

针对该检测项目不合格现象严重性程度进行初步分级，仅供参考。内部电弧试验见表 2-37。

**表 2-37　　不合格现象严重程度分级表**

| 序号 | 不合格现象 | 严重程度分级 | 结果判定依据 |
|---|---|---|---|
| 1 | 5 片以下指示器点燃，壳体没有严重变形，安全门没有打开 | 轻微 | GB/T 3906<br>DL/T 404 |
| 2 | 异物从泄压通道飞出超过 60g，指示器未点燃，壳体没有严重变形，安全门没有打开 | 轻微 | |
| 3 | 5 片以上指示器点燃，安全门或壳体开裂 | 中度 | |
| 4 | 5 片以上指示器点燃，安全门基本打开，壳体严重变形 | 严重 | |

## 七、案例分析

**【案例一】**

1. 案例概况

型号规格为 KYN28-12/1250-31.5 高压开关柜，对试品电缆室进行内部电弧试验；试验参数要求：

（1）试验电压 12kV；

（2）试验电流 31.5kA；

（3）电流持续时间 0.5s。

2. 不合格现象描述

试验过程中，施加试验电压 12kV；试验电流 31.5kA；电流持续时间 0.5s；试验后发生开关柜后面安全门板严重变形，几乎顶开外壳板，部分垂直指示器点燃，不满足内部电弧试验判据 1、判据 4 要求，判定试验不合格。电缆室后门板变形和冲开照片如图 2-34 所示。

（a）

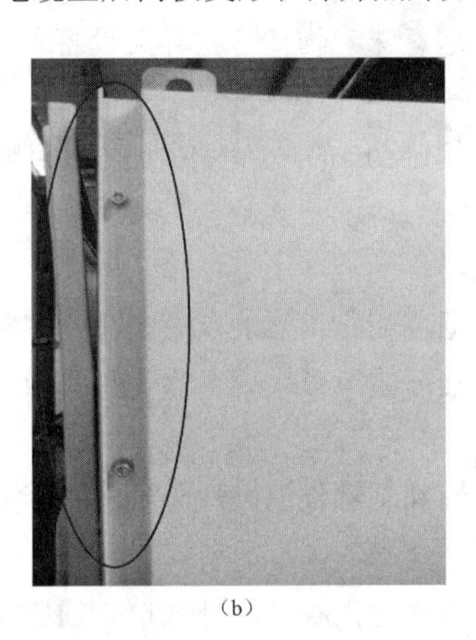
（b）

图 2-34　电缆室后门板变形、冲开照片

（a）变形；（b）冲开

3. 不合格原因分析

（1）开关柜的泄压通道过小过窄，正常开关柜针对隔室的泄压设计时都会留有足够的通道，就中置式开关柜而言，电缆室、开关室、母线室分别有各自的泄压通道，由于开关室和母线室泄压通道距顶部泄压口较近，并且泄压通道也具有足够的宽度，气压释放效果较好。但电缆室的通道，在母线室后隔板与开关柜外壳之间空间十分狭小，往往许多制造厂忽略了这个部位。

（2）电缆室后门板关闭后，其紧固力矩无法承受来自电弧燃烧所产生的冲击压力。

**【案例二】**

1. 案例概况

型号规格为 KYN28-12/1250-31.5 高压开关柜，对试品母线室进行内部电弧试验，试验参数要求：

（1）试验电压 12kV；

（2）试验电流 31.5kA；

（3）电流持续时间 0.5s。

2. 不合格现象描述

试验过程中，施加试验电压 12kV；试验电流 31.5kA；电流持续时间 0.5s；试验后发生开关柜顶部泄压盖板冲开，部分水平指示器点燃，不满足内部电弧试验判据 4 要求，判定试验不合格。顶部泄压盖板冲开照片如图 2-35 所示。

（a）

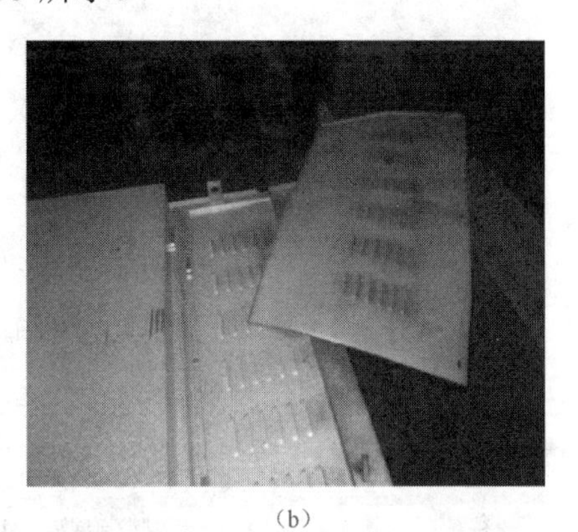

（b）

图 2-35 顶部泄压盖板冲开照片

3. 不合格原因分析

泄压盖板固定不合理，内部电弧故障时，热气体从隔室内沿泄压通道喷向泄压口，顶开泄压盖板喷出，将能量释放出去。这里许多开关柜在内部电弧试验后泄压盖板直接顶飞，或者就是由于开口问题使水平指示器点燃。

**【案例三】**

1. 案例概况

型号规格为 KYN28-12/1250-31.5 高压开关柜，对试品断路器室进行内部电弧试验；试验参数要求：

（1）试验电压 12kV；

（2）试验电流 31.5kA；

（3）电流持续时间 0.5s。

2. 不合格现象描述

试验过程中，施加试验电压 12kV；试验电流 31.5kA；电流持续时间 0.5s；试验后发生开关柜前门板顶开和观察窗冲开，部分垂直指示器点燃，不满足内部电弧试验判据 1、判据 4 要求，判定试验不合格。如图 2-36 所示。

3. 不合格原因分析

开关室的前门板顶开或观察窗冲开。开关柜中的三个隔室中，开关室内部空间是最小的，并且大多数制造厂在设计时都会留有观察窗。在内部电弧条件下，大量的热气体在通过泄压通道释放前，会对开关室的任何方向产生气压冲击，由于空间的狭小，所以要求开关柜的前门及观察窗强度得到保证。

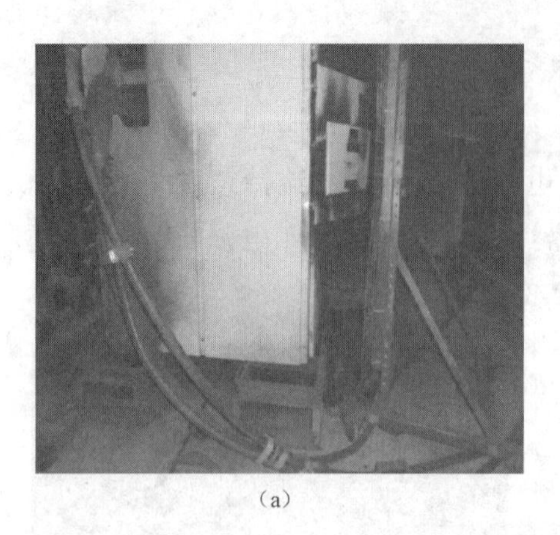

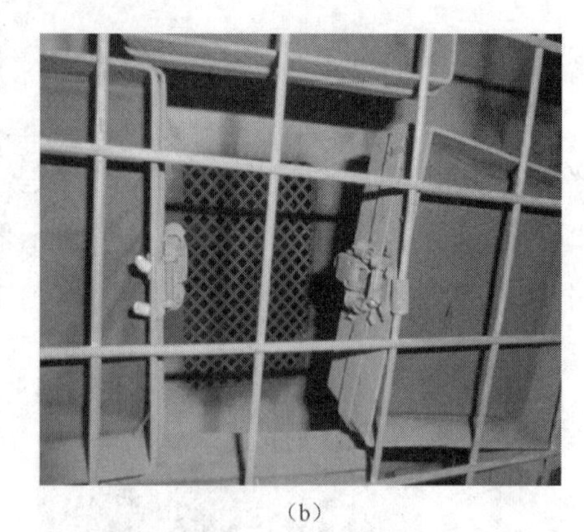

（a）　　　　　　　　　　　　　　　　　　　　（b）

图 2-36　断路器室前门和观察窗冲开照片

（a）室前门；（b）观察窗

上述三个案例证明，中置式高压开关柜内部电弧试验结果与试品外壳强度及泄压通道的合理性息息相关，如图 2-37 汇总了中置式开关柜泄压通道示意情况和相关案例的原因分析。

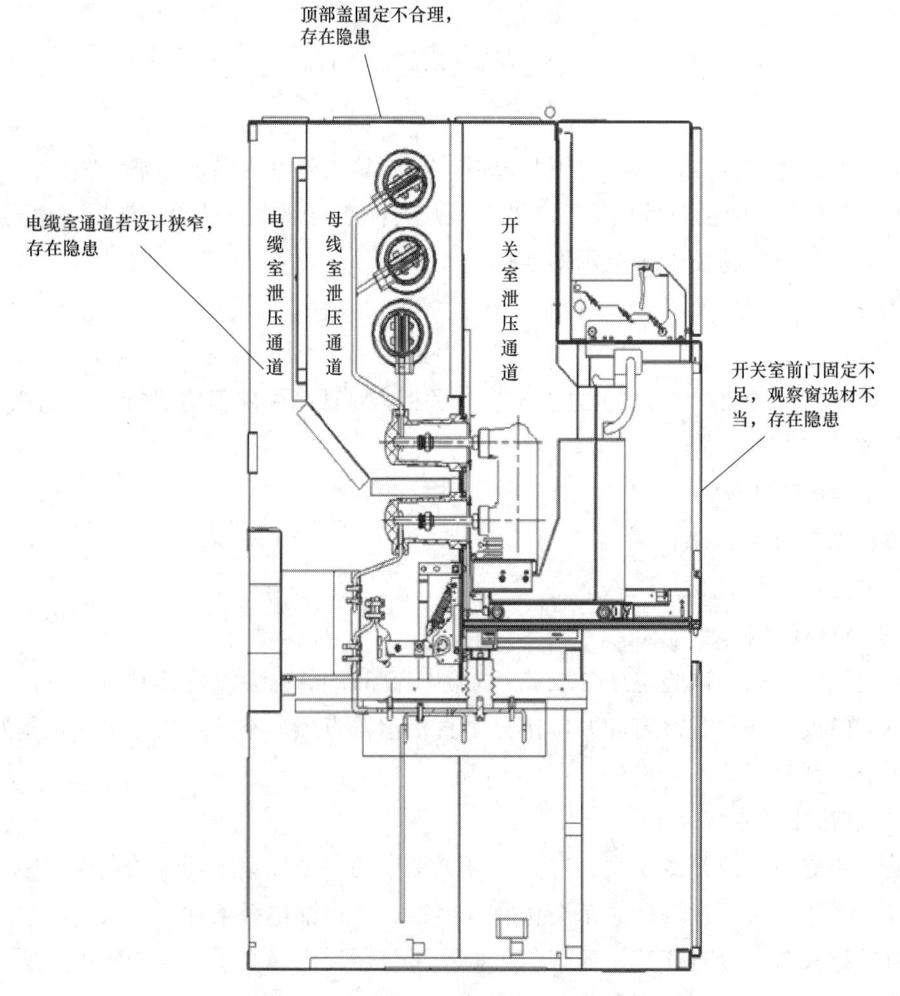


图 2-37　中置式开关柜泄压通道示意图

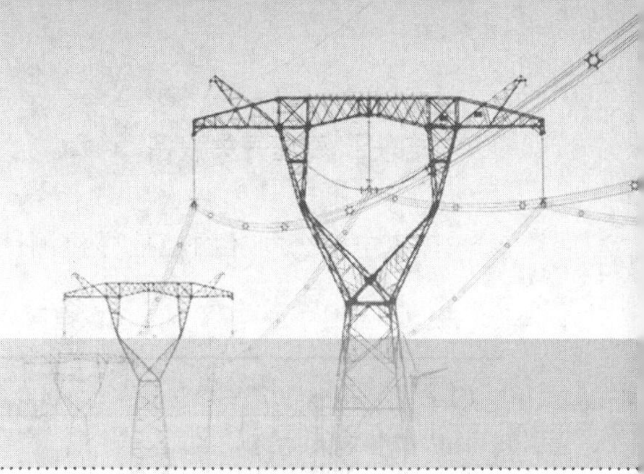



# 第三章　环　网　柜

环网柜是一组输配电气设备（高压开关设备）装在金属或非金属绝缘柜体内或做成拼装间隔式环网供电单元的电气设备，其核心部分采用负荷开关和熔断器、断路器单元柜等，具有结构简单、体积小、价格低、可提高供电参数和性能以及供电安全等优点。它被广泛使用于配电网系统、城市住宅小区、高层建筑、大型公共建筑、工厂企业等负荷中心的配电站以及箱式变电站中。

环网是指环形配电网，即供电干线形成一个闭合的环形，供电电源向这个环形干线供电，从干线上再一路一路地通过高压开关向外配电。这样的好处是，每一个配电支路既可以从它的左侧干线取电源，又可以从它右侧干线取电源。当左侧干线出了故障，它就从右侧干线继续得到供电，而当右侧干线出了故障，它就从左侧干线继续得到供电，这样一来，尽管总电源是单路供电的，但从每一个配电支路来说却得到类似于双路供电的实惠，从而提高了供电的可靠性。

所谓环网柜就是每个配电支路设一台开关柜（出线开关柜），这台开关柜的母线同时就是环形干线的一部分。就是说，环形干线是由每台出线柜的母线连接起来共同组成的。每台出线柜就叫环网柜。实际上单独拿出一台环网柜是看不出“环网”的含义的。

这些环网柜的额定电流都不大，因而环网柜的高压开关一般不采用结构复杂的断路器而采取结构简单的带高压熔断器的高压负荷开关。也就是说，环网柜中的高压开关一般是负荷开关。环网柜用负荷开关操作正常电流，而用熔断器切除短路电流，这两者结合起来取代了断路器。当然这只能局限在一定容量内。

对于具有充气隔室的金属封闭开关设备和控制设备，设计压力不超过 0.3MPa（相对压力）时本书适用。

设计压力超过 0.3MPa（相对压力）的充气隔室需按 GB 7674 进行设计和试验。

样品要求：

一种型号规格的产品按照试验项目要求，对于抽检的试验项目如果有燃弧试验最好提供 2 台样品（1 台作为辅柜）。

样品应按照其装配图中装配完整，并装上配套的操动机构。样品应符合设计图纸要求。

国家电网公司环网柜抽样检测试验项目详见表 3-1，分为 A、B、C 三类。

表 3-1　　国家电网公司环网柜抽样检测试验项目

| 序号 | 抽检类别 | 试　验　项　目 |
|---|---|---|
| 1 | C 类 | 工频耐压试验 |
| 2 | | 主回路电阻测量 |
| 3 | | 机械操作和机械特性测量试验 |
| 4 | | 电气联锁试验 |
| 5 | | 柜体尺寸、厚度、材质检测 |
| 6 | B 类 | 雷电冲击试验 |
| 7 | | 温升试验 |
| 8 | | 局部放电试验 |
| 9 | A 类 | 短时耐受电流和峰值耐受电流试验 |
| 10 | | 内部故障电弧试验 |

特别说明：由于表 3-1 中环网柜的抽检试验项目：C 类（工频耐压试验、主回路电阻测量、机械操作和机械特性测量试验、电气联锁试验、柜体尺寸、厚度、材质检测）、B 类（雷电冲击试验、温升试验）、A 类（短时耐受电流和峰值耐受电流试验、内部故障电弧试验）均与高压开关柜同类抽检试验项目内容重复，因此有如下特别说明。

（1）本章针对表 3-1 中，国家电网公司环网柜抽样检测试验项目中相同部分：试验概述、实验前准备、试验过程的实验方法、注意事项、试验后检查等内容不做重复介绍，需要阅读时，请读者直接查阅本书第二章　高压开关柜对应的相关内容。

（2）本章仅对表 3-1 中，环网柜抽样检测试验项目中试验过程的试验原理和接线、结果判定、案例分析的相关内容进行介绍。

（3）本章对环网柜 B 类抽检试验项目的局部放电试验进行完整的详细介绍。

## 第一节　工频耐压试验

### 一、试验过程

#### （一）试验原理和接线

（1）对于三个试验电压（相对地、相间、断口间）相等的一般情况，当环网柜进行相间和对地工频耐压试验时，应依次将主回路每一相的导体与试验电源的高压端连接，同时，其他各相导体接地，并保证主回路的连通（例如，通过合上开关装置或其他方法）。

（2）对于开关装置断口试验电压高于相对地耐受电压的特殊情况，当环网柜进行开关

断口（或隔离断口）之间工频耐压试验时，如果依次将主回路每一相的导体与试验电源的高压端连接，将试验电压施加在断口之间，试验电源另一端接地时，其他各相导体和柜体应与地绝缘。

（3）试验原理接线如图 3-1 所示，试验接线照片图如图 3-2 所示。

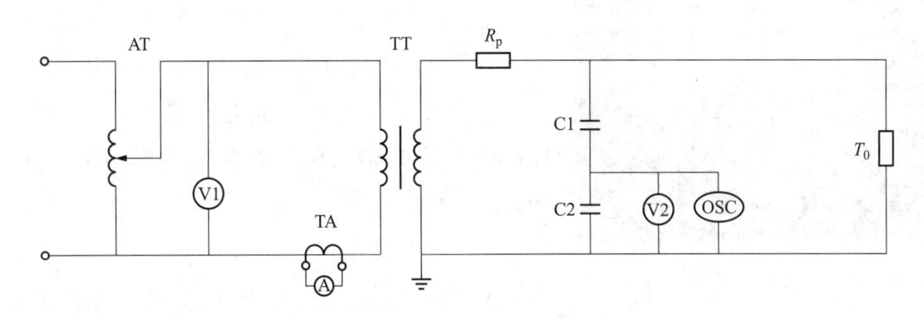


图 3-1　试验原理接线图

AT—调压器；$R_p$—保护电阻；TA—电流互感器；TT—工频试验变压器；$T_0$—试品；A—电流表；C1—高压臂电容；C2—低压臂电容；V2—峰值电压表（voltmeter）；OSC—数字示波器（oscilloscope）

### （二）试验方法

具体步骤：请参照第二章第一节工频耐压试验中的试验方法的相关内容。

图 3-2　试验接线照片图

## 二、结果判定

试验过程中，若试品上没有发生破坏性放电，则通过了工频耐压试验。

针对该检测项目不合格现象严重性程度进行初步分级，仅供参考。参见表 3-2。

**表 3-2　　工频耐压试验不合格现象严重程度分级表**

| 序号 | 不合格现象 | 严重程度分级 | 结果判定依据 |
| --- | --- | --- | --- |
| 1 | 电压施加到试验规定电压，在规定耐受时间（1min）内放电 | 轻微 | GB/T 3906<br>GB/T 11022 |
| 2 | 在施加电压过程中放电绝缘电阻很小 | 严重 | |
| 3 | 电压无法升压，绝缘电阻为零 | 严重 | |

## 三、案例分析

1. 案例概况

负荷开关—熔断器组合环网柜（HXGN15-12/125-31.5），负荷开关处于合闸位置，接地开关处于分闸位置时，试验部位为Bb-ACacF，试验过程中发生破坏性放电，按照GB/T 11022—2020的7.2.5条，判定试验不合格。

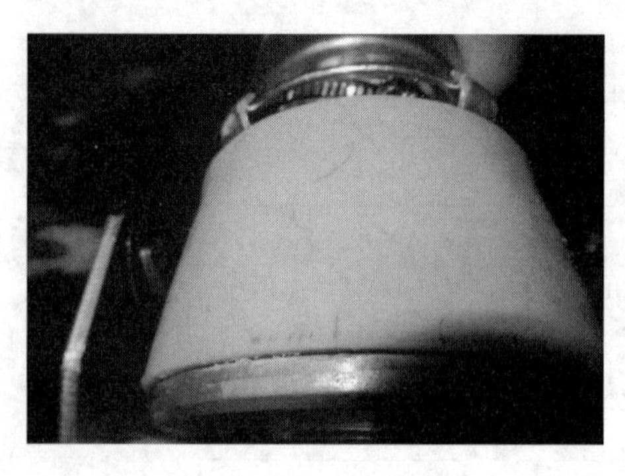

图3-3　B相熔丝桶封堵头位置（放电痕迹）局部照片

2. 不合格现象描述

负荷开关处于合闸位置，接地开关处于分闸位置时，试验部位为Bb-ACacF，要求施加为42kV的工频电压，偏差为±1%。试验时，试验电压升至35.7kV时发生击穿，环网柜前面有明显的闪光，经检查发现B相熔丝桶封堵头位置有明显的爬电痕迹。如图3-3所示。

3. 不合格原因分析

经检查分析，发现B相安装熔断器的底座部位对外壳放电，不排除底座部分绝缘件质量问题和熔丝桶堵头安装时润滑硅脂涂抹不均匀、受力不均匀等因素造成了密封问题引起绝缘击穿。

## 第二节　主回路电阻测量

### 一、试验过程

#### （一）试验原理和接线

（1）本测量试验是为了检查环网柜主导电回路连接是否可靠，材料导电性能是否符合要求的检测试验。通常使用直流电阻测试仪，试验电流应该取100A到环网柜额定电流之间的任意值，测量环网柜母线侧至电缆出线侧的直流电阻值。

（2）如果受试样机没有温升试验，则需参照型式试验的试验结果；若测量所得电阻值为$R$，依据标准GB/T 11022的要求：$R<1.2R_u$（其中：$R_u$为环网柜型式试验时温升试验前的主回路电阻测量值）。

（3）如果受试样机也有温升试验，则试验后在同一位置测量的主回路电阻也不应该超过试验前测量值的20%。

（4）试验原理接线如图3-4所示，试验接线照片如图3-5所示。

#### （二）试验方法

具体步骤：请参照本书第二章高压开关柜的第二节主回路电阻测量中的试验方法相关内容。

### 二、结果判定

（1）对于受试样机没有温升试验的情况，依据标准GB/T 11022的要求：如果测量所得电阻值：$R<1.2R_u$（其中：$R_u$为环网柜型式试验时温升试验前的主回路电阻测量值），判定

试验结果合格；反之，则判定不合格。

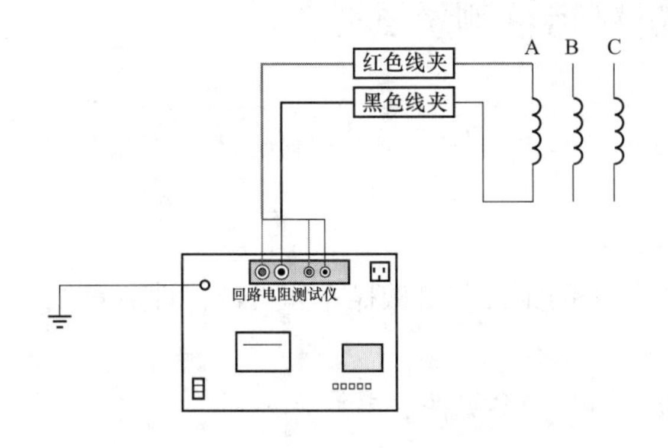


图 3-4 主回路电阻测量接线原理图

图 3-5 主回路电阻测量接线照片图

（2）对于受试样机有温升试验的情况，在满足上述判定条件（1）的同时，也必须满足试验后在同一位置测量的主回路电阻不应该超过试验前测量值的 20%。

针对该检测项目不合格现象严重性程度进行初步分级，表 3-3 仅供参考。

**表 3-3　　主回路电阻测量不合格现象严重程度分级表**

| 序号 | 不合格现象 | 严重程度分级 | 结果判定依据 |
|---|---|---|---|
| 1 | $1.2R_u \leqslant$ 实测电阻值 $R \leqslant 1.5R_u$ | 轻微 | GB/T 3906<br>GB/T 11022 |
| 2 | 温升试验前后电阻差值超过 20% | 轻微 | |
| 3 | 实测电阻值 $R > 1.5R_u$ | 严重 | |
| 4 | 温升试验前后电阻差值超过 50% | 严重 | |

## 三、案例分析

1. 案例概况

型号为 HXGN□-12（C）/630-20 的负荷开关环网柜；环境温度：20.6℃；

对试品进行主回路电阻测量，试验所测数据为：A 相主回路电阻为 106.3μΩ，B 相为 300.6μΩ，C 相为 110.5μΩ。主回路电阻要求的最大值（$1.2R_u$）为 130μΩ；按照 GB/T 11022 的判定标准，B 相主回路电阻测量结果超标，判定试验结果不合格。

2. 不合格现象描述

环网柜试品的 B 相主回路电阻测量值超过要求的最大值 130μΩ，依据 GB/T 11022 的判定标准，B 相主回路电阻测量结果超标，判定试验结果不合格。

3. 不合格原因分析

环网柜主回路电阻不合格原因分析如下：

（1）该试品并柜时，B 相母联没有安装好，不对中导致了接触面不完全接触；

（2）环网柜负荷开关动静触头安装时没有安装好，触头接触压力不够。

# 第三节　机械操作和机械特性测量试验

## 一、试验过程

### （一）试验原理和接线

（1）具体内容：请参照本书第二章高压开关柜中的第三节机械操作和机械特性测量试验的试验原理和接线相关内容。

（2）试验原理接线参见图 3-6 所示，试验接线照片图参见图 3-7 所示。

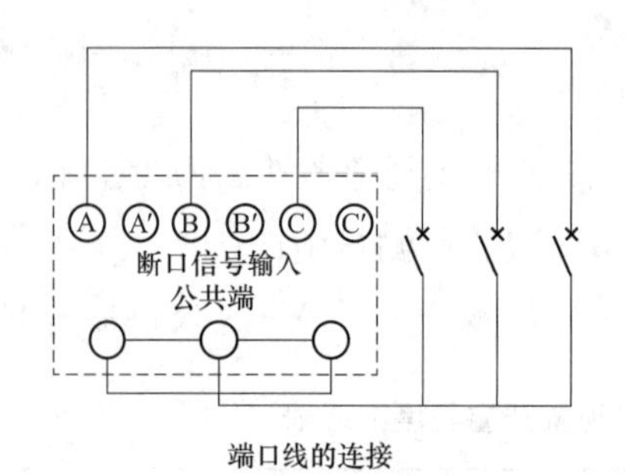


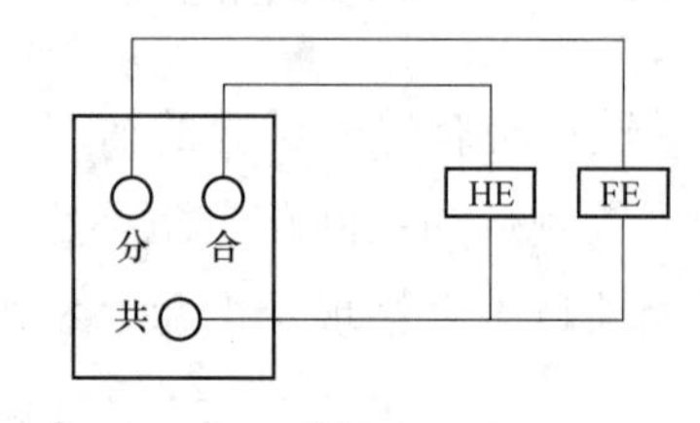


图 3-6　试验原理接线图

图 3-7　试验接线照片图

### （二）试验方法

具体步骤：请参照第二章高压开关柜第三节机械操作和机械特性测量试验的试验方法的相关内容。

## 二、结果判定

机械试验中及试验后，试品应能正常地操作，一般以满足下列全部要求作为机械试验合格判据。

（1）试验后，环网柜应符合产品标准或技术条件规定的机械操作性能的要求。

（2）试验后，环网柜试品的机械特性应符合技术条件的有关规定。

针对该检测项目不合格现象严重性程度进行初步分级，表 3-4 仅供参考。

**表 3-4　　机械操作和机械特性测量试验不合格现象严重程度分级表**

| 序号 | 不合格现象 | 严重程度分级 | 结果判定依据 |
|---|---|---|---|
| 1 | 环网柜的负荷开关或断路器在最高和最低操作电压下进行机械试验，发生动作异常或机械特性参数不在规定范围内 | 轻微 | GB/T 1984 |

续表

| 序号 | 不合格现象 | 严重程度分级 | 结果判定依据 |
|---|---|---|---|
| 2 | 环网柜的负荷开关或断路器在额定操作电压下进行机械试验，发生动作异常或机械特性参数不在规定范围内 | 严重 | GB/T 1984 |

## 三、案例分析

环网柜机械操作试验和机械特性试验典型的不合格现象汇总分析如下：

（1）电动操作的开关，在最低操作电压下无法正常动作。

（2）部分产品的脱扣线圈动作一次未能打开开关，需要多次动作。

（3）在最低操作电压下合分闸时间不能满足技术要求。主要原因在于脱扣线圈性能不满足使用要求，或者在机构出厂调试时，分闸的限位调节不到位。

# 第四节 电气联锁试验

## 一、试验过程

### （一）试验原理和接线

（1）电气联锁试验主要是根据产品控制回路和辅助回路接线原理图纸，试验室提供需要的操作电源，对环网柜具备的电气联锁功能进行操作验证。

（2）环网柜电气联锁检查电气原理图如图 3-8 所示。

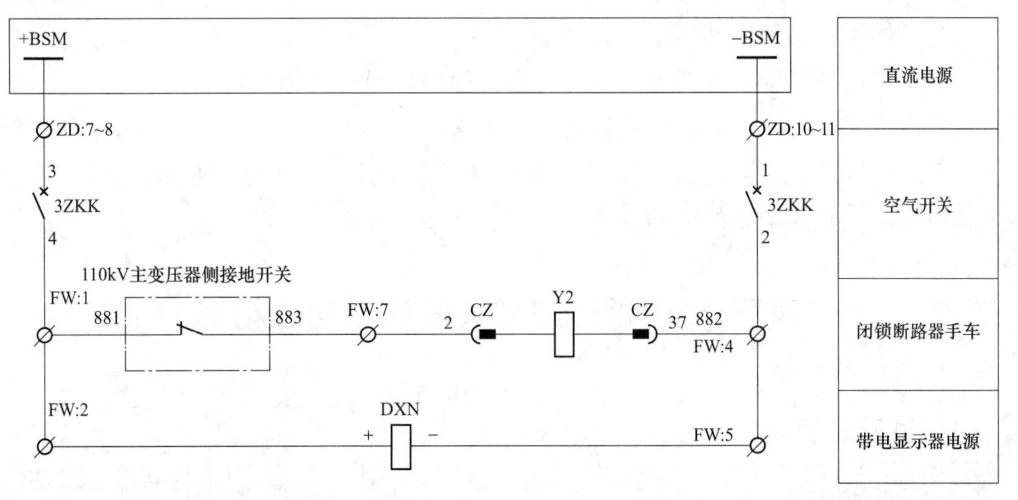


图 3-8 环网柜电气联锁检查电气原理图

### （二）试验方法

具体步骤：请参照第二章高压开关柜第四节电气联锁试验中试验方法的相关内容。

## 二、结果判定

如果满足具体产品的技术文件规定的电气联锁要求，则判定环网柜通过了电气联锁试验。

针对该检测项目检查不合格现象严重性程度进行初步分级，仅供参考。参见表 3-5。

表 3-5　电气联锁试验不合格现象严重程度分级表

| 序号 | 不合格现象 | 严重程度分级 | 结果判定依据 |
|---|---|---|---|
| 1 | 环网柜内对于技术规范中规定的电气联锁进行了相关配置，但由于辅助回路接线错误、配置电磁锁无法正常动作等异常情形 | 轻微 | GB/T 3906 |
| 2 | 环网柜内对于技术规范中规定的电气联锁的相关配置要求，完全没有进行配置 | 严重 | |

## 三、案例分析

1. 案例概况

型号为 HXGN15-12（V）/630-20 的交流金属封闭环网柜，电缆室门随时都可以正常打开。

2. 不合格现象描述

当主回路状态显示断路器合闸时，对后下门进行打开操作，电磁锁未起到电气联锁功能作用，判定试验不合格。

3. 不合格原因分析

（1）该样机试品辅助回路端子有个别二次线未按照原理图正确接线。

（2）实现电气联锁功能的辅助开关、电磁锁损坏或机械错误造成。

由于电气联锁是产品特殊的联锁要求，正常在试验室进行验证时，发现电气联锁不满足电气图纸的要求，主要原因有辅助和控制回路端子有个别二次线未按照原理图正确接线，再者就是实现电气联锁功能的辅助开关、电磁锁损坏或机械错误造成。

# 第五节　柜体尺寸、厚度、材质检测

## 一、试验过程

### （一）试验原理

（1）使用钢卷尺对环网柜柜体尺寸进行测量；

（2）使用超声波测厚仪对环网柜柜体板材厚度进行测量；

（3）使用 X 荧光光谱仪对不锈钢气室材质和铜排材质进行检测。

### （二）试验方法

具体步骤：请参照第二章高压开关柜中第五节柜体尺寸、厚度、材质检测的试验方法的相关内容。

## 二、结果判定

环网柜柜体尺寸与技术资料一致，通过试验。

一般要求板材厚度≥2mm，也有2±0.12，2±0.08等要求，具体判定值按检测任务委托书提供的数值要求进行。

环网柜不锈钢气室和铜排材质检测，结果判定值要求如下，详见表3-6。

**表3-6　　柜体和铜排材质主要元素含量表**

| 测点部位/部件 | 牌号 | 数量 | 主要元素含量（%） | | | |
|---|---|---|---|---|---|---|
| | | | Cr | Ni | Mn | Cu |
| 气室顶部 | S30408 | 1 | 18.00～20.00 | 8.00～10.50 | ≤2.00 | — |
| 气室侧面 | S30408 | 1 | 18.00～20.00 | 8.00～10.50 | ≤2.00 | — |
| 气室前门 | S30408 | 1 | 18.00～20.00 | 8.00～10.50 | ≤2.00 | — |
| 气室后门 | S30408 | 1 | 18.00～20.00 | 8.00～10.50 | ≤2.00 | — |
| 母排 | T2 | 1 | — | — | — | ≥99.90 |

针对该检测项目检查不合格现象严重性程度进行初步分级，仅供参考。见表3-7。

**表3-7　　柜体尺寸、厚度、材质检测不合格现象严重程度分级表**

| 序号 | 不合格现象 | 严重程度分级 | 结果判定依据 |
|---|---|---|---|
| 1 | 板材厚度大于1.5mm，小于2mm | 轻微 | — |
| 2 | 铜排含铜量大于97%，小于99.90% | 轻微 | |
| 3 | 铜排含铜量小于97% | 严重 | |
| 4 | 板材厚度小于1.5mm | 严重 | |
| 5 | 柜体尺寸与图纸尺寸偏差超过10% | 严重 | |

## 三、案例分析

**【案例一】**

1. 案例概况

环网柜柜体敷铝锌板厚度不达标。

2. 不合格现象描述

环网柜柜体板材厚度不达标，柜体板材厚度要求值≥2mm。测量时记录侧板厚度：

1.942mm、后门板：1.934mm、顶板：1.974mm。上述部位测量结果均小于要求值，板材厚度不合格，板材厚度不合格数据照片图如图 3-9 所示。

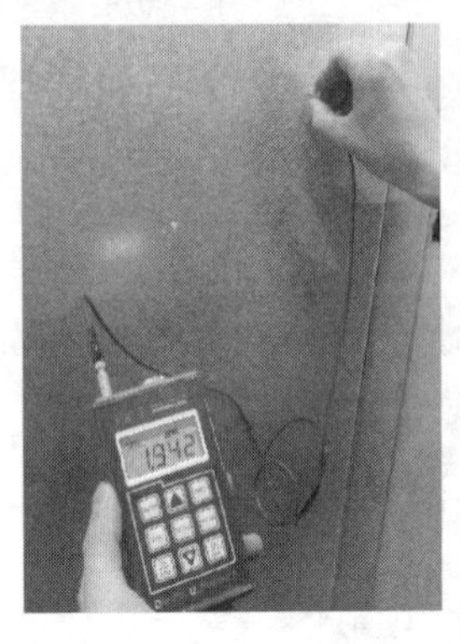

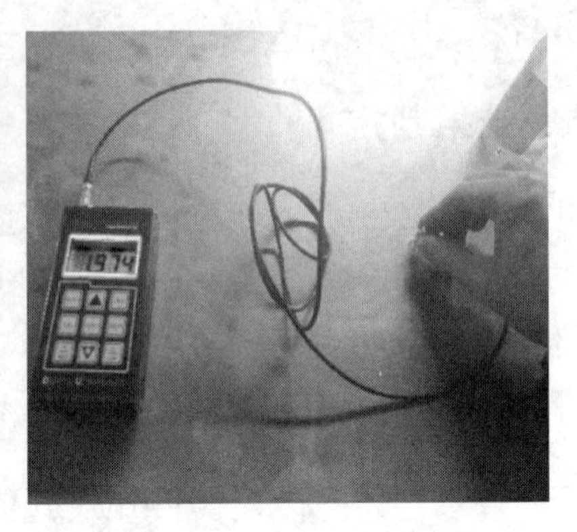

图 3-9 板材厚度不合格数据照片图

3. 不合格原因分析

选用的柜体板材厚度不满足要求。

**【案例二】**

1. 案例概况

环网柜铜排材质不达标。

2. 不合格现象描述

环网柜铜排材质测量结果详见表 3-8。

**表 3-8** **铜排材质含量表**

| 测点部位/部件 | 牌号 | 数量 | 主要元素含量（%） | | | |
|---|---|---|---|---|---|---|
| | | | Cr | Ni | Mn | Cu |
| 母排 | T2 | 1 | — | — | — | 99.82 |

注 T2 要求 Cu≥99.90%。

3. 不合格原因分析

铜排的铜含量不满足≥99.90%，选用的母排材质不满足要求。

# 第六节 雷电冲击试验

## 一、试验过程

### （一）试验原理和接线

（1）对于三个试验电压（相对地、相间、断口间）相等的一般情况，当环网柜进行相间和对地雷电冲击电压试验时，应依次将主回路每一相的导体与试验电源的高压端连接，

同时，其他各相导体和柜体底架接地，并保证主回路的连通（例如，通过合上开关装置或其他方法）。

（2）对于开关装置断口试验电压高于相对地耐受电压的特殊情况，当环网柜进行开关断口（或隔离断口）之间雷电冲击电压试验时，如果依次将主回路每一相的导体与试验电源的高压端连接，将试验电压施加在断口之间，试验电源另一端接地时，其他各相导体和柜体底架应与地绝缘。

（3）试验原理接线图如图 3-10 所示，试验接线照片图如图 3-11 所示。

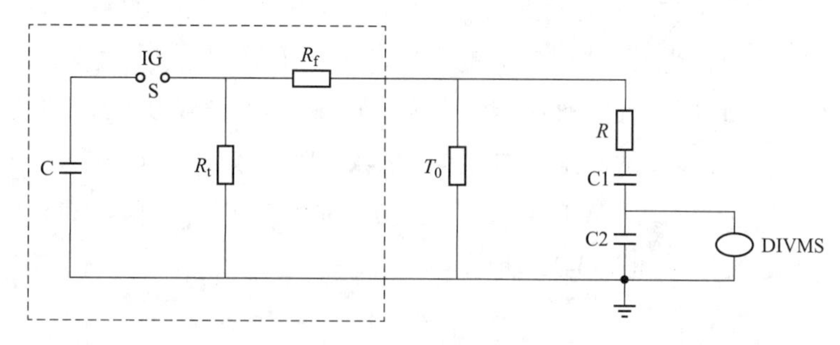


图 3-10　试验原理接线图

C—冲击发生器主电容；$R_f$—波头电阻；$R_t$—波尾电阻；S—冲击点火球隙；$R$—阻尼电阻；C1—高压臂电容；$T_0$—试品；C2—低压臂电容

**（二）试验方法**

具体步骤：请参照本书第二章高压开关柜第九节雷电冲击试验中试验方法的相关内容。

## 二、结果判定

具体内容：请参照本书第二章高压开关柜第九节雷电冲击试验中结果判定的相关内容。

针对该检测项目不合格现象严重性程度进行初步分级，仅供参考。参见表 3-9。

图 3-11　试验接线照片图

**表 3-9　雷电冲击试验不合格现象严重程度分级表**

| 序号 | 不合格现象 | 严重程度分级 | 结果判定依据 |
|---|---|---|---|
| 1 | 对于自恢复绝缘，施加 15 次冲击时，最后 5 次中出现 1 次击穿，追加 5 次冲击，再次发生击穿；追加到 25 次击穿，仍发生击穿 | 轻微 | GB/T 3906<br>GB/T 11022 |
| 2 | 对于自恢复绝缘，施加 15 次冲击时，最后 5 次中出现 2 次击穿，追加 5 次冲击，再次发生击穿 | 轻微 | |
| 3 | 对于自恢复绝缘，15 次冲击中连续 3 次击穿 | 严重 | |
| 4 | 对于非自恢复绝缘，15 次冲击中发生 1 次击穿 | 严重 | |

## 三、案例分析

1．案例概况

在进行 12kV 环网柜雷电冲击试验时，断路器处于分闸位置，在进行断路器的断口考核时，环网柜样品对地绝缘，当施压部位为 C，接地部位为 c，施加 85kV 的雷电冲击电压，出现击穿现象。

2．不合格现象描述

断路器处于分闸位置时，在进行断路器的断口考核时，环网柜样品对地绝缘，当施压部位为 C，接地部位为 c，要求施加 85kV 的雷电冲击电压值，实际大气参数为 $P$= 101.7kPa；环境温度 $t$=26.6℃；相对湿度：38% 计算为大气修正因数 $K_t$=0.9692。故实际施加的要求值为 82.4kV，偏差为±3%。试验施加电压为 82.4kV 时，连续击穿三次，击穿电压分别为 81.2kV，81.6kV，82.0kV，按照 GB/T 11022—2020 的 7.2.5 条，可以判断试验不合格。

三次击穿的雷电波形图如图 3-12 所示。

3．不合格原因分析

断路器处于合闸位置，施加部位分别为 Aa、Bb、Cc，接地部位分别为 BbCcF、AaCcF、AaBbF，断路器处于分闸位置，加压部位分别为 A、B、C，接地部位分别为 BCabcF、ACabcF、ABabcF，加压部位分别为 a、b、c 时，接地部位分别为 ABCbcF、ABCacF、ABCabF，施

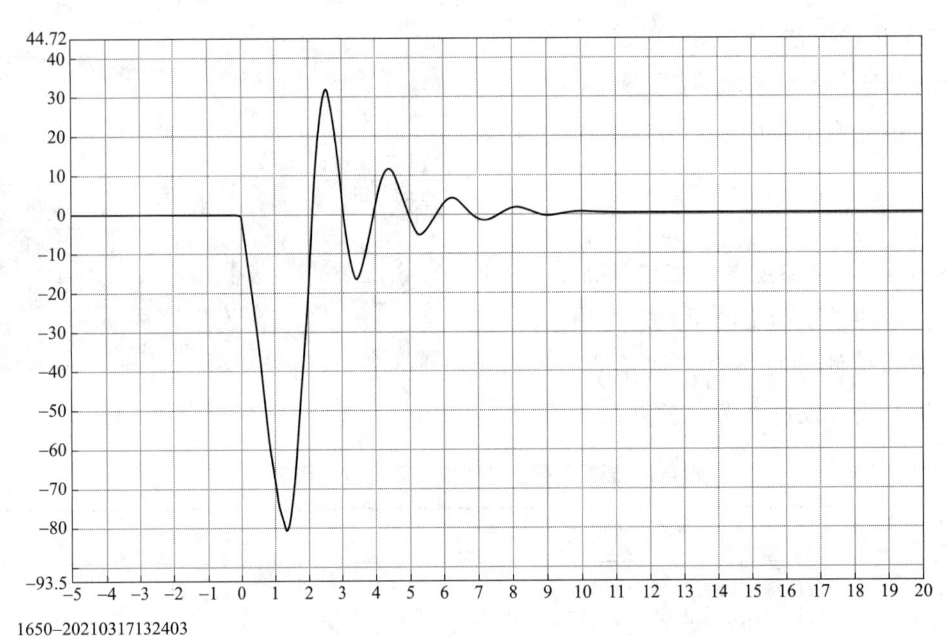


（a）

图 3-12　三次雷电冲击试验击穿示波图（一）

（a）击穿电压为 81.2kV

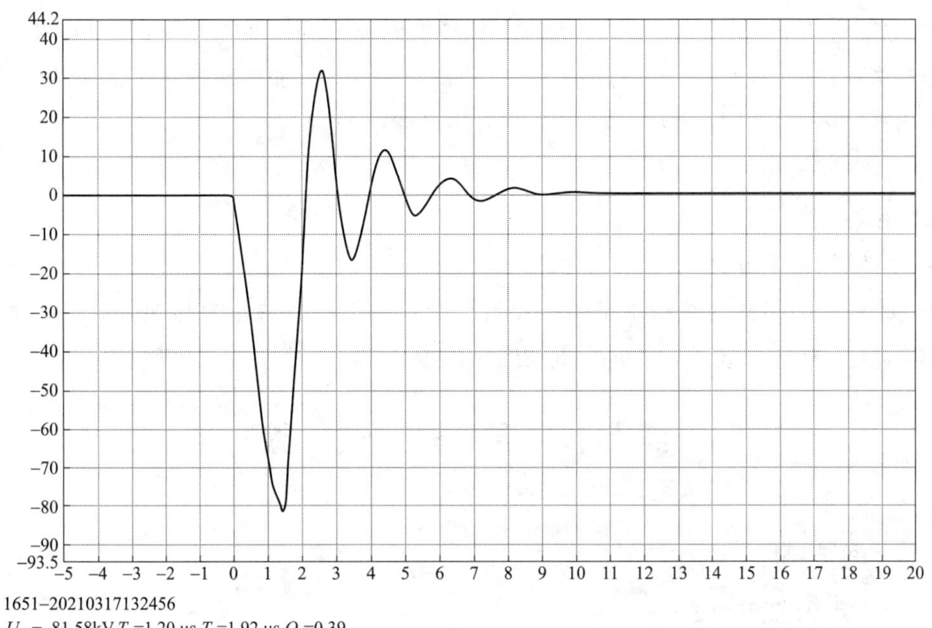


（b）

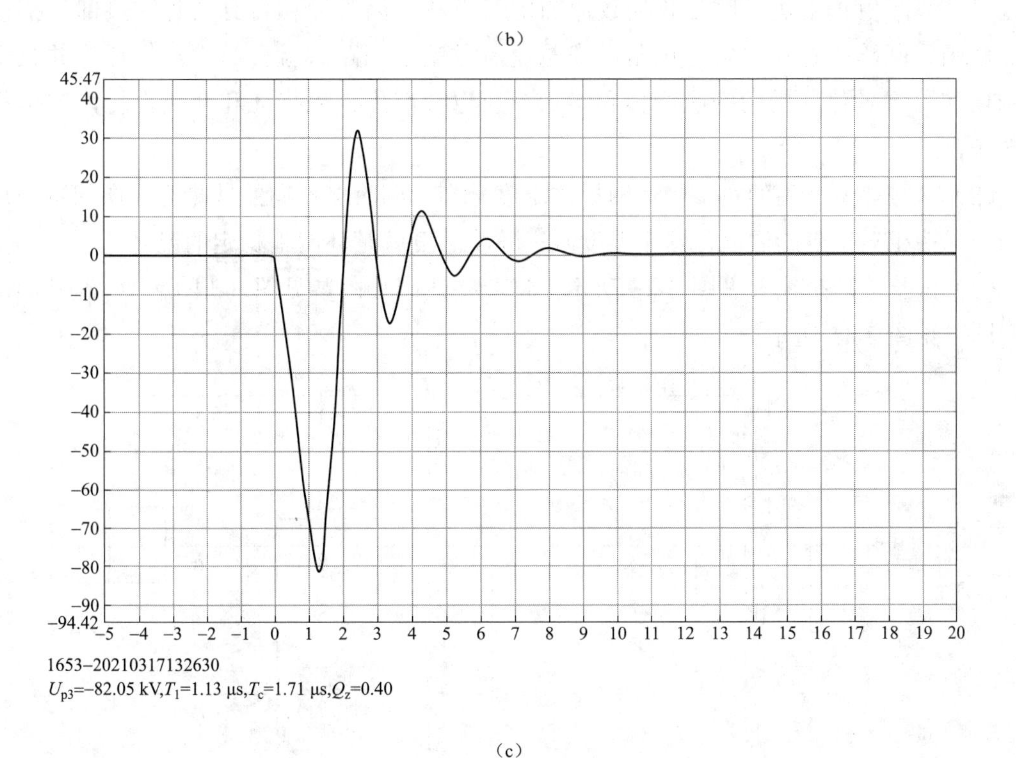


（c）

图 3-12　三次雷电冲击试验击穿示波图（二）

（b）击穿电压为 81.6kV；（c）击穿电压为 82.0kV

加电压 75kV，15 次均未出现异常，判断环网柜的相间和对地绝缘没有问题；断路器在分闸的位置时，在进行断路器的断口考核时，环网柜样品对地绝缘，施压部位为 A、B 及 a、

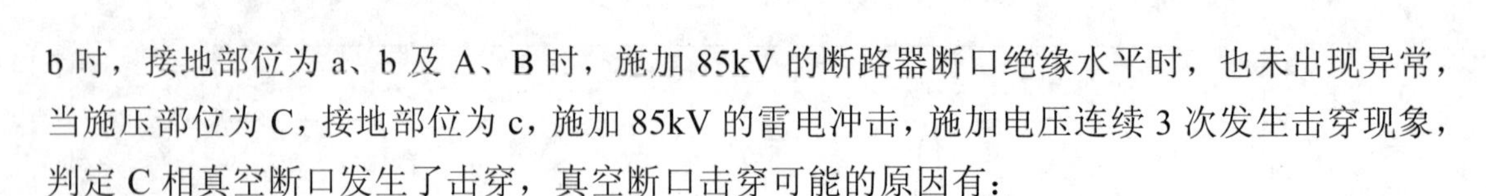

b时，接地部位为a、b及A、B时，施加85kV的断路器断口绝缘水平时，也未出现异常，当施压部位为C，接地部位为c，施加85kV的雷电冲击，施加电压连续3次发生击穿现象，判定C相真空断口发生了击穿，真空断口击穿可能的原因有：

（1）真空度不够。

（2）触头毛刺引起。

（3）断口开距不够。

（4）选用的断路器的绝缘水平是按照普通断口选取的，并没有按照隔离断口的水平选取，只能满足75kV的要求，不能满足85kV的要求。

# 第七节　温　升　试　验

## 一、试验过程

### （一）试验原理和接线

（1）环网柜正常运行时是长期载流的电气设备，因为导体自身及各连接部位搭接工艺等原因，回路中存在一定的电阻，当电流流过整条回路时就会产生热损耗，并且交变电磁场作用于导体周围的铁磁物体和绝缘介质也会产生铁磁损耗和介质损耗，这些都属于热源。

（2）这些热源产生的热量使环网柜的温度升高，同时以不同的散热方式向周围介质散热，而保持相对恒定的温度，这个温度减去环境温度就是环网柜稳定的温升。

（3）试验原理接线参见图3-13所示，试验接线照片图参见图3-14所示，温升测量点示意图参见图3-15所示。

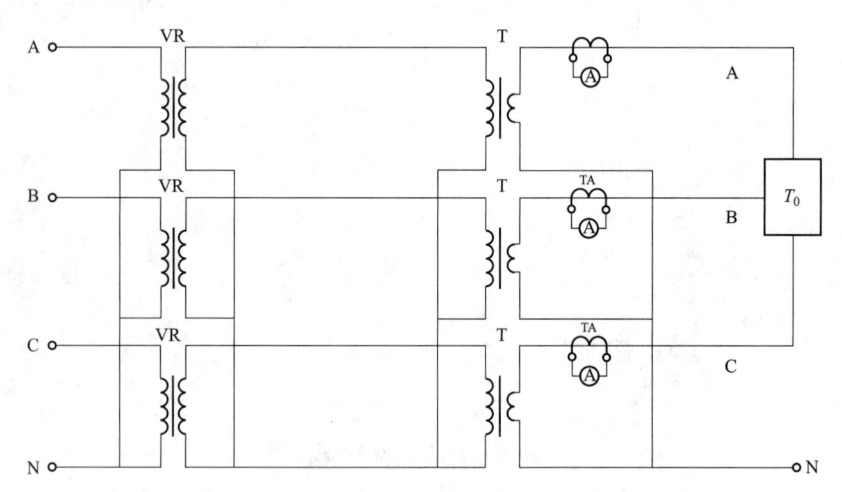


图3-13　试验原理接线图

VR—调压器（voltage-regulator）；TA—电流互感器（current transformer）；

T—升流器（trancformer）；$T_0$—试品（test object）

图 3-14 试验接线照片图

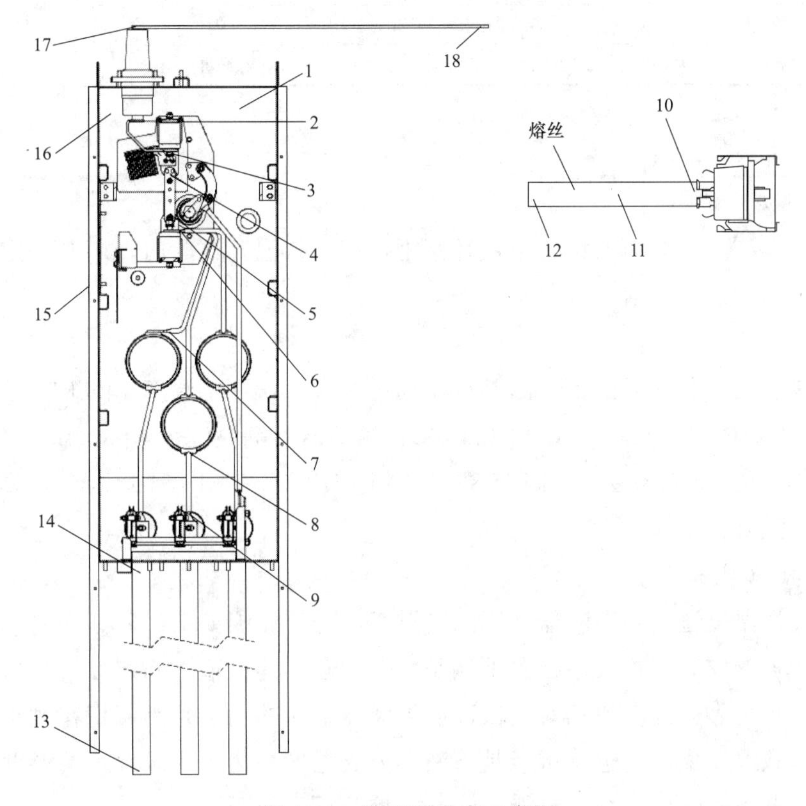


图 3-15 温升测量点示意图

1—气室内 $SF_6$ 气体中参考；2—顶出套管与铜排连接处 A/B/C 裸铜（75K）；3—上静触头与铜排连接处 A/B/C 镀银与裸铜（75K）；4—动弧触头合闸处 A/B/C 镀银（65K）；5—动弧触头与下静触头连接处 A/B/C 镀银（65K）；6—下静触头与熔丝筒上母线连接处 A/B/C 镀银与裸铜（75K）；7—熔丝筒与上母线连接处 A/B/C 镀银与裸铜（75K）；8—熔丝筒与下母线连接处 A/B/C 镀银与裸铜（75K）；9—下出套管与下母线连接处 A/B/C 裸铜（75K）；10—熔丝与撞针机构连接处 A/B/C 镀银（65K）；11—熔丝中部 A/B/C（参考）；12—熔丝筒底部与熔丝连接处 A/B/C 镀银（65K）；13—进线一米处 A/B/C 裸铜；14—进线铜排与下套管外侧连接处 A/B/C 裸铜；15—不可触及外壳；16—可触及外壳；17—出线套管与一米排连接处 A/B/C 裸铜；18—出线一米处 A/B/C 裸铜

### （二）试验方法

具体步骤：请参照第二章高压开关柜第十节温升试验中试验方法的相关内容。

## 二、结果判定

（1）各部件温升不应超过表 2-30 的规定，否则，应认为试品没有通过试验。

（2）如果试验后在同一位置测量的回路电阻超过试验前测量值的 20%，也认为试验不合格。

针对该检测项目不合格现象严重性程度进行初步分级，仅供参考。参见表 3-10。

表 3-10　　温升试验不合格现象严重程度分级表

| 序号 | 不合格现象 | 严重程度分级 | 结果判定依据 |
|---|---|---|---|
| 1 | 温升满足要求，回路电阻超过 20% | 轻微 | GB/T 11022 |
| 2 | 温升超过规定值 10K 以内，回路电阻未超过 20% | 中度 | |
| 3 | 温升超过规定值 10K，回路电阻超过 20% | 严重 | |

## 三、案例分析

1. 案例概况

试品是负荷开关—熔断器组合电器环网柜，在进行温升试验时，温升稳定后熔断器两端及外壳的温升超过要求值。

2. 不合格现象描述

该试品是安装熔芯的环网柜，温升试验通电稳定后，环境温度 14.9℃，熔断器上端温度 A 相 125.4℃，B 相 120.3℃，C 相 121.6℃，熔断器下端温度 A 相 81.4℃，B 相 82.6℃，C 相 81.7℃，熔断器外壳温度 A 相 175.8℃，B 相 171.8℃，C 相 164.2℃，熔断器上端 A\B\C 三相超出允许温升值 75K。

3. 不合格原因分析

熔断器上端温度过高和熔断器外壳温度过高，分析原因如下：

（1）熔断器的安装方式，熔断器下端是 2 个半圆形的卡箍，固定件安装后与熔断器的接触面大，比较可靠，温度值相对较低，而熔断器上端的固定是类似梅花触头，有可能接触不可靠，导致温度偏高，也有可能是熔断器外壳温度高热传导导致上端温度较高。

（2）熔断器外壳温度过高，可能是配送的熔芯质量问题。

（3）熔断器桶的散热问题。

# 第八节　局部放电试验

## 一、试验概述

### （一）试验目的

局部放电试验是指环网柜的局部放电量检测试验，是确定环网柜绝缘系统结构可靠性

的重要指标之一。局部放电测量是对环网柜绝缘试验的有效补充，适用于检测环网柜设备内部非贯穿性绝缘放电缺陷。经验表明，在某些特定结构中，局部放电可以导致绝缘的介质强度逐渐下降，固体绝缘和充流体隔室尤其如此。

由于局部放电的开始阶段能量小，其放电并不立即引起绝缘击穿，电极之间尚未发生放电的完好绝缘仍可承受住设备的运行电压。但在长时间运行电压下，局部放电所引起的绝缘损坏继续发展，最终导致绝缘事故发生。所以测量环网柜设备局部放电是绝缘监督重要手段之一。

**（二）试验依据**

GB/T 3906《3.6kV～40.5kV 交流金属封闭开关设备和控制设备》

GB/T 7354《高电压试验技术局部放电测量》

GB/T 11022《高压交流开关设备和控制设备标准的共用技术要求》

DL/T 404《3.6kV～40.5kV 交流金属封闭开关设备和控制设备》

DL/T 593《高压开关设备和控制设备标准的共用技术要求》

**（三）试验主要参数**

1. 局部放电（PD）

导体间绝缘仅被部分桥接的电气放电。这种放电可以在导体附近发生也可以不在导体附近发生。

注 1：局部放电一般是由于绝缘体内部或绝缘表面局部电场特别集中而引起的。

注 2：局部放电通常伴随着声、光、热和化学反应等现象。

2. 背景噪声

在局部放电试验中检测到的不是由试品产生的信号。

注：背景噪声包括测试系统中的白噪声、广播电波或其他的连续或脉冲信号。

3. 规定的局部放电值

在规定条件和试验程序下，试品在规定的电压下允许的局部放电有关参量中的最大值。对于交流电压试验，视在电荷 $q$ 的规定值是重复出现的最大局部放电值。

注：任何局部放电脉冲参量幅值可能在一系列连续周波内随机变化，且在电压作用期间呈现出增大或减小的趋势。

4. 局部放电的视在电荷 $q$

局部放电对于规定的试验回路，在非常短的时间内，如果注入试品两端的电荷量引起测量仪器的读数相当于局部放电脉冲引起的读数。

注：这个电荷量就是视在电荷量，通常用皮库（pC）表示。

5. 局部放电试验电压

按规定的局部放电试验程序施加的规定电压，在此电压施加期间测量试品的局部放电脉冲参量。

注：该电压是相关技术委员会规定的相对地试验电压，有些情况下可由用户和制造厂

协商确定。

6. 局部放电起始电压 $U_i$

当施加于试品的电压从某一观察不到局部放电的较低值开始逐渐增加到初次观察到试品中产生重复性局部放电时的电压。

实际上，起始电压 $U_i$ 是局部放电脉冲参量幅值等于或超过某一规定的低值时施加的最低电压。

7. 局部放电熄灭电压 $U_e$

当施加于试品的试验电压从某一观察到局部放电脉冲参量的较高值逐渐减小直到试品中停止出现重复性局部放电时的电压。

实际上，熄灭电压 $U_e$ 是当所选的局部放电脉冲参量幅值等于或小于某一规定的低值时的最低施加电压。

## 二、试验前准备

### （一）试验装备与环境要求

1. 试验装备

一般情况下环网柜设备的该项试验所用的试验仪器设备参数，见表 3-11。

表 3-11　　试验仪器设备参数表

| 仪器设备名称 | 参　数 | 准确级 |
|---|---|---|
| 多通道数字式局部放电综合分析仪 | 测量范围 0.1pC～10000nC | 灵敏度：0.1pC |
| 工频无局放试验变压器成套装置 | 额定容量 150kVA，0.38/0～150kV，1A | 输出电压：±3%<br>持续时间：±3% |

2. 环境要求

请参照本书第二章高压开关柜第一节工频耐压试验中环境要求的相关内容。

3. 大气参数的测量

请参照本书第二章高压开关柜第一节工频耐压试验中大气参数的测量的相关内容。

### （二）试验前的检查

1. 检查试验设备

试验前检查试验设备是否完好，测量仪表应在校准有效期内。

2. 检查试品

局放试验应该在完全装配好的（和使用中一样的）开关设备和控制设备上进行，绝缘件的外表面应处于清洁状态。

如果制造厂规定在使用中需要采用附加的绝缘，如绝缘包带和绝缘套，在试验时也应该采用这些附加的绝缘，如果装有保护系统用的弧角或弧环，为了进行试验，可以把他们拆下或增大它们的间距。如果是用来改善电场分布的，试验时他们应该保持在原来的位置。

对于采用压缩气体作为绝缘的开关设备和控制设备，绝缘试验应该在制造厂规定的最低功能压力下进行。在试验过程中应该记录气体的温度和压力，并将其列入试验报告。

## 三、试验过程

### （一）试验原理和接线

（1）通过确定环网柜是否存在局部非贯穿性放电及放电是否超标，从而发现其他绝缘试验不能检查出来的绝缘局部隐形缺陷及故障，保障环网柜设备能够满足质量要求。

（2）试验原理接线如图 3-16 所示，试验接线照片图如图 3-17 所示，校准回路原理图如图 3-18 所示。

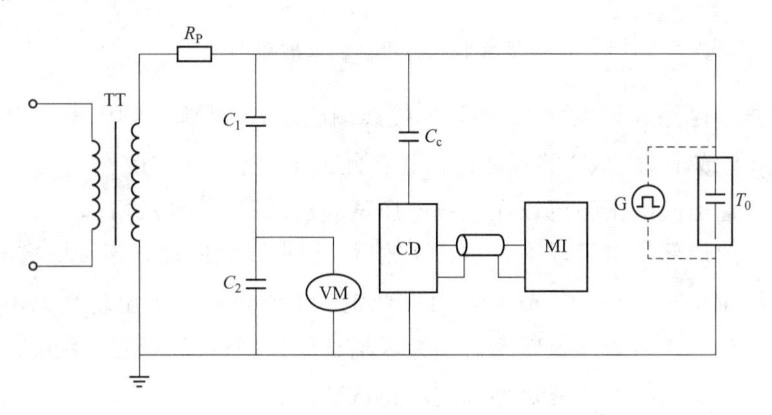


图 3-16 试验原理接线图

TT—工频试验变压器；$R_p$—保护电阻；$T_0$—试品；G—方波校准器；$C_1$—高压臂电容；$C_2$—低压臂电容；CD—耦合装置；$C_c$—耦合电容；VM—峰值电压表；MI—局部测量仪

### （二）试验方法

（1）试验前做好试验的安全措施，应设有安全警示灯、指示牌，所有设备和试品周围应设有安全围栏，并留有足够的安全距离。

（2）试验前校准程序：用作测量视在电荷 $q$ 的测量系统的校准，如图 3-18 所示，是用标准方波通过对试品两端注入电流脉冲进行的。校准宜在预期值的适当范围内某一个电荷值下进行，以保证对规定局部放电值测量的准确度。此适当范围宜选在规定局部放电值的 50%～200%。

图 3-17 试验接线照片图

注：由于校准器中的电容 $C_0$ 通常为一低压电容器，因此，完整试验回路的校准是在试品不带电时进行的。而为了使校准有效，通常校准电容 $C_0$ 一般应不大于 $0.1C_a$（试品电容），如果校准器满足要求，则校准脉冲就等效于放电量 $q_0=U_0C_0$ 的单个放电脉冲。另外，在试验回路带电之前必须把标准方波发生器移开。

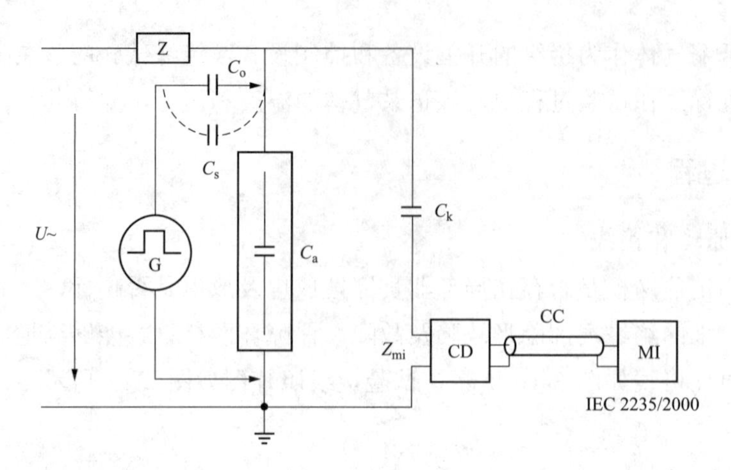


图 3-18　校准回路原理图

（3）按照试验回路（如表 3-12 中基本接线图所示），外施工频电压至少升高到 $1.3U_r$（$U_r$ 为额定电压）或 $1.3U_r/\sqrt{3}$ 的预加值，且在此值下至少保持 10s。

作为替代，局部放电试验可以在工频电压试验后的降压阶段进行。

在此过程中的局部放电可以不予考虑。然后，根据试验回路，连续地将电压降到 $1.1U_r$（三相试验）或 $1.1U_r/\sqrt{3}$（单相试验），且在此电压下测量局部放电量（见表 3-12）。

试验电压的频率通常为额定频率。绝缘现场试验期间可以将电压互感器隔离。在其连接的情况下，现场试验的频率应足够高到防止铁芯饱和。

考虑到实际背景噪声水平，应尽可能记录局部放电的起始电压和熄灭电压以作为补充资料。

通常，应在环网柜开关装置处于闭合位置时对其总装或分装进行试验。由于局部放电可能会导致隔离开关断口间的绝缘老化，因此，在隔离开关分闸的情况下，应补充进行局部放电测量。

对充流体的环网柜设备，试验应在最低功能水平或额定充入水平下进行，不管哪种更严酷。出厂试验应在额定充入水平下进行。

环网柜设备的局部放电试验既可以在单相试验回路中进行。也可在三相试验回路中进行（见表 3-12）。

1）单相试验回路。

**程序 A：**一种通用方法，适用于中性点或不接地系统中运行的设备。测量局部放电量时，依次将每相接到试验电源上，其余两相和所有工作时接地的部件都接地。

**程序 B：**仅适用中性点接地系统中运行的设备。测量局部放电量时，应采用两个试验布置。

首先，应在 $1.1U_r$（$U_r$ 为额定电压）试验电压下进行测量，依次将每相接到试验电源上，其余两相接地，测量时应将在正常运行中接地的所有金属部件与地脱开或绝缘起来。

然后，再将试验电压降至 $1.3U_r/\sqrt{3}$ 下进行附加测量。在测量过程中，运行中接地的

部件都接地，且三相并联接到试验电压源上。

2）三相试验回路。

如果有合适的试验设备，局部放电试验也可按三相布置进行（见表 3-12）。

**表 3-12** 试验回路和程序

| 试验项目 | 单相试验 | | | 三相试验 |
|---|---|---|---|---|
| | 程序 A | 程序 B | | |
| 电源连接 | 依次连接到每相 | 依次连接到每相 | 同时连接到三相 | 三相 |
| 接地连接的元件 | 其他相和工作时接地的所有部件 | 其他两相 | 工作时接地的所有部件 | 工作时接地的所有部件 |
| 最低预施电压 | $1.3U_r$ | $1.3U_r$ | $1.3U_r/\sqrt{3}$ | $1.3U_r$ [a] |
| 试验电压 | $1.1U_r$ | $1.1U_r$ | $1.1U_r/\sqrt{3}$ | $1.1U_r$ [a] |
| 基本接线图 | | | | b |

a 相间电压；

b 中性点不接地系统的补充试验（仅作为型式试验）。

## 四、注意事项

（1）做好试验的安全措施，要有信号灯、指示牌、围栏隔离等。

（2）试验时要指定专人观察产品、设备，并保证全电压试验时线路与校准时一致。

（3）试验前确认试品状态，避雷器和电压互感器应解开或移开，电流互感器二次侧应短路并接地，低变比电流互感器也允许一次侧短接。

（4）读取视在放电量值时应以重复出现的、稳定的最高脉冲信号计算视在放电量。真正的局放信号具有一定的对称性和周期性，偶尔出现的较高的脉冲可以忽略。

（5）测量中明显的干扰可不予考虑。

（6）某些绝缘中当电压第一次升至 $U_r$ 时只会间歇地发生局部放电；一些情况下，放电量迅速上升，而当电压 $U_r$ 维持一段时间后，放电会消失。然而，无论如何试验电压不可超过受试设备所允许施加的额定短时工频耐受电压。对于环网柜设备，重复施加接近额定短时工频耐受电压会有造成试品破坏的危险。

（7）进行校准后的标准方波器必须移开，防止带电损坏。

## 五、试验后的检查

（1）应该将试品状态复原，保证其完整性（特别是环网柜的柜门、拆除的互感器、避雷器等）；

（2）检查所使用的设备的完好性，并将所用到的设备进行整理归位。

## 六、结果判定

（1）对于充流体的以及主回路主要元件采用固体绝缘包覆元件的环网柜设备，要求局部放电测量试验满足总装不大于20pC。

（2）对于空气绝缘类型的金属封闭开关设备和控制设备，要求局部放电测量试验满足总装不大于100pC。

针对该检测项目不合格现象严重性程度进行初步分级，仅供参考。参见表3-13。

**表3-13　　局部放电试验不合格现象严重程度分级表**

| 序号 | 不合格现象 | 严重程度分级 | 结果判定依据 |
|---|---|---|---|
| 1 | 针对充气和固体绝缘环网柜，局部放电量大于20pC小于50pC | 轻微 | GB/T 3906<br>GB/T 7354 |
| 2 | 针对充气和固体绝缘环网柜，局部放电量大于50pC小于100pC | 严重 | |
| 3 | 局部放电量大于100pC | 严重 | |

## 七、案例分析

1. 案例概况

型号为KS6-12（F）/125-31.5的负荷开关—熔断器组合电器环网柜。

环境温度：14.6℃；相对湿度：56%；大气压力：103.1kPa。

背景噪声水平：试前0.54pC、试后0.57pC。

对试品进行局部放电试验（参见图3-19～图3-21），试验所测数据为：A相局放量为614.7pC，B相为548.2pC，C相为254.3pC。局部放电水平要求的最大值为100pC。

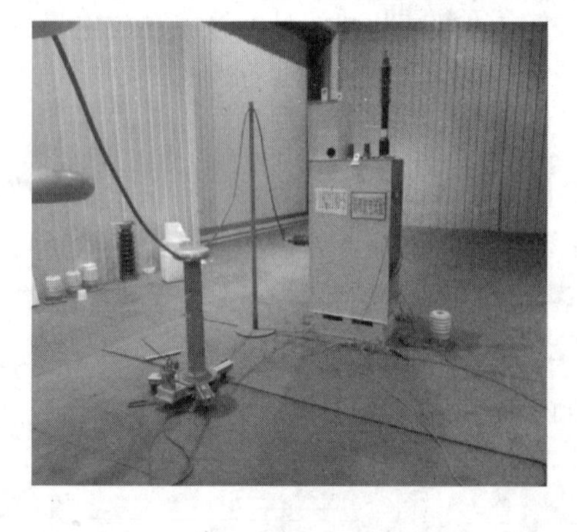

图3-19　现场试验过程照片图

图3-20　安装套管并清洁处理

2. 不合格现象描述

试品 ABC 三相局部放电量均超过要求的最大值 100pC。

3. 不合格原因分析

从下端分别给三相送电，结果三相测得的局放值分别为：614.7pC，548.2pC，254.3pC，在负荷开关分闸后重新从下端送电测量，三相测量的局放值均在 20pC 左右，由此可见问题主要出现在负荷开关内部的上端，上端内部接线端子安装或质量存在缺陷。

图 3-21 安装套管并清洁处理

常见问题有：

（1）绝缘件的生产工艺不到位，内部有气泡。

（2）柜内导电母线处理，圆形母线优于常规母线（常规母线应该做圆角处理）。

（3）环网柜电缆终端的安装问题，比如：受力不均匀、屏蔽没接地等。

（4）环网柜柜内的软连接部分处理不好容易产生电晕。

## 第九节 短时耐受电流和峰值耐受电流试验

### 一、试验过程

#### （一）试验原理和接线

（1）短时耐受电流试验是验证环网柜在规定的时间内流过短路电流时，不产生过高的温度，触头不会发生熔焊，即短时热效应能力。

（2）峰值耐受电流试验是验证环网柜流过短路电流时承受电动力的能力，主回路元件不应出现变形、触头不会打开等。

（3）GB/T 11022—2020 规定的额定短路持续时间的标准值为 2s；其他推荐值为 3s 和 4s。

（4）试验主回路接线原理如图 3-22（三相）、图 3-23（单相）所示。

（5）试验试品布置如图 3-24 所示，通过调节线路中阻抗以满足各试验参数的要求。

#### （二）试验方法

具体步骤：请参照第二章高压开关柜第十一节短时耐受电流和峰值耐受电流试验中的试验方法的相关内容。

### 二、结果判定

（1）试验中不应出现触头分离、出现电弧。

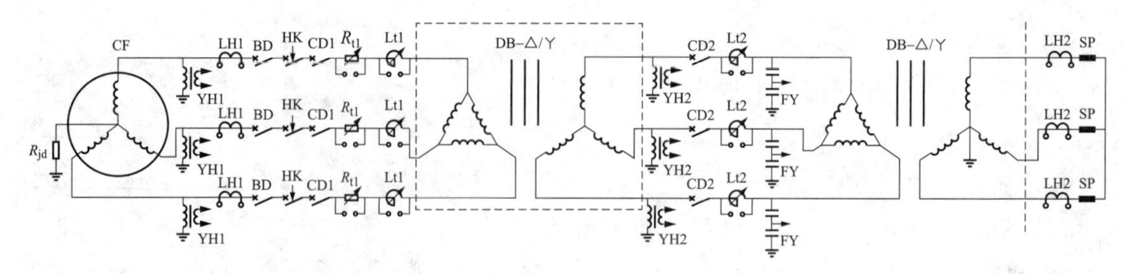


图 3-22　三相试验回路

CF—短路发电机（short-circuit generator）；BD—保护断路器（geverator-breaker）；HK—合闸开关（making switch）；CD—操作断路器（master breaker）；$R_{t1}$—功率因数调节电阻（power factor resistor）；CD1—操作断路器（master-breaker）；DB—短路变压器（boostershort-circuit transformer）；YH1、YH2—电压互感器（voltage transformer）；Lt1—调节电抗器（adjustable reactor）；FY—分压器（divider）；SP—试品（test object）；LH1、LH2—电流互感器（current transformer）；$R_{jd}$—接地电阻（earthing resistor）

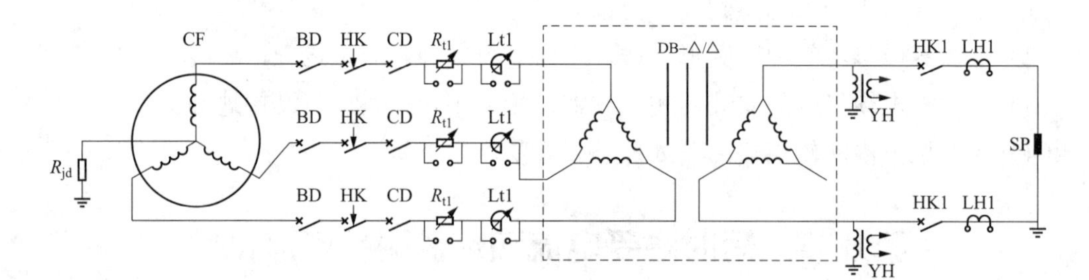


图 3-23　单相试验回路

CF—短路发电机（short-circuit generator）；BD—保护断路器（master circuit-breaker）；HK—合闸开关（making switch）；CD—操作断路器（operation circuit-breaker）；$R_{t1}$—功率因数调节电阻（power factor resistor）；Lt1—调节电抗器（adjustable reactor）；DB—短路变压器（boostershort-circuit transformer）；YH—电压互感器（voltage transformer）；LH1—电流互感器（current transformer）；$R_{jd}$—接地电阻（earthing resistor）；SP—试品（test object）

图 3-24　试验接线照片图

（2）试品各个部件不应有明显的损坏。

（3）试验后应立即进行空载操作，触头应能在第一次操作即可分开。

（4）试验后环网柜主回路电阻的增加不超过 20%。如果电阻的增加超过 20%，同时又

不可能用目测检查证实触头的状况，需进行一次附加的温升试验，温升不超过规定值。

针对该检测项目不合格现象严重性程度进行初步分级，仅供参考。参见表 3-14。

**表 3-14　　短时耐受电流和峰值耐受电流试验不合格现象严重程度分级表**

| 序号 | 不合格现象 | 严重程度分级 | 结果判定依据 |
| --- | --- | --- | --- |
| 1 | 试品没有损伤，但回路电阻超过 20%，触头温升超过温升限值（小于 10K） | 轻微 | GB/T 11022 |
| 2 | 触头轻微熔焊，施加超过 120%的操作力时触头能分开 | 轻微 | |
| 3 | 发生轻微机械变形不影响正常功能 | 轻微 | |
| 4 | 发生轻微机械变形影响正常功能 | 中度 | |
| 5 | 发生机械损伤，触头不能分开 | 严重 | |

## 三、案例分析

1. 案例概况

高压交流金属封闭 $SF_6$ 环网柜开关设备，规格为 24kV/630A，动热稳定电流为 20kA。故障示波图如图 3-25 所示，试验照片图如图 3-26 所示。

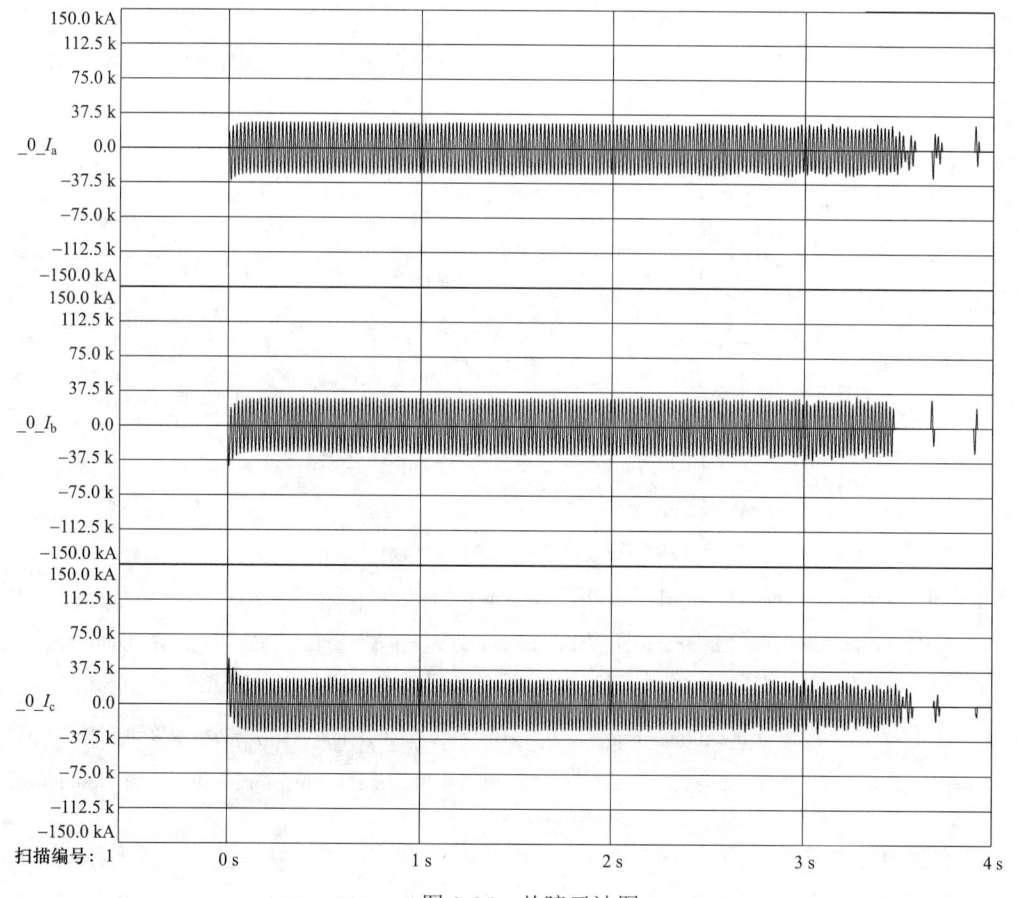


图 3-25　故障示波图

图 3-26　试验照片图

2. 不合格现象描述

从进行主回路动热稳定试验时，短时耐受电流持续时间 3.6s 时发现试验波形异常，电缆室有明显的电弧喷射，初步判断为电缆接头部位损伤严重。

3. 不合格原因分析

（1）电缆接头的载流截面不够。

（2）电缆接头的固定螺栓未紧固。

（3）电缆接头安装时受力不均匀导致电缆接头未安装到位。

# 第十节　内部故障电弧试验

## 一、试验过程

### （一）试验原理和接线

（1）具体内容请参照第二章高压开关柜第十二节内部故障电弧试验中的试验原理和接线的相关内容。

（2）试验主回路接线原理如图 3-27 所示。

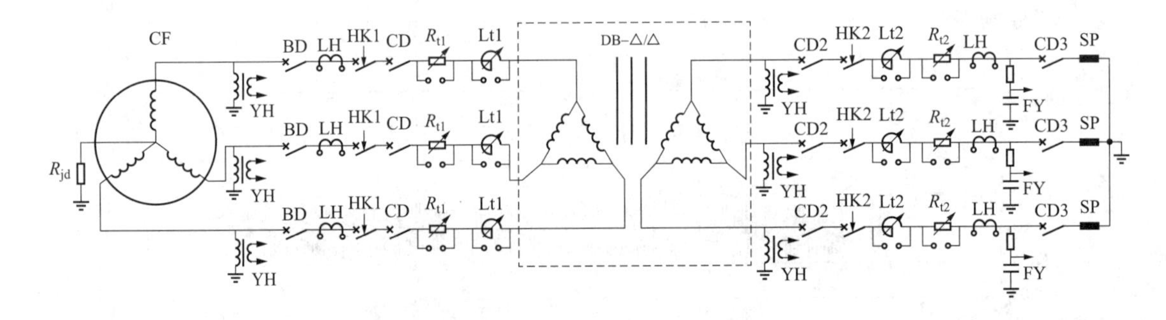


图 3-27　主回路接线原理图

CF—短路发电机（short-circuit generator）；BD—保护断路器（master circuit-breaker）；HK1、HK2—合闸开关（making switch）；CD、CD1、CD2—操作断路器（operation circuit-breaker）；$R_{t1}$—功率因数调节电阻（power factor resistor）；Lt1—调节电抗器（adjustable reactor）；DB—短路变压器（boostershort-circuit tensformer）；YH—电压互感器（voltage transformer）；LH—电流互感器（current transformer）；FY—阻容分压器（divider）；$R_{t2}$—功率因数调节电阻（power factor resistor）；Lt2—调节电抗器（adjustable reactor）；$R_{jd}$—接地电阻（earthing resistor）；SP—试品（test object）

### （二）试验方法

具体步骤：请参照第二章高压开关柜第十二节内部故障电弧试验中试验方法的相关内容。

## 二、结果判定

如果满足下述判据，就是IAC级金属封闭开关设备和控制设备（按照相关的可触及性型式）。

（1）判据1。

门和盖板没有打开。只要没有部件到达每一侧指示器或墙壁的位置（不管哪个是最近的），变形是可以接受的。试验后，开关设备和控制设备没有必要满足其规定的IP代码。把这一合格判据推广到比受试设备更靠近墙壁的设施，应满足以下两个附加条件：

1）永久的变形小于预期到墙壁的距离；

2）排出的气体没有直接朝向墙壁。

（2）判据2。

1）外壳没有开裂。

2）没有碎片或单个质量60g及以上的开关设备的其他部件飞出。

3）单个质量60g及以上的物体直接落在开关设备的地板上是可以接受的（对于可触及侧而言，这意味着物体落在开关设备和指示器架之间）。

（3）判据3：在高度不超过2m的可触及面上没有因电弧烧穿而形成孔洞。

（4）判据4：热气体或燃烧的液体未点燃指示器。

如果有证据证明指示器的点燃是由灼热粒子而不是热气体所引起的，可以认为满足了评估的判据。试验室可以采用由高速摄影机、摄像或任何其他适合的方法获得的照片以证明其结论。不包括油漆和粘贴物的燃烧导致的指示器的燃烧。

（5）判据5：外壳仍旧和接地点相连。外观检查通常足以判定是否满足。如有怀疑，应检查接地连接的连续性。

针对该检测项目不合格现象严重性程度进行初步分级，仅供参考，见表3-15。

**表3-15　　内部故障电弧试验不合格现象严重程度分级表**

| 序号 | 不合格现象 | 严重程度分级 | 结果判定依据 |
|---|---|---|---|
| 1 | 水平指示器点燃少数几片（天花板反射原因） | 轻微 | GB/T 3906 |
| 2 | 柜体侧板形成了很小的孔洞指示器未点燃 | 轻微 | |
| 3 | 柜体面板上故障指示器和带电指示器被热气体冲出固定位置并未造成指示器点燃 | 轻微 | |
| 4 | 电缆室门板打开一条缝并未造成指示器点燃 | 轻微 | |
| 5 | 指示器在热气体作用下大面积点燃 | 严重 | |
| 6 | 在可触及位置形成了较大的孔洞，指示器点燃 | 严重 | |
| 7 | 门板冲开（结构强度不够，固定拉铆拉出） | 严重 | |

## 三、案例分析

为确保电力系统中环网柜的安全可靠性，大多改善措施已经极大地提高了环网柜的安全防护能力。但是根据内部故障电弧试验情况，在实际检测工作中样机试品仍然存在着一些不合格现象，以下汇总了一部分由于设计缺陷和生产质量而造成试验失败的原因：

（1）环网柜柜体框架材质一般情况下为单层 2mm 敷铝锌板，在进行内部燃弧试验时如果不做处理的话很容易形成孔洞，这就要求产品设计时需要考虑环网柜的整体框架结构。

（2）电缆室中二次过线孔大部分不做封堵隔离，在进行电缆室燃弧试验时，热气体容易对机构室产生影响，甚至对辅助控制回路、机构室面板上的故障指示器和带电显示器造成影响，严重的将故障指示器和带电显示器冲飞出柜体表面，容易对人员造成伤害。

（3）目前环网柜的柜体框架多采用钣金折边工艺，大多数产品电缆室前门固定方式采用 6mm 螺栓紧固（柜门顶部只有两根螺栓），这样的强度远远不够，当电缆室发生内部电弧故障时很容易将电缆室门冲开，对人员造成伤害（这时应该充分考虑整体结构强度和泄压通道）。

（4）某些环网柜设计上存在欠缺，有些产品一次电缆接线高度达到 700mm 以上（在整个电缆室顶部），往后泄压板在整个电缆室的下部，电缆室的压力不能最短时间内泄出去，对电缆室的门将会造成很大的影响，很容易将电缆室门的上部位置冲开。

# 第四章 柱 上 开 关

本章所涉及柱上开关的内容仅适用于户外柱上断路器和柱上负荷开关。

1. 柱上开关定义

柱上开关是一种安装在户外12kV/24kV架空线路上，能够关合、承载和开断正常条件下的电流，在规定的时间内承载和或开断异常条件（如短路）下电流的机械开关设备。柱上开关形式多样，性能也各不相同。具体可以分为以下几种类型。

（1）按触头灭弧性能可分为断路器和负荷开关。

（2）按绝缘介质可分为空气（气体）绝缘、$SF_6$绝缘、油绝缘（技术已被淘汰，新设备不再使用）。

（3）按机构操作方式的不同，可分为电磁操动机构柱上开关（比较老的操动机构，一般多油或少油柱上开关是这种操动机构），弹簧操动机构柱上开关（目前最常见的操动机构，$SF_6$、真空开关一般配有这种机构），永磁操动机构柱上开关（最近几年推出的一种新的操动机构）。

（4）按控制器的功能可分为断路器、重合器、分段器。

（5）按出线套管的材质可分为瓷套管和硅橡胶套管等。

2. 柱上开关主要功能

柱上开关常见的有柱上断路器、柱上负荷开关，二者之间功能、使用地点方式有所区别。

（1）柱上断路器：断路器是指能够关合、承载和开断正常回路条件下的电流并能关合、在规定的时间内承载和开断异常回路条件下的电流的开关装置。断路器可用来分配电能，不频繁地启动异步电动机，对电源线路及电动机等实行保护，当它们发生严重的过载或者短路及欠压等故障时能自动切断电路，其功能相当于熔断器式开关与过欠热继电器等的组合。

（2）柱上负荷开关：柱上负荷开关是具有简单的灭弧装置，可以带负荷分、合电路的控制电器。能通断一定的负荷电流和过负荷电流，但不能断开短路电流，必须与高压熔断器串联使用，借助熔断器来切除短路电流。负荷开关是介于隔离开关和断路器之间的一种开关电器，主要用于线路的分段和故障隔离。

国家电网公司柱上开关抽样检测试验项目详见表 4-1，分为 A、B、C 三类。

表 4-1　　　　国家电网公司柱上开关抽样检测试验项目

| 序号 | 抽检类别 | 试　验　项　目 |
| --- | --- | --- |
| 1 | C 类 | 工频耐压试验 |
| 2 | | 主回路电阻测量 |
| 3 | | 机械操作和机械特性测量试验 |
| 4 | B 类 | 雷电冲击试验 |
| 5 | | 温升试验 |
| 6 | A 类 | 短时耐受电流和峰值耐受电流试验 |
| 7 | | 短路电流关合和开断试验 |
| 8 | | 机械寿命试验 |

表 4-1 中柱上开关的抽检试验项目：C 类（1．工频耐压试验，2．主回路电阻测量，3．机械操作和机械特性测量试验）；B 类（4．雷电冲击试验，5．温升试验）；A 类（6．短时耐受电流和峰值耐受电流试验）；均与高压开关柜同类抽检试验项目内容重复，在此说明如下。

（1）本章针对表 4-1 国家电网公司柱上开关抽样检测试验项目中相同部分，即试验概述、实验前准备、试验过程的试验方法、注意事项、试验后检查等内容不做重复介绍。需要时，请读者直接查阅第二章高压开关柜对应的相关试验内容。

（2）本章仅对表 4-1 国家电网公司柱上开关抽样检测试验项目中试验原理和接线、结果判定、案例分析的相关内容进行介绍。

（3）本章对柱上开关有如下说明。

1）本章对 A 类抽检试验项目中的短路电流关合和开断试验进行完整的详细介绍；

2）本章对 A 类抽检试验项目中的机械寿命试验进行完整的详细介绍。

## 第一节　工频耐压试验

### 一、试验过程

#### （一）试验原理和接线

（1）对于三个试验电压（相对地、相间、断口间）相等的一般情况，当柱上开关进行相间和对地工频耐压试验时，应依次将主回路每一相的导体与试验电源的高压端连接，同时，其他各相导体和壳体底架接地，并保证主回路的连通（例如，通过合上开关装置或其他方法）。

（2）对于开关装置断口试验电压高于相对地耐受电压的特殊情况，当柱上开关进行开

关断口（或隔离断口）之间工频耐压试验时，如果依次将主回路每一相的导体与试验电源的高压端连接，将试验电压施加在断口之间，试验电源另一端接地时，其他各相导体和壳体底架应与地绝缘。

（3）工频耐压试验原理接线图如图 4-1 所示，工频耐压试验布置照片如图 4-2 所示。

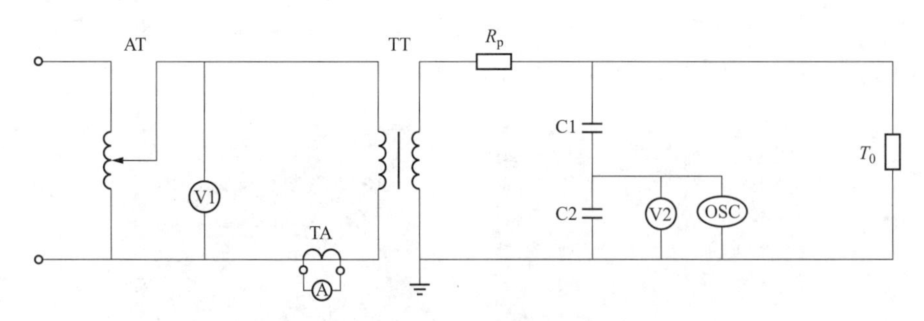


图 4-1 工频耐压试验原理接线图

AT—调压器；$R_p$—保护电阻；TA—电流互感器；TT—工频试验变压器；$T_0$—试品；A—电流表；C1—高压臂电容；C2—低压臂电容；V2—峰值电压表（voltmeter）；OSC—数字示波器（oscilloscope）

**（二）试验方法：**

具体步骤：请参照第二章高压开关柜第一节工频耐压试验中试验方法的相关内容。

图 4-2 工频耐压试验布置照片

## 二、结果判定

试验过程中，若柱上开关试品上没有发生破坏性放电，则通过了工频耐压试验。

针对该检测项目不合格现象严重性程度进行初步分级，仅供参考。参见表 4-2。

**表 4-2 不合格现象严重程度分级表**

| 序号 | 不合格现象 | 严重程度分级 | 结果判定依据 |
|---|---|---|---|
| 1 | 电压升高到试验电压，在规定的耐受时间（1min）内放电 | 轻微 | GB/T 11022 |
| 2 | 施加电压过程中，出现放电 | 严重 | |
| 3 | 电压施加不上去 | 严重 | |

## 三、案例分析

**【案例一】**

1. 案例概况

规格为 12kV/630A 的柱上断路器，断路器处于分闸位置，C 相断口出现破坏性放电，初步判断是 C 相断口绝缘下降，内部断口击穿。按照 GB/T 11022—2020《高压交流开关设备和控制设备标准的共用技术要求》的 6.2.5 条，判断试验不合格。

2. 不合格现象描述

断路器处于分闸位置，加压部位为 C 相一端端子，接地部位为 C 相另一端端子，要求施加为 48kV 的工频电压，偏差为±1%。试验时，第一次电压升到 17.39kV 时断路器 C 相第一次击穿，考虑到有可能绝缘自恢复，再次升压做试验，结果电压升到 17.15kV 时第二次击穿，工频耐压试验击穿电压值照片如图 4-3 所示。

工频电压试验第一次击穿电压

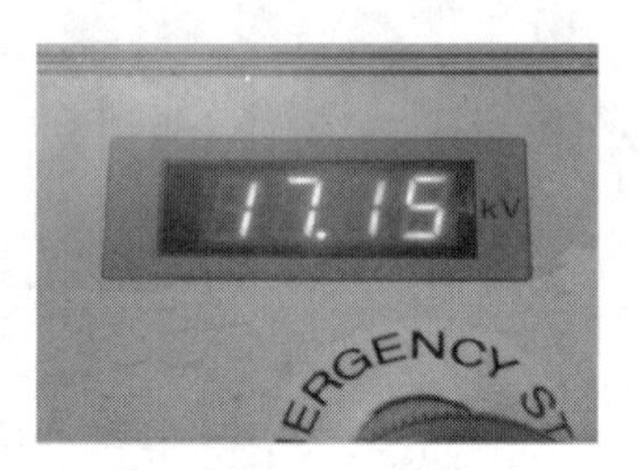


工频电压试验第二次击穿电压

图 4-3　工频耐压试验击穿电压值照片

3. 不合格原因分析

断路器断口处于合闸位置时，依次对三相施加 42kV 的工频试验电压，试验过程中未出现异常，排除了对地绝缘水平的问题，由于断路器的断口绝缘水平高于对地的绝缘水平，在进行断口的绝缘验证时，需要对断路器做对地的绝缘处理（现把断路器的安装支架放至符合绝缘要求的绝缘子上），在断路器断口处于分闸状态时，依次对三相施加 48kV 的工频试验电压，A 相与 B 相均未出现异常，在 C 相断口间两次施加电压分别升至 17.39kV、17.15kV 时发生击穿，由于断路器处于合闸时，相间及对地绝缘已经通过试验，所以分析可能是断路器的 C 相断口绝缘下降，内部断口击穿。可能存在真空断路器的真空灭弧室存在泄漏情况，真空度下降，造成绝缘性能的大幅度下降。试验后进行断口绝缘电阻的测量，绝缘电阻在几十千欧的水平，说明真空灭弧室的绝缘水平已经大幅度下降。

**【案例二】**

1. 案例概况

规格为 12kV/630A 的柱上断路器，断路器处于分闸位置，断路器断口试验时，A-a 断口电压升至 35kV 时，发生击穿现象；a-A 断口电压升至 3.2kV 时，发生击穿现象，按照 GB/T 11022—2020《高压交流开关设备和控制设备标准的共用技术要求》的 7.2.5 条，判断试验不合格。

2. 不合格现象描述

断路器处于分闸位置，加压部位为 A 相一端端子，接地部位为 A 相另一端端子，A-a 断口要求施加为 48kV 的工频电压，偏差为±1%。试验时，第一次电压升到 35kV 时断路器击穿，考虑到有可能绝缘自恢复，再次升压做试验，结果电压升到 35kV 时亦击穿，对加压部位进行调换，对 a-A 断口要求施加为 48kV 的工频电压，偏差为±1%。试验时，第

一次电压升到 3.2kV 时断路器击穿，考虑到有可能绝缘自恢复，再次升压做试验，结果电压升到 3.3kV 时也击穿。

3. 不合格原因分析

断路器断口处于闭合时，依次对三相施加 42kV 的工频试验电压，试验过程中未出现异常，排除了对地绝缘水平的问题，由于断路器的断口绝缘水平高于对地的绝缘水平，在进行断口的绝缘验证时，需要对断路器做对地的绝缘处理（现把断路器的安装支架放至符合绝缘要求的绝缘子上），在断路器断口处于分闸状态时，依次对三相施加 48kV 的工频绝缘，B 相与 C 相均未出现异常，在 A 相断口间依次进行 A-a 断口，a-A 断口施加 48kV 工频试验电压，电压分别升至 35kV、3.3kV 时发生击穿，由于断路器处于合闸时，相间及对地绝缘已经通过试验，所以分析可能是断路器的 A 相断口绝缘下降，内部断口击穿。可能存在真空断路器的真空灭弧室存在泄漏情况，真空度下降，造成绝缘性能的大幅度下降。试验后进行断口绝缘电阻的测量，A 相断口绝缘电阻为 1.27MΩ，B 相断口绝缘电阻为 567GΩ，C 相断口绝缘电阻为 190GΩ，A 相断口绝缘大幅度下降，试验后断口绝缘电阻值照片图如图 4-4 所示；说明真空灭弧室的绝缘水平大幅度下降，可能是 A 相灭弧室存在真空泄漏所致。

A相

B相

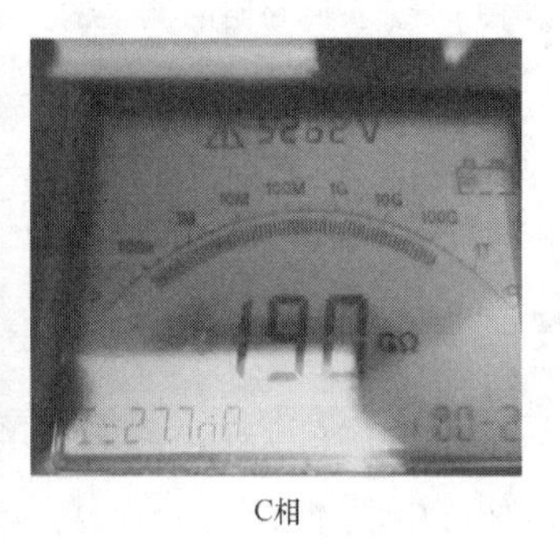


C相

图 4-4　试验后断口绝缘电阻值照片图

# 第二节　主回路电阻测量

## 一、试验过程

### （一）试验原理和接线

（1）本测量试验是为了检查柱上开关主导电回路连接是否可靠，材料导电性能是否符合要求的检测试验。通常使用直流电阻测试仪，试验电流应该取 100A 到柱上开关额定电流之间的任意值，测量柱上开关进线侧至出线侧的直流电阻值。

（2）如果受试样机没有温升试验，则需参照型式试验的试验结果；若测量所得电阻值为 $R$，依据 GB/T 11022 的要求：$R<1.2R_u$（其中：$R_u$ 为柱上开关型式试验时温升试验前的

主回路电阻测量值）。

（3）如果受试样机也有温升试验，则试验后在同一位置测量的主回路电阻也不应该超过试验前测量值的 20%。

（4）主回路电阻测量试验原理接线图如 4-5 所示，主回路电阻测量试验接线照片如图 4-6 所示。

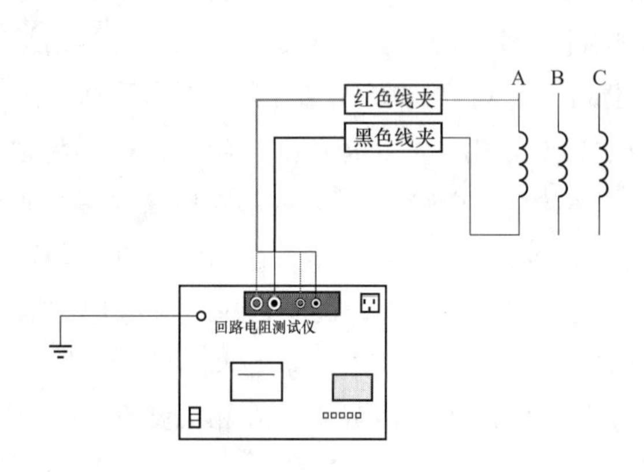


图 4-5　主回路电阻测量试验原理接线图

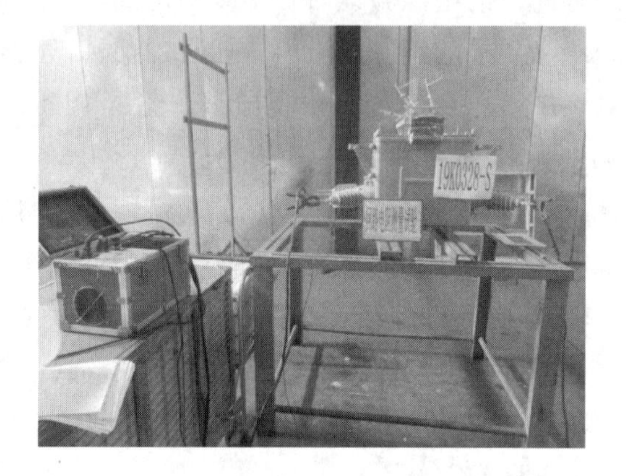


图 4-6　主回路电阻测量试验接线照片

**（二）试验方法**

具体步骤请参照第二章高压开关柜第二节主回路电阻测量中试验方法的相关内容。

## 二、结果判定

（1）对于受试样机没有温升试验的情况，依据标准 GB/T 11022 的要求：如果测量所得电阻值：$R<1.2R_u$（其中：$R_u$ 为柱上开关型式试验时温升试验前的主回路电阻测量值），判定试验结果合格；反之，则判定不合格。

（2）对于受试样机有温升试验的情况，在满足上述判定条件（1）的同时，也必须满足试验后在同一位置测量的主回路电阻不应该超过试验前测量值的 20%。

针对该检测项目不合格现象严重性程度进行初步分级，仅供参考。不合格现象严重程度分级表见表 4-3。

**表 4-3　　不合格现象严重程度分级表**

| 序号 | 不合格现象 | 严重程度分级 | 结果判定依据 |
|---|---|---|---|
| 1 | $1.2R_u$≤实测电阻值 $R≤1.5R_u$ | 轻微 | GB/T 3906<br>GB/T 11022 |
| 2 | 温升试验前后电阻差值超过 20% | 轻微 | |
| 3 | 实测电阻值 $R>1.5R_u$ | 严重 | |
| 4 | 温升试验前后电阻差值超过 50% | 严重 | |

## 三、案例分析

1. 案例概况

型号为 LW3H-12/630-20 的柱上开关；环境温度：16.8℃。

对试品进行主回路电阻测量，试验所测数据为 A 相回路电阻为 136.3μΩ，B 相为 300.6μΩ，C 相为 140.5μΩ。测量部位为主回路的进出线端子之间，回路电阻要求的最大值（$1.2R_u$）为 150μΩ。

2. 不合格现象描述

试品 B 相回路电阻值超过最大要求值 150μΩ。

3. 不合格原因分析

对试品 A、B、C 三相回路电阻在同一测量部位测量三次，主回路电阻数据测量表见表 4-4。

**表 4-4　　主回路电阻数据测量表**

| 相别/次数 | 第一次 | 第二次 | 第三次 |
|---|---|---|---|
| A 相（μΩ） | 136.3 | 135.8 | 136.5 |
| B 相（μΩ） | 300.6 | 301.0 | 300.9 |
| C 相（μΩ） | 140.5 | 140.2 | 140.7 |

B 相数据稳定均在 300μΩ 左右，超过最大要求值 150μΩ，故判定不合格。

试品为三相共操机构的断路器，试品处于合闸状态时，且 A、C 两相的回路电阻测量值满足要求，检查机构已合闸到位，且此产品不带隔离开关，不存在隔离开关接触不良造成的回路电阻超标，原因可能在于操作机构未安装好，造成 B 相的触头接触不良，导致了该相回路电阻超标。

# 第三节　机械操作和机械特性测量试验

## 一、试验过程

### （一）试验原理和接线

（1）具体内容请参照第二章高压开关柜第三节机械操作和机械特性测量试验中的试验原理和接线的相关内容。

（2）机械操作和机械特性测量试验原理图如图 4-7 所示，机械操作和机械特性测量试验接线图如图 4-8 所示，机械操作和机械特性测量试验照片如图 4-9 所示。

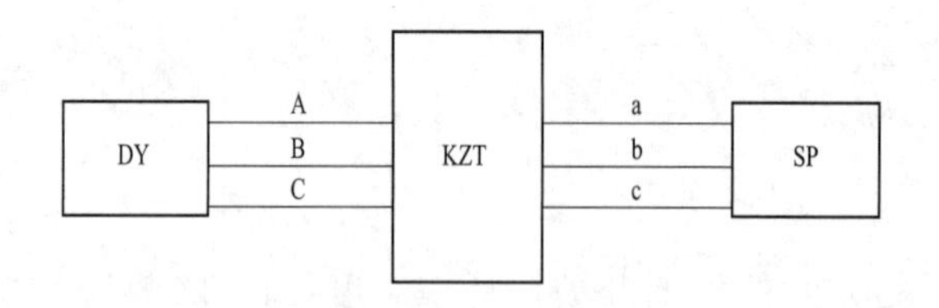


图 4-7　机械操作和机械特性测量试验原理图

DY—交直流电源；KZT—PLC 程序寿命控制台；A、a—储能电源；B、b—合闸电源；C、c—分闸电源；SP—试品

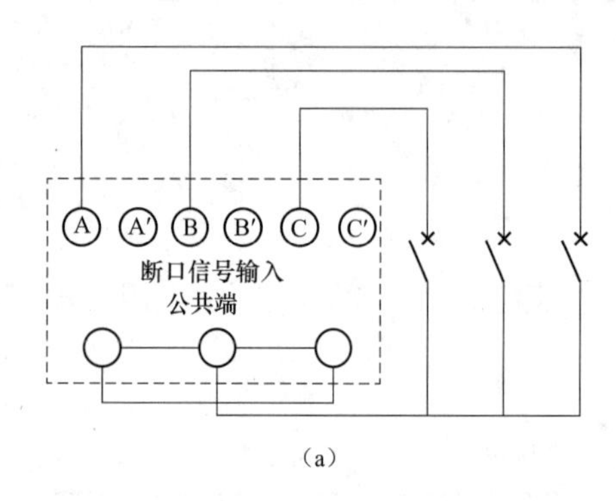


(a)

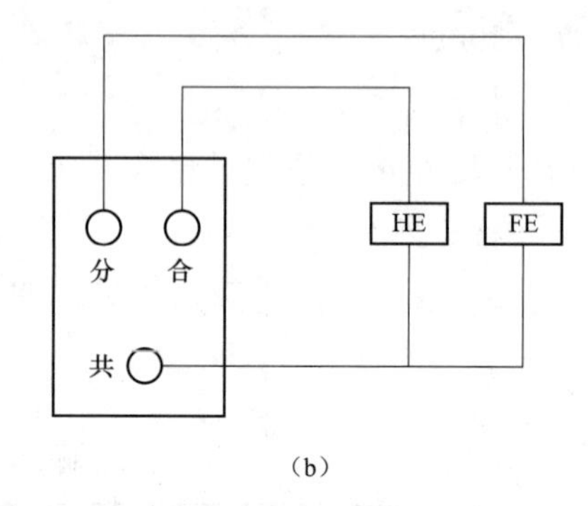


(b)

图 4-8　机械操作和机械特性测量试验接线图

(a) 断口的连接；(b) 合、分闸信号线的连接

### （二）试验方法

具体步骤请参照第二章高压开关柜第三节机械操作和机械特性测量试验中试验方法的相关内容。

图 4-9　机械操作和机械特性测量试验照片

## 二、结果判定

机械试验中及试验后，试品应能正常地操作，一般以满足下列全部要求作为机械试验合格判据。

（1）试验后，柱上开关应符合产品标准或技术条件规定的机械操作性能要求。

（2）试验后，试品的机械特性应符合技术条件的有关规定。

针对该检测项目不合格现象严重性程度进行初步分级，仅供参考。不合格现象严重程度分级表见表 4-5。

**表 4-5　　不合格现象严重程度分级表**

| 序号 | 不合格现象 | 严重程度分级 | 结果判定依据 |
|---|---|---|---|
| 1 | 柱上开关在最高和最低操作电压下进行机械试验，发生动作异常或机械特性参数不在规定范围内 | 轻微 | GB/T 1984 |

续表

| 序号 | 不合格现象 | 严重程度分级 | 结果判定依据 |
|---|---|---|---|
| 2 | 柱上开关在额定操作电压下进行机械试验，发生动作异常或机械特性参数不在规定范围内 | 严重 | GB/T 1984 |

## 三、案例分析

1. 案例概况

规格为 AC10kV/630A/20kA 的柱上断路器机械特性测量试验时，分闸时间不满足技术规范要求，试验不合格。

2. 不合格现象描述

按标准规定要求，机械特性需要在最高，额定，最低操作电压下分别进行测量，测得最高，额定操作电压下的分闸时间分别为 30、40ms，而最低操作电压下的分闸时间为 53ms，而技术规范规定的分闸时间为≤45ms，最低操作电压下的分闸时间不满足要求，判断试验不合格，机械行程特性曲线图如图 4-10 所示。

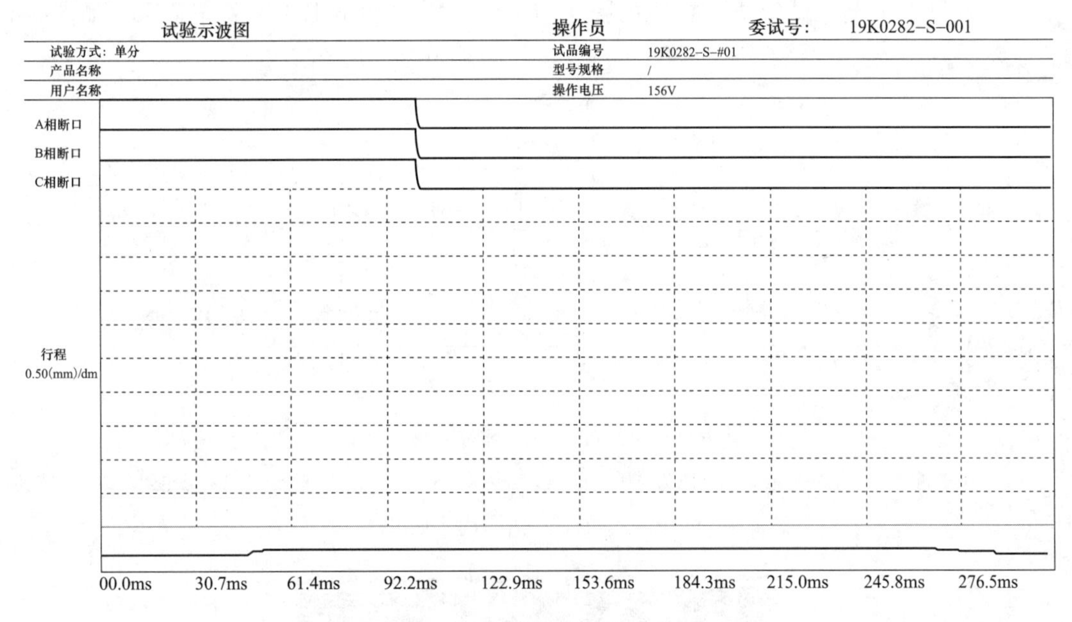


图 4-10 机械行程特性曲线图

3. 不合格原因分析

（1）此试验的最低操作电压下测得的分闸时间不符合要求，可能由于分闸线圈选用不合理，分闸线圈得电后，动作缓慢，造成分闸时间过长。

（2）弹簧机构的弹簧储能不足导致分闸速度降低。

（3）操动机构调整不良，分闸弹簧弹力不足或传动连杆卡涩造成分闸时间过长。

（4）断路器本体调整不良，超行程偏大、触头压力过大、触指抱得过紧。

# 第四节　雷电冲击试验

## 一、试验过程

### （一）试验原理和接线

（1）对于三个试验电压（相对地、相间、断口间）相等的一般情况，当柱上开关进行相间和对地雷电冲击电压试验时，应依次将主回路每一相的导体与试验电源的高压端连接，同时，其他各相导体和外壳体接地，并保证主回路的连通（例如，通过合上开关装置或其他方法）。

（2）对于开关装置断口试验电压高于相对地耐受电压的特殊情况，当柱上开关进行开关断口（或隔离断口）之间雷电冲击电压试验时，如果依次将主回路每一相的导体与试验电源的高压端连接，将试验电压施加在断口之间，试验电源另一端接地时，其他各相导体和外壳体应与地绝缘。

（3）雷电冲击电压试验原理接线如图 4-11 所示，雷电冲击电压试验布置照片如图 4-12 所示。

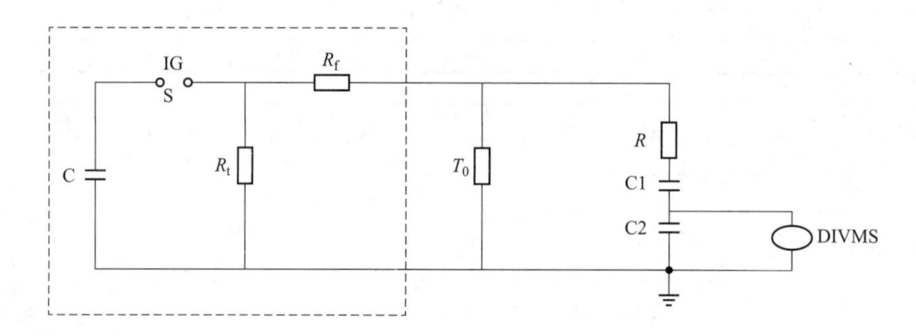


图 4-11　雷电冲击电压试验原理接线图

C—冲击发生器主电容；$R_f$—波头电阻；$R_t$—波尾电阻；S—冲击点火球隙；$R$—阻尼电阻；C1—高压臂电容；$T_0$—试品；C2—低压臂电容

图 4-12　雷电冲击电压试验接线照片

### （二）试验方法

具体步骤请参照第二章高压开关柜第九节雷电冲击试验中试验方法的相关内容。

## 二、结果判定

具体内容请参照第二章高压开关柜第九节雷电冲击试验中结果判定的相关内容。

针对该检测项目不合格现象严重性程度进行初步分级，仅供参考。不合格现象严重程度分级表见表 4-6。

表 4-6 不合格现象严重程度分级表

| 序号 | 不合格现象 | 严重程度分级 | 结果判定依据 |
|---|---|---|---|
| 1 | 对于自恢复绝缘，施加 15 次冲击时，最后 5 次中出现 1 次击穿，追加 5 次冲击，再次发生击穿；追加到 25 次击穿，仍发生击穿 | 轻微 | GB/T 11022 |
| 2 | 对于自恢复绝缘，施加 15 次冲击时，最后 5 次中出现 2 次击穿，追加 5 次冲击，再次发生击穿 | 轻微 | |
| 3 | 对于自恢复绝缘，15 次冲击中连续 3 次击穿 | 严重 | |
| 4 | 对于非自恢复绝缘，15 次冲击中发生 1 次击穿 | 严重 | |

## 三、案例分析

**【案例一】**

1. 案例概况

规格为 AC10kV/630A/20kA 的户外交流高压 $SF_6$ 断路器，断路器处于合闸位置，C-ABabcF 正极性时出现击穿，初步判断是对地绝缘受损。

2. 不合格现象描述

断路器处于合闸位置时，加压部位为 C 相，接地部位为 ABabcF，要求施加为 75kV 的雷电冲击电压值，实际大气参数为 $P$= 101.7kPa；环境温度 $t$=26.6℃；相对湿度：38% 计算为大气修正因数 $K_t$=0.9692。故实际施加的要求值为 72.69kV，偏差为±3%。试验施加电压为 72.7kV 时，连续击穿 4 次，击穿电压分别为 71.1kV，70.4kV，72.1kV，72.1kV；按照 GB/T 11022—2020《高压交流开关设备和控制设备标准的共用技术要求》的 7.2.5 条，可以判断试验不合格。四次击穿的雷电冲击试验波形图如图 4-13 所示。

3. 不合格原因分析

断路器在合闸的位置时，加压部位为 A 相，接地为 BCbcF，施加电压 15 次，未发生击穿现象，但加压部位为 B 相，接地为 ACacF，施加电压 15 次，也没有发生击穿现象，当施加部位为 C 相，接地为 ABabF，施加电压连续 4 次发生击穿现象，可以判断击穿存在于 C 相对地的绝缘，可能是 C 相的绝缘拉杆及绝缘支撑件存在绝缘缺陷。

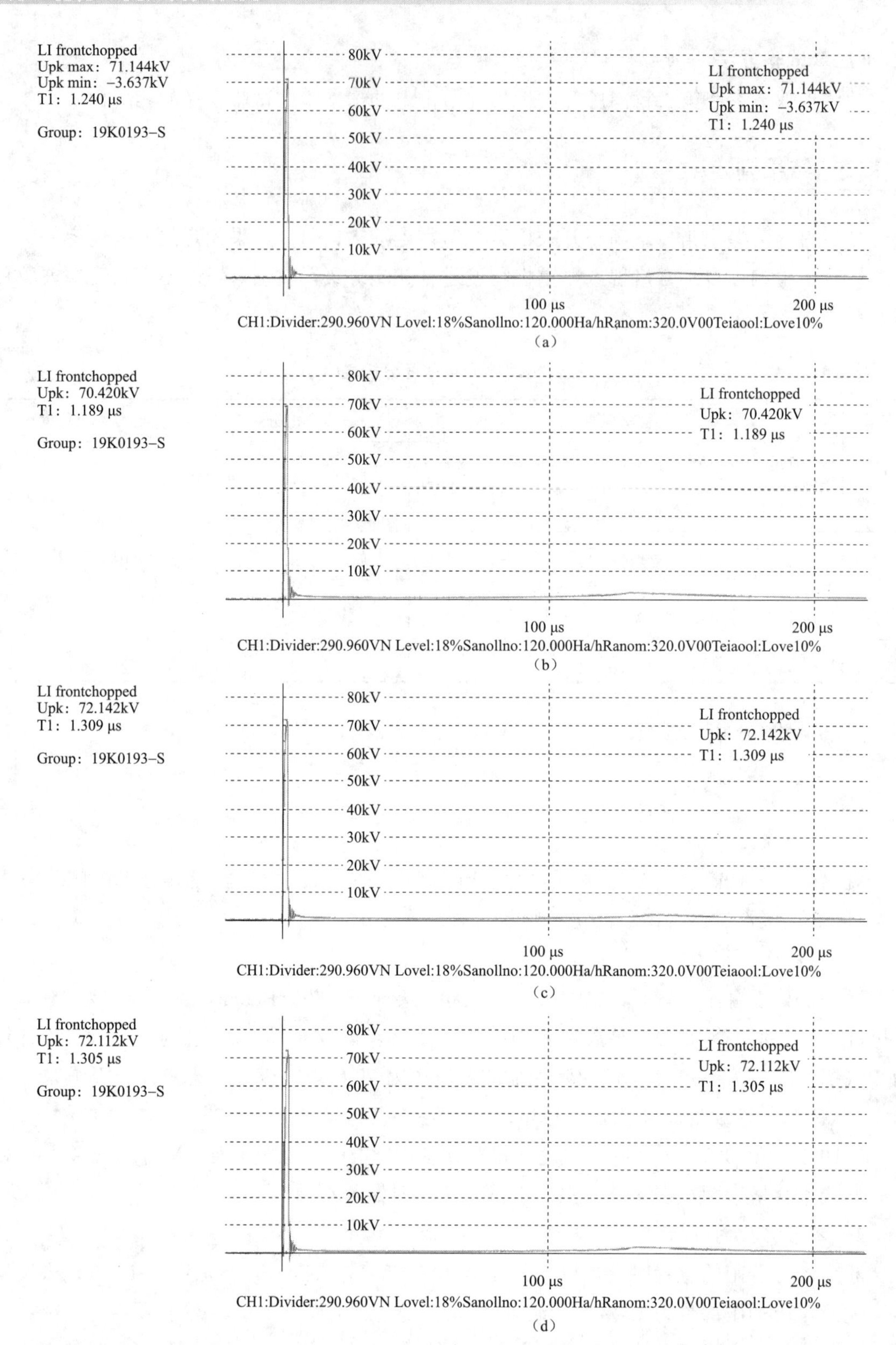


图 4-13　四次雷电冲击试验击穿示波图

（a）击穿电压为 71.1kV；（b）击穿电压为 70.4kV；（c）击穿电压为 72.1kV；（d）击穿电压为 72.1kV

**【案例二】**

1. 案例概况

规格为 AC20kV/630A/20kA 的柱上断路器，断路器处于合闸位置，雷电冲击电压试验时，C 相对地击穿。

2. 不合格现象描述

断路器处于合闸位置时，加压部位为 Cc 相，接地部位为 ABabF，要求施加为 125kV 的雷电冲击值，实际大气参数为 $P$= 01.1kPa；环境温度 $t$=24.5℃；相对湿度：65% 计算为大气修正因数 $K_t$=0.9829。故实际施加的要求值为 122.9kV，偏差为±3%。试验施加电压为 122.9kV 时，连续击穿 3 次，击穿电压分别为 117、116.9、117.9kV 按照 GB/T 11022—2020 的 7.2.5 条的判断依据，可以判断试验不合格。3 次击穿的雷电冲击电压波形图如图 4-14 所示。

3. 不合格原因分析

断路器在合闸状态下，施加 125kV 雷电冲击电压时，发生对地击穿，而在断路器分闸状态下，C-c 和 c-C 加压下均未发生击穿，在进行断口验证时，由于断路器安装支架处于对地绝缘状态，不考虑对地的绝缘，试验发现断路器的断口未存在缺陷，不合格分析原因可能在于 C 相的支撑绝缘子的绝缘存在缺陷，而且试验击穿值在临界附近，可能存在选用的绝缘子绝缘水平选用的下偏差造成的。

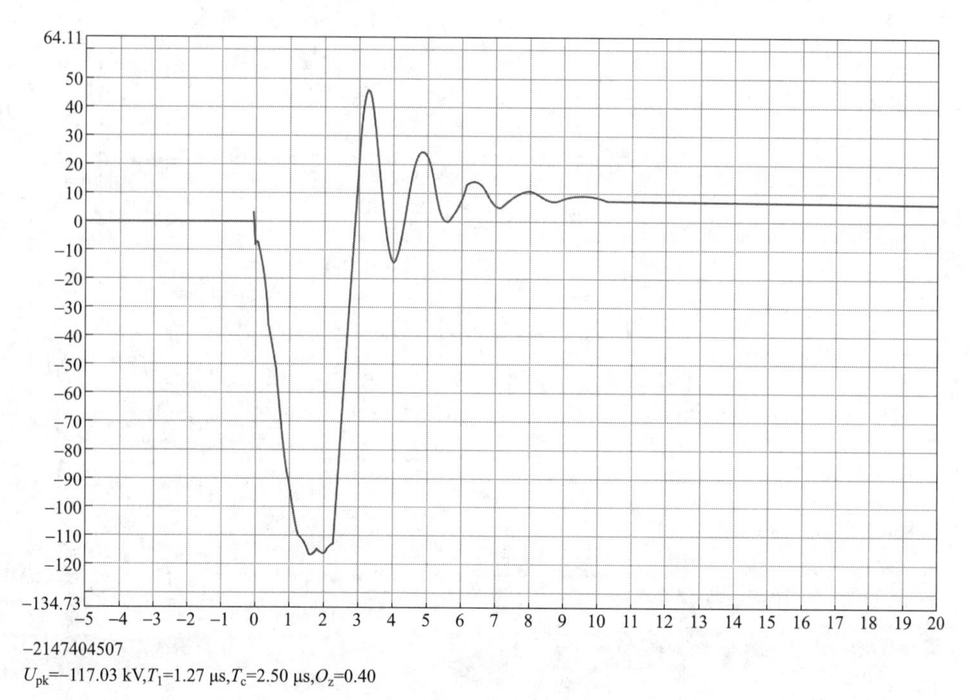


（a）

图 4-14 3 次雷电冲击试验击穿示波图（一）

（a）第一次击穿电压 117kV

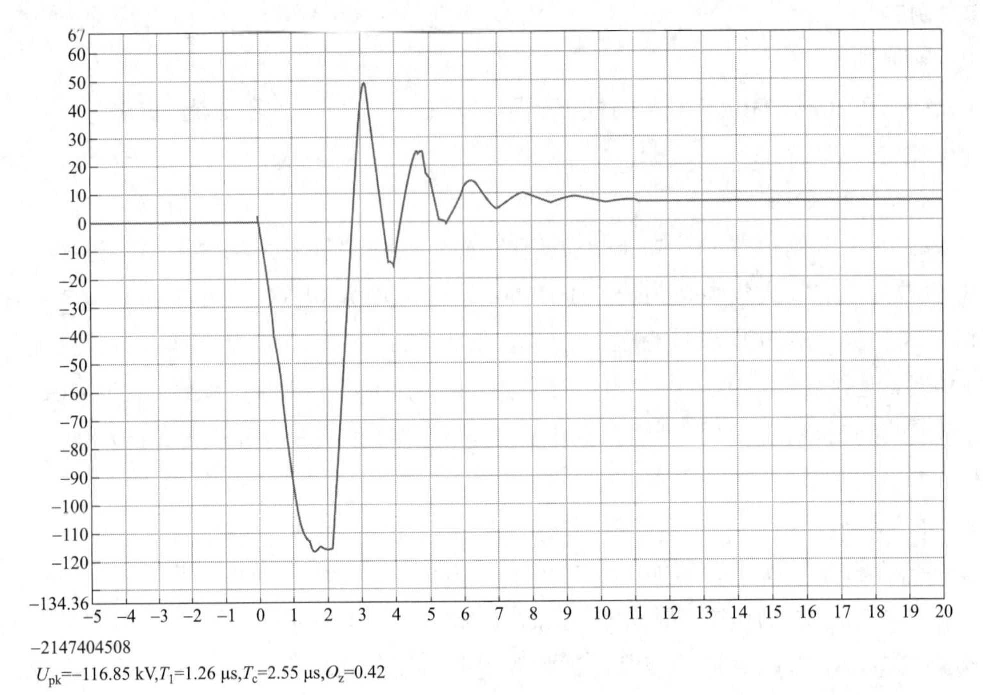


（b）

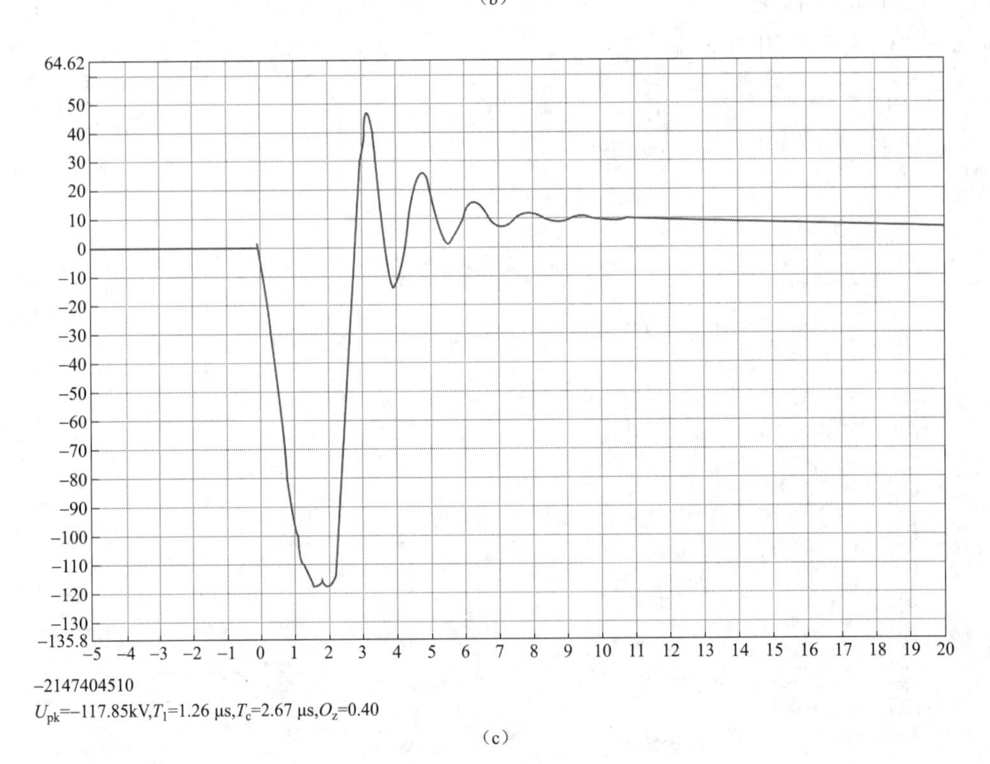


（c）

图 4-14　3 次雷电冲击试验击穿示波图（二）

（b）第二次击穿电压 116.9kV；（c）第三次击穿电压 117.9kV

# 第五节 温 升 试 验

## 一、试验过程

### （一）试验原理和接线

（1）柱上开关正常运行时是长期载流的电气设备，因为导体自身及各连接部位搭接工艺等原因，回路中存在一定的电阻，当电流流过整条回路时就会产生热损耗，并且交变电磁场作用于导体周围的铁磁物体和绝缘介质也会产生铁磁损耗和介质损耗，这些都属于热源。

（2）这些热源产生的热量使柱上开关的温度升高，同时以不同的散热方式向周围介质散热，而保持相对恒定的温度，这个温度减去环境温度就是柱上开关稳定的温升。

（3）温升试验原理接线如图 4-15 所示，温升试验接线照片如图 4-16 所示，温升试验测温点示意图如图 4-17 所示。

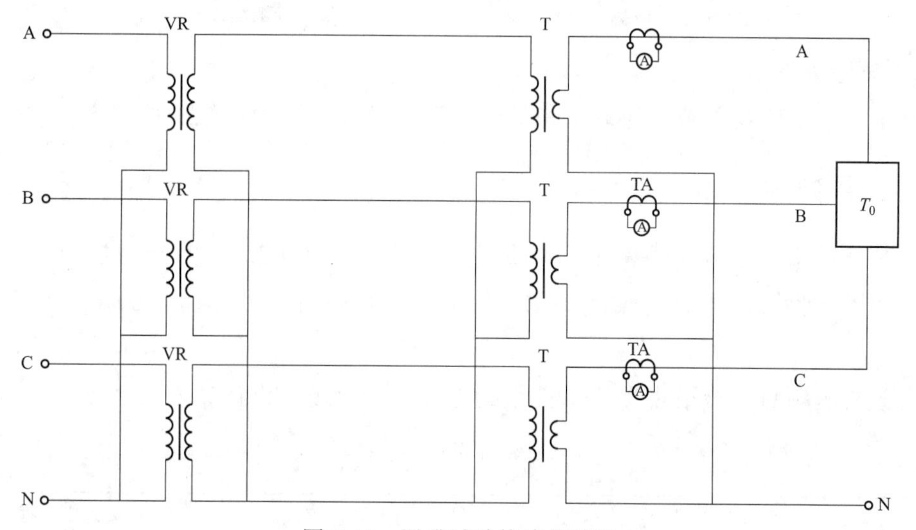


图 4-15 温升试验接线原理图

VR—调压器（voltage-regulator）；TA—电流互感器（current transformer）；T—升流器（transformer）；$T_0$—试品（test object）

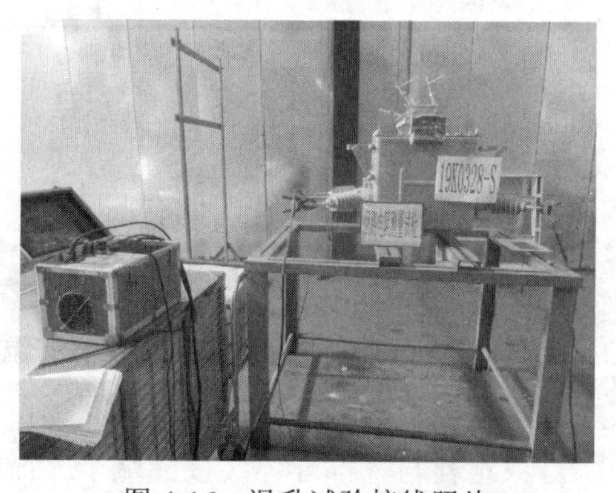


图 4-16 温升试验接线照片

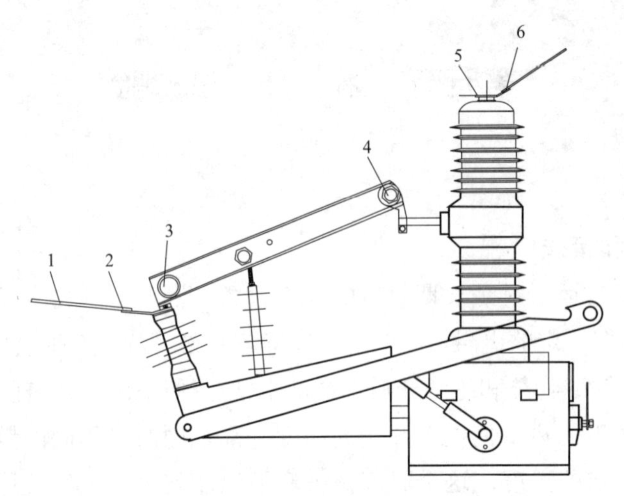


图 4-17 温升试验测温点示意图

1—距离端子 1m 处的临时连接处测温点；2、6—主回路端子测温点；

3、4—隔离开关触头处测温点；5—固定连接处测温点

**（二）试验方法**

具体步骤请参照第二章高压开关柜第十节温升试验中试验方法的相关内容。

## 二、结果判定

（1）各部件温升不应超过表 2-30 的规定，否则，应认为试品没有通过试验。

（2）如果试验后在同一位置测量的回路电阻超过试验前测量值的 20%，也认为试验不合格。

针对该检测项目不合格现象严重性程度进行初步分级，仅供参考。参见表 4-7。

**表 4-7　　不合格现象严重程度分级表**

| 序号 | 不合格现象 | 严重程度分级 | 结果判定依据 |
| --- | --- | --- | --- |
| 1 | 温升满足要求，回路电阻超过 20% | 轻微 | GB/T 11022 |
| 2 | 温升超过规定值，10K 以内 | 中度 | |
| 3 | 温升超过规定值，10K 以上 | 严重 | |

## 三、案例分析

1. 案例概况

规格为 AC10kV/630A 的柱上开关，温升稳定后试品进出线接线端子的温升超过要求值。

2. 不合格现象描述

测得环境温度为 20℃，接线端子的温升值为 75℃，端子的温升极限值为 55K，而断路器的导电材料为铜，但接线端子部位未进行镀层处理，为裸铜，接线端子的温升值参照表 2-30 的规定，此部位为：螺钉或螺栓与外部导体连接的端子，而表中规定为温升极限值为

50K，而实测值为 55K，试验为不合格。

3. 不合格原因分析

温升前后测得的回路电阻无异常，试品进出线铜排的规格为 40×6，原因如下。

（1）导电材质问题，通流能力不够。

（2）所用的铜排尺寸偏小造成通流能力不够。

（3）由于螺钉或螺栓与外部导体连接的端子未进行镀层处理，温升极限值比较小。

（4）此断路器带隔离开关，隔离开关的接触压力比较小。

# 第六节　短时耐受电流和峰值耐受电流试验

## 一、试验过程

### （一）试验原理和接线

（1）短时耐受电流试验是验证柱上开关在规定的时间内流过短路电流时，不产生过高的温度，触头不会发生熔焊，即短时热效应能力。

（2）峰值耐受电流试验是验证柱上开关流过短路电流时承受电动力的能力，主回路元件不应出现变形、触头不会打开等。

（3）GB/T 11022—2020 规定的额定短路持续时间的标准值为 2s；其他推荐值为 3s 和 4s。

（4）试验主回路接线原理如图 4-18（三相）所示、试验试品布置如图 4-19 所示，通过调节线路中阻抗以满足各试验参数的要求。

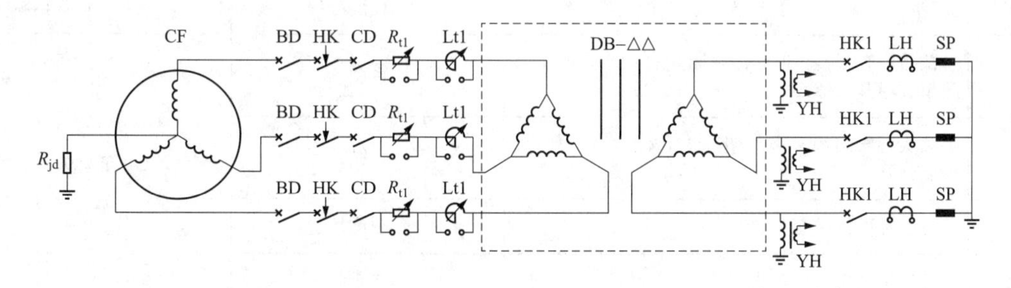


图 4-18　试验主回路接线原理

CF—短路发电机（short-circuit generator）；BD—保护断路器（master circuit-breaker）；HK、HK1—合闸开关（making switch）；CD—操作断路器（operation circuit-breaker）；$R_{t1}$—功率因数调节电阻（power factor resistor）；Lt—调节电抗器（adjustable reactor）；DB—短路变压器（boostershort-circuit trensformer）；YH—电压互感器（voltage transformer）；LH—电流互感器（current transformer）；$R_{jd}$—接地电阻（earthing resistor）；SP—试品（test object）

### （二）试验方法

具体步骤请参照第二章高压开关柜第十一节短时耐受电流和峰值耐受电流试验中试验方法的相关内容。

图 4-19　试验试品布置

## 二、结果判定

（1）试验中不应出现触头分离、出现电弧。

（2）试品各个部件不应有明显的损坏。

（3）试验后应立即进行空载操作，触头应能在第一次操作即可分开。

（4）试验后柱上开关主回路电阻的增加不超过试验前的 20%。如果电阻的增加超过 20%，同时又不可能用目测检查证实触头的状况，应进行一次附加的温升试验，温升不超过规定值。

针对该检测项目不合格现象严重性程度进行初步分级，仅供参考。短时耐受和峰值耐受电流试验不合格现象严重程度分级表见表 4-8。

**表 4-8　　　短时耐受和峰值耐受电流试验不合格现象严重程度分级表**

| 序号 | 不合格现象 | 严重程度分级 | 结果判定依据 |
|---|---|---|---|
| 1 | 试品没有损伤，但回路电阻超过 20%，触头温升超过温升限值 | 轻微 | GB/T 11022 |
| 2 | 触头轻微熔焊，施加超过 120%的操作力时触头能分开 | 轻微 | |
| 3 | 发生轻微机械变形 | 中度 | |
| 4 | 发生机械损伤，触头不能分开 | 严重 | |

## 三、案例分析

1. 案例概况

柱上断路器开关设备规格为 12kV/630A，动热稳定电流为 20kA，试验后柱上断路器所带的隔离开关发生熔焊。异常试验示波图如图 4-20 所示。触头熔焊照片如图 4-21 所示。

2. 不合格现象描述

在进行主回路动热稳定试验后，检查柱上开关的外观，试后发现 C 相的隔离开关有熔焊现象，手动试图打开隔离开关，未能顺利打开隔离开关。

3. 不合格原因分析

由于此断路器带有隔离开关，C 相隔离开关的触头压力不够，在短时耐受与峰值耐受电流过程中，由于存在电动力，动静触头有轻微抖动现象，回路的电阻增大，造成触头的熔焊。

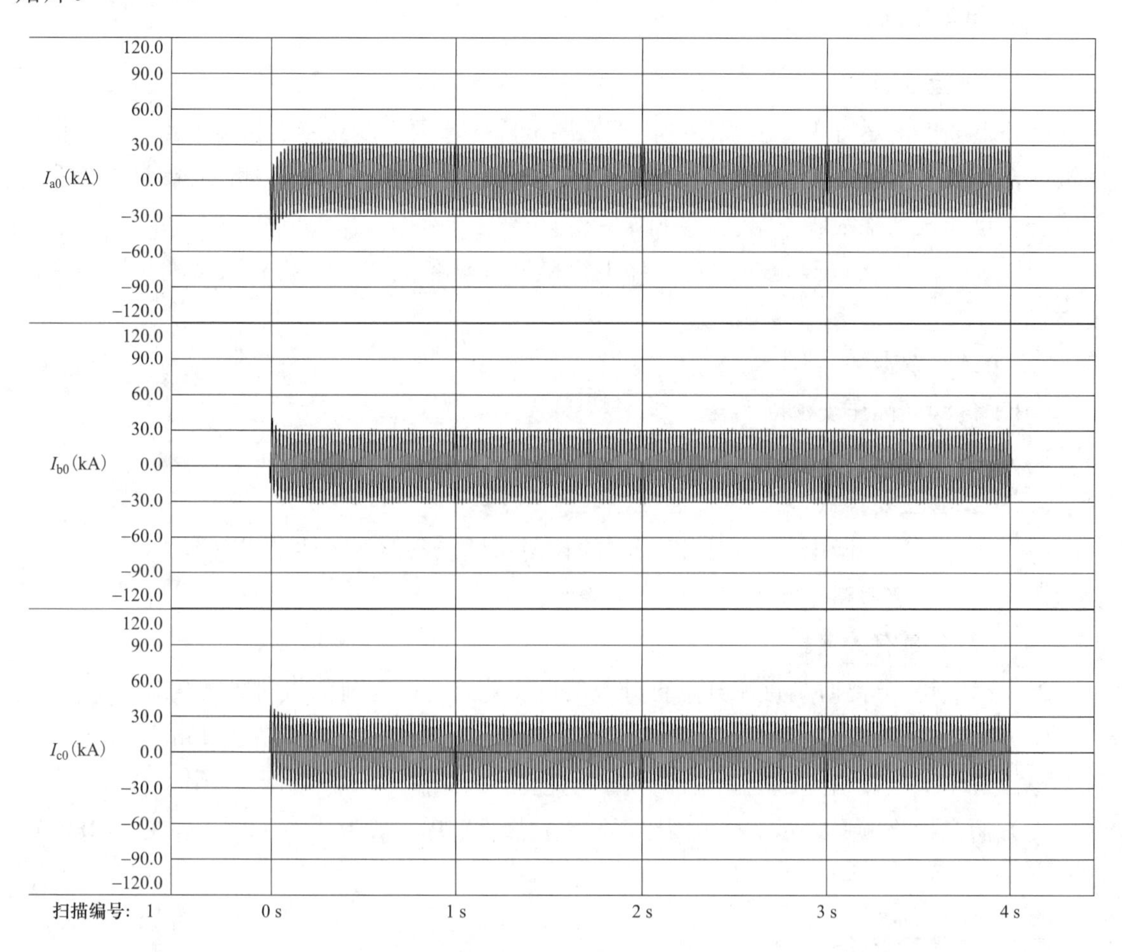


图 4-20 异常试验示波图

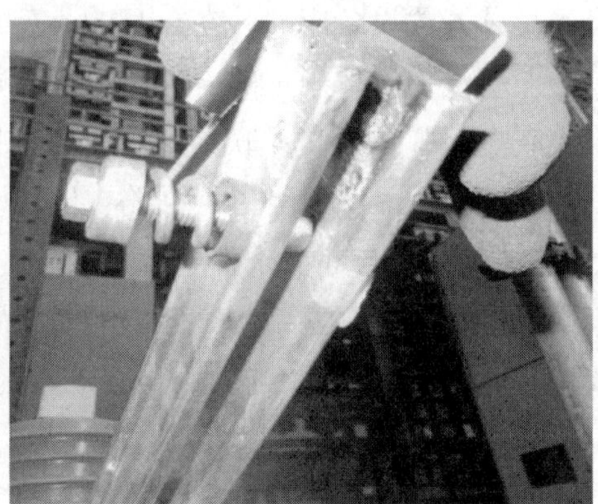

图 4-21 触头熔焊照片

# 第七节 短路关合和开断试验（柱上断路器）

## 一、试验概述

### （一）试验目的

断路器在实际运行中，当线路中出现短路故障时，要求断路器能快速及可靠地切除短路故障，不仅要保证电力系统正常运行状态下安全、可靠地供电，而且还要保证在多种异常状态下迅速地切除故障。

短路关合和开断试验是在规定条件下检验开关设备能够关合和开断预期短路电流的能力。

### （二）试验依据

GB/T 1984《高压交流断路器》

DL/T 402《高压交流断路器》

### （三）试验主要参数

（1）额定短路开断电流：在标准规定的使用和性能条件下，柱上断路器所能开断的最大短路电流。额定短路开断电流由两个值表征：

1）交流分量有效值。

2）导致触头分离时刻直流分量百分数的额定短路开断电流的直流时间常数。

（2）额定短路关合电流：对于额定频率为50Hz且时间常数标准值为45ms，额定短路关合电流等于额定短路开断电流交流分量有效值的2.5倍。

（3）额定操作顺序：对于柱上断路器，额定操作顺序一般为：O-（0.3s）-CO-（180s）-CO。

## 二、试验前准备

（1）受试开关设备应安装在自身的支架或与之等效的支架上。

（2）操动机构应按规定的方式进行操作，特别是，如果它是电动或弹簧操作的，合闸线圈或并联合闸脱扣器和并联分闸脱扣器分别应在最低电源电压下保证成功的操作。

（3）试验前试品一般需进行回路电阻测量、机械特性测量、工频耐压的试验。

### （一）试验装备与环境条件

（1）试验装备：试验用的试验电源可以是冲击发电机，也可以直接使用电网供电系统进行试验，但考虑到试验对电网供电系统电能质量的影响，断路器的开断和关合试验的试验电源一般都是选用冲击发电机组开展试验，短路关合和开断试验仪器设备参数表见表4-9。

（2）环境条件：柱上断路器的短路关合和开断能力试验在正常周围空气条件下进行，试验周围空气条件无特殊要求，试验过程中记录空气湿度和空气温度及大气压力值。

表 4-9　　短路关合和开断试验仪器设备参数表

| 仪器设备名称 | 参数 | 准确级 |
|---|---|---|
| 冲击发电机组 | 3200MVA | — |
| 试验变压器 | 变比 12kV/12.6kV 12/25.6kV | — |
| 工频试验变压器成套装置 | 高压侧额定电流大于 0.5A | 电压：±3%<br>时间：±3% |
| 数据采集系统 | — | — |

### （二）试验前的检查

（1）检查试验设备：试验前检查试验设备是否完好，测量仪表应在校准有效期内。

（2）检查样机试品：检查试品是否装配完整。

（3）试验前应对开关设备进行一次分合闸操作，保证其操作正常。

## 三、试验过程

### （一）试验原理和接线

（1）断路器的基本短路关合和开断试验方式有 T10、T30、T60、T100s，T100a；T100s 为满容量对称开断及关合试验，T100a 为满容量非对称开断。

（2）T10、T30、T60、T100s 的试验方式为 O-CO-CO，T100a 为非对称 3 个单分操作。

（3）短路关合和开断试验原理接线图如图 4-22 所示，短路关合和开断试验接线照片如图 4-23 所示。

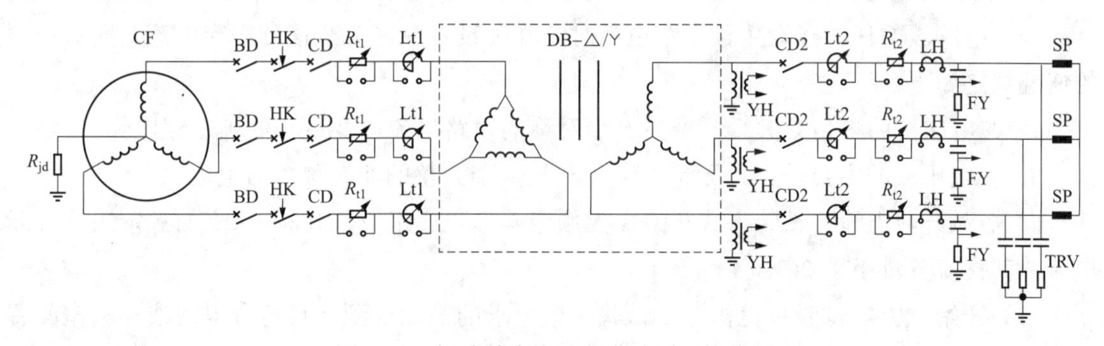


图 4-22　短路关合和开断试验原理接线图

CF—短路发电机（short-circuit generator）；BD—保护断路器（master circuit-breaker）；HK—合闸开关（making switch）；CD—操作断路器（operation circuit-breaker）；$R_{t1}$—功率因数调节电阻（power factor resistor）；Lt1—调节电抗器（adjustable reactor）；DB—短路变压器（boostershort-circuit transformer）；YH—电压互感器（voltage transformer）；Lt2—调节电抗器（adjustable reactor）；FY—分压器（divider）；$R_{t2}$—功率因数调节电阻（power factor resistor）；$R_{jd}$—接地电阻（earthing resistor）；SP—试品（test object）；TRV—暂态回复电压（transient recovery voltage）；$R_{t2}$—限流电阻（limit resistor）；CF—模拟电容（simulate capacitance）；LH—电流互感器（current transformer）

### （二）试验方法

（1）额定短路开断电流和关合电流根据断路器的使用工况确认，柱上断路器的短路开断电流多为 20kA，短路关合电流为 50kA。

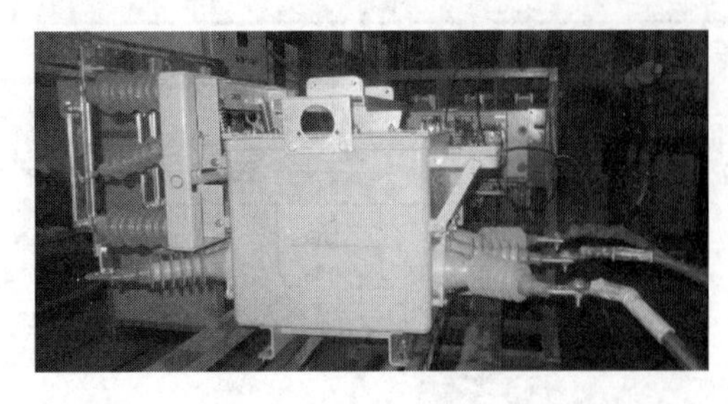

图 4-23 短路关合和开断试验接线照片

（2）试验电压为断路器的工作电压，柱上断路器的工作电压一般为 12kV 及 24kV。

（3）如果断路器是 E2 级的，额定短路开断进行 30 次。

（4）试验回路与受试断路器的连接。如果断路器一侧的物理布置不同于另一侧的物理布置，试验时试验回路的带电侧应接到能给断路器施加在对地电压方面更严酷的一侧，断路器是仅从一侧供电的特殊设计除外。

（5）试验前做好安全防护措施，应设有安全警示灯、指示牌，试验区域应设有安全围栏。

（6）预期参数调试。

1）功率因数：三相回路的功率因数应取各相功率因数的平均值。试验时，此值不得超过 0.15。任意一相的功率因数与平均值之差不应超出平均值的 25%。

2）频率：开关设备应在额定频率下进行试验，频率允差为±10%。

3）试验回路的接地：短路关合和开断试验时，试验回路的对地连接应符合标准要求，并在试验报告的试验回路图中予以指明。

4）短路关合试验前的外施电压：外施电压的平均值不低于额定电压 $U_r$ 除以 $\sqrt{3}$，且未经制造厂的同意不得超过该值的 10%。

5）短路关合电流：开关设备关合额定短路关合电流的能力在试验方式 T100s 中验证。

当在电压波的任一点发生预击穿电弧时，开关设备应能关合该预击穿电流。两种极端的情况规定如下：

a）在电压波的峰值处关合，产生一个对称的短路电流以及最长的预击穿电弧；

b）在电压波的零点关合，无预击穿，产生一个完整的非对称短路电流。

6）短路开断电流：试验方式 T100s 由额定操作顺序组成，开断 100%的额定短路开断电流，其直流分量小于 20%。

（7）开始试验。试验室提供符合试验参数要求的试验电源（目前有电网或实验室配置的高压冲击发电机提供试验电源的两种形式）。

## 四、注意事项

（1）柱上断路器必须安装在自己的支架上或与之等效的支架上。

（2）需保证额定操作顺序的操动机构及开断装置的最低条件。

（3）试验结束后，需要对回路进行放电操作，以免造成危险。

（4）试验前做好安全防护措施，要有安全指示灯、指示牌、围栏隔离等，试验前需进行警铃提示后方可进行试验。

（5）注意检查连接线的可靠连接。

（6）注意接线端子不能因为连接线而引入不真实的应力。

## 五、试验后的检查

（1）检查试验回路，试验设备是否完好。

（2）检查接地回路的熔丝是否完好。

（3）检查试品是否完好，特别是带有隔离开关的柱上开关，需认真检查隔离开关的状态及柱上开关绝缘件的状态。

（4）试验后立即进行空载操作，进行机械特性的测量。

（5）测量回路电阻，如有需要，需进行温升试验。

（6）按照标准的规定，对柱上开关进行绝缘的验证。

## 六、结果判定

1．试验中开关设备的性能

关合和开断试验过程中，开关设备不应：

（1）表现出损坏的迹象；

（2）表现出极间有害的相互作用；

（3）表现出与相邻的试验设备之间有害的相互作用；

（4）表现出可能危及操作者的性能。

2．试验后开关设备的状态

在任何一个试验方式后，可以对开关设备进行检查。其机械部件和绝缘件应基本上和试验前的状态相同。

开关设备在每一个短路试验方式后，虽然其短路关合和开断性能可能有所下降，仍应能在额定电压下关合和开断其额定电流。

主触头试验后的状态，特别是关于烧伤、接触区、压力和运动的自由度方面。应该能承受开关设备的额定电流而其温升不超出规定值的10K。

触头在经过任何一个短路试验方式后，只有在接触点上保留有镀银层时，才被认为是“镀银的”；否则触头应按“未镀银的”来处理。

通常，如果断路器符合下列条件，则认为上述要求已被满足。

（1）完成整个短路试验系列后应进行空载合闸和空载分闸操作。断路器应能满意地合闸和分闸。操作过程中进行机械特性的测量，测量的机械特性与试验前的基本保持一致，测量数据符合生产厂提供的机械特性要求。

（2）试验后，检查机械部件和绝缘件应基本上和试验前的状态相同。试验可以通过对断路器进行1min工频电压试验进行验证，试验电压应按GB/T 11022—2020表1栏（2）中数值的80%，即12kV断路器试验电压取33.6kV；24kV断路器试验电压取52kV；进行工频电压的施加。

针对该检测项目不合格现象严重性程度进行初步分级，仅供参考。短路关合和开断试验不合格现象严重程度分级表见表 4-10。

表 4-10　　短路关合和开断试验不合格现象严重程度分级表

| 序号 | 不合格现象 | 严重程度分级 | 结果判定依据 |
|---|---|---|---|
| 1 | 正常开断，试验后机械特性不满足要求 | 轻微 | GB/T 1984<br>DL/T 402 |
| 2 | 正常开断，试验后回路电阻不满足要求 | 轻微 | |
| 3 | 未开断，试品未可见损坏 | 中度 | |
| 4 | 未开断，试品损坏 | 严重 | |

## 七、案例分析

**【案例一】**（柱上开关所附的隔离开关发生故障）

1. 案例概况

柱上断路器开关设备规格为 12kV/630A，短路开断电流为 20kA，要求进行 30 次的开断试验。

2. 不合格现象描述

开断试验进行到 27 次时，柱上断路器附带的隔离开关发生熔焊现象，无法再进行后续试验。试验为不合格。柱上断路器附带的隔离开关熔焊现象照片如图 4-24 所示。

图 4-24　柱上断路器附带的隔离开关熔焊现象照片

3. 不合格原因分析

（1）由于柱上断路器需要进行 30 次的断路器开断试验，在试验过程中需要承受 20kA 的短时的动热稳定值。

（2）隔离开关在试验过程中也需承受 20kA 的电流耐受。在试验过程中，隔离开关触头间通过大电流，由于电流的排斥作用和发热效应，触头会有一定的烧损，触头的性能下降，隔离开关的接触性能下降，造成回路电阻的加大，更加降低了隔离开关耐受电流的能力，导致最终发生触头熔焊的结果。

**【案例二】**（柱上开关的开断能力不满足要求）

1. 案例概况

柱上断路器开关设备规格为 12kV/630A，短路开断电流为 20kA，要求进行 30 次的开断试验。

2. 不合格现象描述

开断试验进行到 10 次时，断路器无法有效开断，异常试验示波图如图 4-25 所示。

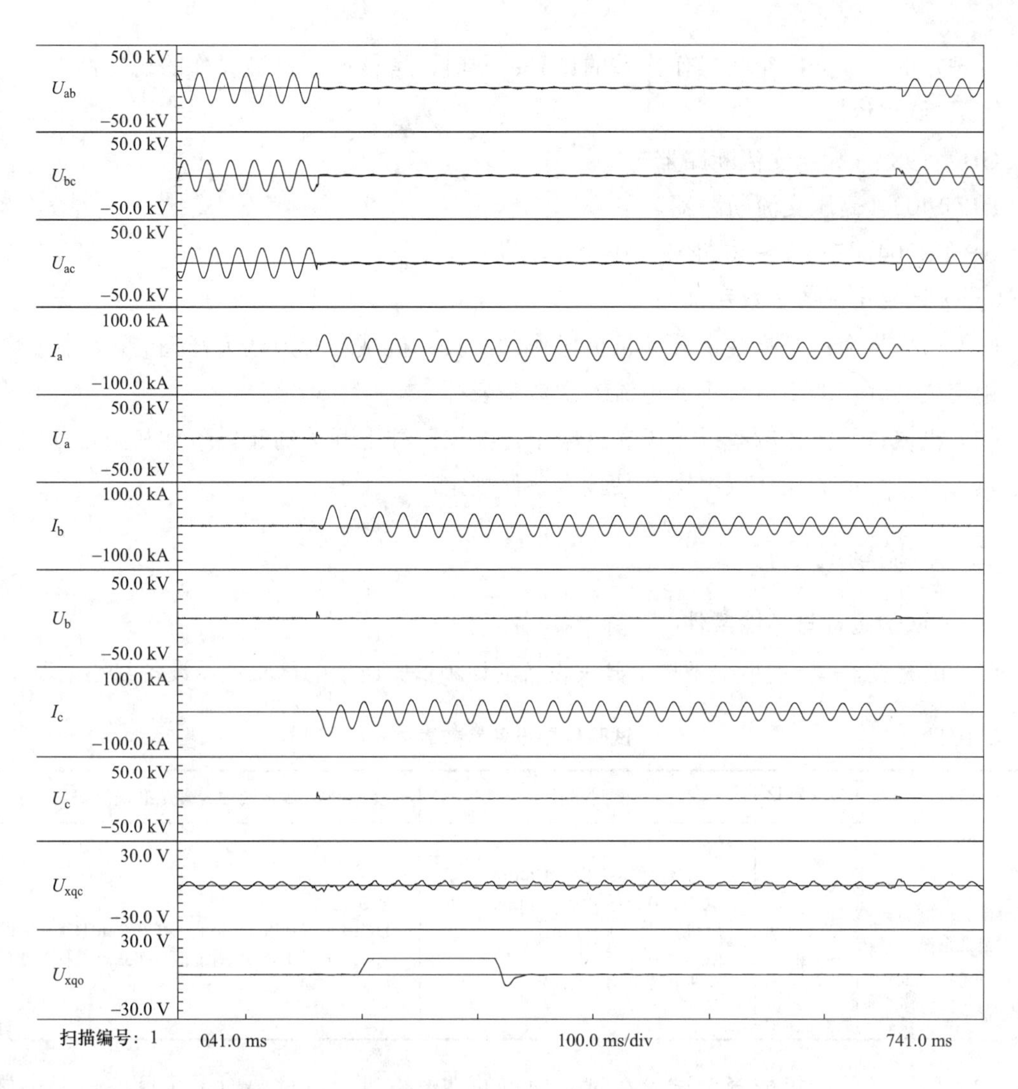


图 4-25　异常试验示波图

3. 不合格原因分析

此断路器为六氟化硫灭弧的断路器，主要通过六氟化硫实现灭弧，支撑绝缘件与灭弧室在同一气室中，在灭弧室的开断过程中，产生的飞弧使断路器的内部绝缘有一定程度的下降，造成开断能力的下降，最终导致断路器无法有效开断。

# 第八节　机 械 寿 命 试 验

## 一、试验概述

### （一）试验目的

机械寿命试验的目的，是验证开关设备在规定的机械特性及不更换部件的条件下，能否承受规定的合、分闸空载操作次数的试验；同时，考核产品机械操作的稳定性。

**（二）试验依据**

GB/T 1984《高压交流断路器》

DL/T 402《高压交流断路器》

GB/T 3804《3.6kV～40.5kV 高压交流负荷开关》

**（三）试验中主要参数定义**

（1）机械寿命：是指柱上开关机械操作的次数，机械寿命为柱上开关的抗机械磨损能力，用空载循环（即主触头不通电流）次数来表征。

（2）机械试验操作频率：考虑在试验中需要恢复柱上开关的起始条件和防止其零部件的过热，机械寿命的操作频率由产品技术条件规定。

## 二、试验前的准备

**（一）试验装备与环境条件**

（1）试验装备：一般情况下柱上开关设备的该项试验所用的试验仪器设备参数见表 4-11。

**表 4-11　　试验仪器设备参数表**

| 名称 | 型号规格 | 测量范围 | 扩展不确定度/k 最大允差/l 准确度等级（推荐） |
|---|---|---|---|
| 台式开关机械特性测试系统 | CY2009 | 合分闸时间：10～1000ms<br>DCV：0～1000V，400ps～400s<br>弹跳周期：1～10ms<br>ACV：0～750V<br>弹跳次数：0～20 次 | ±0.02%<br>DC：±（0.0045%×测量值+0.0010%×量程）<br>AC：±（0.06%×测量值+0.03%×量程）±0.4% |

（2）环境条件：机械寿命试验在试验地点的常温下进行。试验时，主回路一般不施加电压和电流，但测量所需电源及装有直接过电流脱扣器的高压开关设备所进行的直接过电流脱扣试验除外。

**（二）试验前的检查**

（1）检查试验设备：试验前检查试验设备是否完好，测量仪表应在校准有效期内。

（2）检查样机试品：检查试品是否装配完整。

（3）试验前应对柱上开关设备进行一次分合闸操作，保证其操作正常。

## 三、试验过程

**（一）试验原理及接线**

（1）柱上断路器机械寿命的次数按使用要求，操作频繁度决定，一般为 2000、10000、20000、30000 次。

（2）柱上负荷开关机械寿命的次数按使用要求，操作频繁度决定，一般为 1000、5000 次。

（3）试验中两次操作之间的时间间隔，对断路器/负荷开关恢复到起始和/或防止断路器/负荷开关的某些部件过热（这个时间可以根据操作的类型而不同）是有必要的，试验的操作频率一般为120次/h和240次/h。

（4）试验原理接线如图4-26所示，试验接线照片图如图4-27所示。

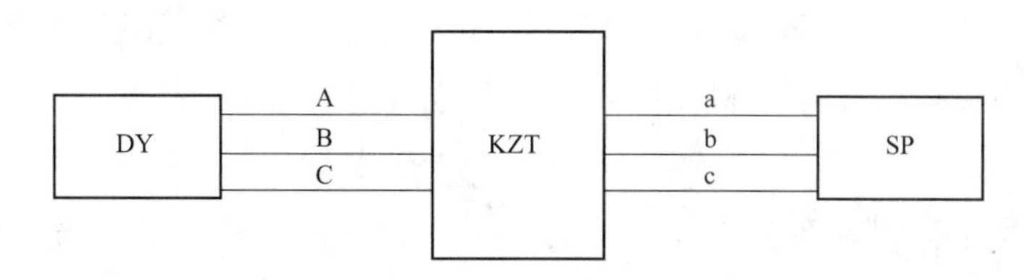


图4-26　试验原理图

DY—交直流电源；KZT—PLC程序寿命控制台；A、a—储能电源；B、b—合闸电源；C、c—分闸电源；SP—试品

**（二）试验方法**

（1）柱上开关安装在等效的支架上。

（2）按照提供的二次接线图进行接线，保证合分闸电压及储能电压的准确性。

（3）对柱上开关进行合分操作后，对主回路进行回路电阻测量及机械特性测量。

（4）柱上断路器按2000次一个循环进行操作，循环数为总次数/2000。

（5）柱上负荷开关按1000次一个循环进行操作，循环数为总次数/1000。

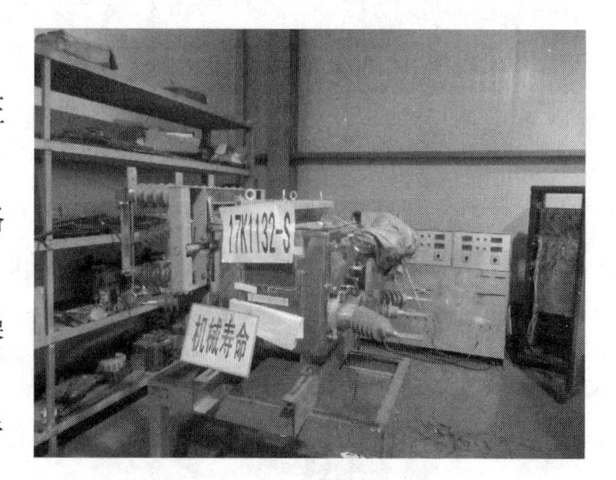


图4-27　试验接线图

（6）机械寿命试验的操作电（液、气）压按产品标准或技术条件的规定施加。

（7）机械寿命试验分别在最高，额定，最低的操作电（液、气）压下进行，柱上断路器操作次数按GB/T 1984—2014的表13规定进行。柱上负荷开关操作次数按GB/T 3804—2017的6.102.2的规定试验。

（8）装有多种脱扣器的高压开关设备，每种脱扣器所做的次数不应少于机械寿命总次数的10%；而对装有直接过电流脱扣器的高压开关设备，机械寿命总数的10%应在主回路中施以低压动作电流来进行，其余次数的操作按产品技术条件规定。过电流脱扣器的动作电流，是规定过电流脱扣器足以动作的最小值。欠电压脱扣器的释放电压，应为35%的额定操作电压。

（9）装有辅助开关的高压开关设备，在机械寿命试验的全过程中应在辅助开关上选择不在同一组的常开和常闭空余接点，至少各选一对，用声或光的信号进行监视。

（10）试验结束后测量回路的回路电阻值及机械特性测量。

（11）对柱上开关进行试验的绝缘验证。

## 四、注意事项

（1）试验中，除产品标准或技术条件特殊规定外，只允许按制造厂技术条件的说明进行润滑，不允许做机械调整或进行其他方式维护。

（2）试验中若不符标准要求进行调整，则调整后应重新进行试验。

（3）机械寿命试验前所做的机械操作试验，若试验后未经调整，其次数可计入机械寿命试验次数中。

（4）试验过程中需保证合分操作电源的容量，如有困难，机械寿命试验可以带产品的控制器一并进行验证。

## 五、试验后的检查

（1）试验后检查试验设备、仪表完好，并收纳归位。

（2）检查试品是否完好，包括柱上开关的合分闸，储能指示是否完好。

## 六、结果判定

机械寿命试验中及试验后，试品应能正常地操作，具有负载其额定电流、关合和开断其额定短路电流的能力（对具有此能力的高压开关设备）以及耐受其额定绝缘水平的电压值。一般以满足下列全部要求作为机械寿命试验合格判据。

（1）整个试验中及试验后，不得出现超过产品技术条件规定的渗漏，且不得出现拒分、拒合、误分、误合以及影响产品正常运行的异常现象和故障，辅助开关应可靠接触，切换正常。

（2）试验后，试品的机械特性和回路电阻应符合技术条件的有关规定。

（3）试验后，开关触头在合闸状态下的正常导电接触表面应保留镀层，否则，温升应按裸露材料取允许值。

（4）试验后，所有零部件都不允许显示出对运行有不利影响或妨碍可更换零部件正常配合的过度磨损或永久变形。

（5）试验后，验证柱上开关的工频耐压满足相关标准的要求。

针对该检测项目不合格现象严重性程度进行初步分级，仅供参考。机械寿命试验不合格现象严重程度分级表见表 4-12。

**表 4-12　　机械寿命试验不合格现象严重程度分级表**

| 序号 | 不合格现象 | 严重程度分级 | 结果判定依据 |
|---|---|---|---|
| 1 | 触头没有过度磨损，但回路电阻超过 20% | 轻微 | GB/T 1984<br>DL/T 402<br>GB/T 3804 |
| 2 | 触头出现裸露，按裸铜进行温升试验，触头温升超过温升限值 | 中度 | |

续表

| 序号 | 不合格现象 | 严重程度分级 | 结果判定依据 |
|---|---|---|---|
| 3 | 出现拒分、拒合、误分、误合以及影响产品正常运行的异常现象和故障 | 严重 | GB/T 1984<br>DL/T 402<br>GB/T 3804 |
| 4 | 所有零部件显示出对运行有不利影响或妨碍可更换零部件正常配合的过度磨损或永久变形 | 严重 | |
| 5 | 工频耐压和雷电冲击不满足相关标准的要求 | 严重 | |

## 七、案例分析

1. 案例概况

规格为 AC10kV/630A/20kA 的柱上断路器机械寿命试验不合格。

2. 不合格现象描述

机械寿命试验要求合分操作 2000 次，试验进行至 1412 次时，无法电动分闸，手动可以分闸，判断试验不合格，机械寿命试验过程照片如图 4-28 所示。

图 4-28　试验过程照片

3. 不合格原因分析

（1）分闸的电气回路发生故障，或分闸回路电气连续性不可靠，进行一定次数的操作后，分闸回路不能正常接通回路。

（2）断路器分闸线圈发生故障。

（3）微动开关或限位开关动作不到位，造成分闸回路不能正常接通。

# 第五章　隔离开关（接地开关）

本节所涉及的内容仅适用于40.5kV及以下空气绝缘隔离开关（接地开关）。

1. 隔离开关的定义

在分闸位置时，触头间有符合规定要求的绝缘距离和明显可见的断开标志；在合闸位置时，能承载正常回路条件下的电流及在规定时间内异常条件（例如短路）下的电流的开关设备。

隔离开关不能关合和开断短路电流，但某些隔离开关具有开合小的负荷电流的能力。

2. 隔离开关的功能

隔离开关的主要功能是可靠隔离电源。

（1）隔离开关在分闸后能够建立可靠的可见隔离断口，将线路或设备与电源隔离。其断口绝缘水平通常比对地绝缘水平高出10%～15%，断口不能被击穿。

（2）根据运行需要换接线路，可带负荷进行分合操作，转换母线接线方式。

3. 接地开关的定义

用于将回路接地的一种机械开关装置。在异常条件（如短路）下，可在规定时间内承载规定的异常电流；但在正常回路条件下，不要求承载电流。

接地开关可有关合短路电流的能力。中压接地开关通常不具备开断负荷电流的能力。

接地开关的主要功能是将回路接地，确保维护人员的安全。也可以通过接地开关人为制造接地，作为变压器故障保护。

隔离开关（接地开关）分为户内或户外、单极或三极；操动机构分为人力操作结构和电动操动机构。

4. 样品要求

（1）一种型号规格的产品可以提交1台样品。

（2）样品应按照其装配图中装配完整，并装上其自己的操动机构。样品应符合设计图纸要求，相关机械参数满足其技术文件要求。

国家电网公司隔离开关（接地开关）抽样检测试验项目详见表5-1，分为A、B、C三类。

表 5-1　　　　国家电网公司隔离开关（接地开关）抽样检测试验项目

| 序号 | 抽检类别 | 试　验　项　目 |
| --- | --- | --- |
| 1 | C 类 | 绝缘试验（工频电压试验） |
| 2 | | 绝缘试验（雷电冲击电压试验） |
| 3 | | 主回路电阻测量（接地开关除外） |
| 4 | | 金属镀层厚度检测 |
| 5 | B 类 | 机械操作试验 |
| 6 | | 温升试验（接地开关除外） |
| 7 | A 类 | 短时耐受电流和峰值耐受电流试验 |
| 8 | | 端子静负载试验 |

表 5-1 中隔离开关（接地开关）的抽检试验项目：C 类中的绝缘试验（工频耐压试验）、绝缘试验（雷电冲击试验）、主回路电阻测量（接地开关除外）；B 类中的机械操作试验、温升试验（接地开关除外）；A 类中的短时耐受电流和峰值耐受电流试验，均与高压开关柜同类抽检试验项目内容重复，因此有如下说明。

（1）本章针对表 5-1 中国家电网公司隔离开关（接地开关）抽样检测试验项目中相同部分，即实验概述、实验前准备、试验过程的试验方法、注意事项、试验后检查等内容不做重复介绍，如阅读需要，可以直接查阅第二章高压开关柜对应的相关内容。

（2）本章仅对第二章高压开关柜抽检试验项目中的试验过程的试验原理和接线、结果判定、案例分析的相关内容进行介绍。

（3）本章对隔离开关（接地开关）有如下说明：

1）对 C 类抽检试验项目中的金属镀层厚度检测进行完整的详细介绍。

2）对 A 类抽检试验项目中端子静负载试验进行完整的详细介绍。

## 第一节　工频耐压试验

### 一、试验过程

#### （一）试验原理和接线

（1）对于三个试验电压（相对地、相间、断口间）相等的一般情况，当隔离开关进行相间和对地工频耐压试验时，应依次将主回路每一相的导体与试验电源的高压端连接，同时，其他各相导体和壳体底架接地，并保证主回路的连通（例如，通过合上开关装置或其他方法）。

（2）对于开关装置断口试验电压高于相对地耐受电压的特殊情况，当隔离开关进行开关断口（或隔离断口）之间工频耐压试验时，如果依次将主回路每一相的导体与试验电源的高压端连接，将试验电压施加在断口之间，试验电源另一端接地时，其他各相导体和壳体底架应与地绝缘。

（3）工频耐压试验试验原理接线图如图 5-1 所示，试验接线照片图如图 5-2 所示。

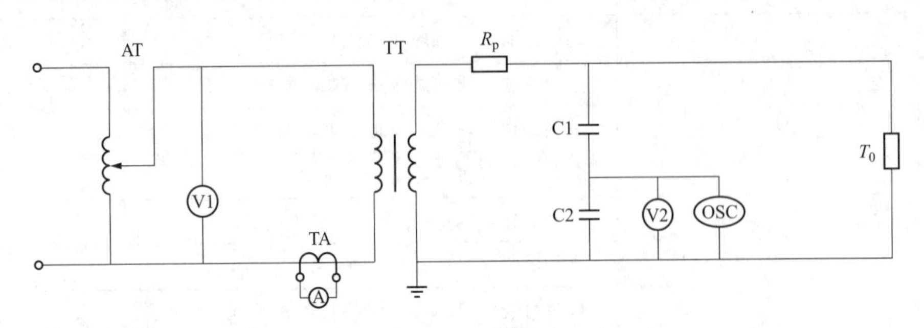


图 5-1　工频耐压试验试验原理接线图

AT—调压器；$R_p$—保护电阻；TA—电流互感器；TT—工频试验变压器；$T_0$—试品；A—电流表；C1—高压臂电容；C2—低压臂电容；V2—峰值电压表（voltmeter）；OSC—数字示波器（oscilloscope）

图 5-2　工频耐压试验试验接线照片图

**（二）试验方法**

具体步骤请参照第二章高压开关柜第一节工频耐压试验中试验方法的相关内容。

## 二、结果判定

试验过程中，若隔离开关试品上没有发生破坏性放电，则通过了工频耐压试验。

针对该检测项目不合格现象严重性程度进行初步分级，仅供参考。工频耐压试验不合格现象严重程度分级表见表 5-2。

**表 5-2　　工频耐压试验不合格现象严重程度分级表**

| 试验项目 | 序号 | 不合格现象 | 严重程度分级 | 结果判定依据 |
|---|---|---|---|---|
| 工频电压试验 | 1 | 电压升高到试验电压，在规定的耐受时间（1min）内放电 | 轻微 | GB/T 11022 |
| | 2 | 施加电压过程中，出现放电 | 严重 | |
| | 3 | 电压施加不上去 | 严重 | |

## 三、案例概况

**【案例一】**

1. 案例概况

规格为 12kV/630A 的单相隔离开关，在隔离开关处于合闸位置时，相对地出现破坏性放电。按照 GB/T 11022—2020 的 7.2.5 条，判定试验不合格。

2. 不合格现象描述

隔离开关处于合闸位置时，相对地要求施加为 42kV 的工频电压，偏差为±1%。试验时，施加电压上升到 39.52kV 时发生破坏性放电，支持绝缘子上有电火花闪络。

3. 不合格原因分析

经现场分析，确定为支持绝缘子绝缘性能不满足要求。

**【案例二】**

1. 案例概况

规格为 12kV/630A 的单相隔离开关，隔离开关处于合闸位置，当电压升高到规定的试验电压，在电压持续 1min 时间内绝缘子出现外部闪络，但是电压表读数未降低，电流表读数未增大，用酒精擦拭干净后，再重新加压，试验合格。

2. 不合格原因分析

绝缘子表面不干净，导致绝缘强度下降。

**【案例三】**

1. 案例概况

规格为 12kV/630A 的单相隔离开关，隔离开关处于合闸位置，工频耐压试验合格。但试验后绝缘子明显发热。

2. 不合格原因分析

试验后绝缘子明显发热，说明绝缘子处于绝缘强度临界状态（泄漏电流大），有击穿的可能。

## 第二节　雷电冲击试验

### 一、试验过程

#### （一）试验原理和接线

（1）对于三个试验电压（相对地、相间、断口间）相等的一般情况，当隔离开关进行相间和对地雷电冲击电压试验时，应依次将主回路每一相的导体与试验电源的高压端连接，同时，其他各相导体和外壳体接地，并保证主回路的连通（例如，通过合上开关装置或其他方法）。

（2）对于开关装置断口试验电压高于相对地耐受电压的特殊情况，当隔离开关进行开关断口（或隔离断口）之间雷电冲击电压试验时，如果依次将主回路每一相的导体与试验电源的高压端连接，将试验电压施加在断口之间，试验电源另一端接地时，其他各相导体和外壳体应与地绝缘。

（3）雷电冲击电压试验原理接线图如图 5-3 所示。雷电冲击电压试验试验接线照片如图 5-4 所示。

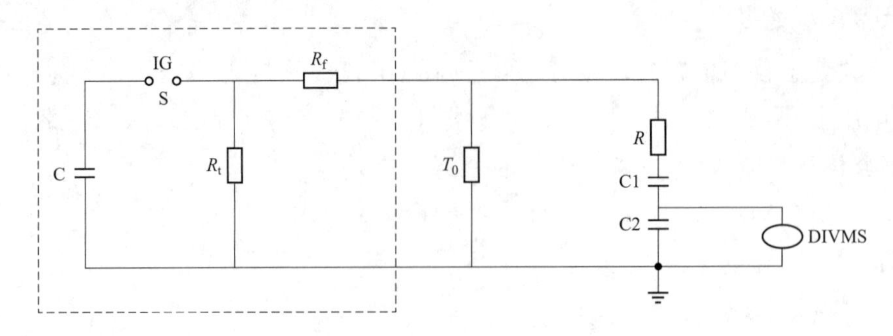


图 5-3　雷电冲击电压试验原理接线图

C—冲击发生器主电容；$R_f$—波头电阻；$R_t$—波尾电阻；S—冲击点火球隙；R—阻尼电阻；C1—高压臂电容；$T_0$—试品；C2—低压压臂电容

### （二）试验方法

具体步骤：请参照第二章高压开关柜第九节雷电冲击试验中试验方法的相关内容。

图 5-4　雷电冲击电压试验接线照片图

## 二、结果判定

采用试验程序 B 时，如果符合下述条件，则认为通过试验：

（1）每个系列试验不少于正负极性各 15 次。

（2）对于非自恢复绝缘没有发生破坏性放电。

（3）对自恢复绝缘在每个完整的系列中发生破坏性放电的次数不超过 2 次，而且要验证最后一次破坏性放电之后连续 5 次冲击耐受不发生破坏性放电。这个程序可能会导致最多为 25 次的冲击试验。

针对该检测项目不合格现象严重性程度进行初步分级，仅供参考。雷电冲击电压试验不合格现象严重程度分级表见表 5-3。

**表 5-3　　不合格现象严重程度分级表**

| 序号 | 不合格现象 | 严重程度分级 | 结果判定依据 |
|---|---|---|---|
| 1 | 对于自恢复绝缘，施加 15 次冲击时，最后 5 次中出现 1 次击穿，追加 5 次冲击，再次发生击穿；追加到 25 次击穿，仍发生击穿 | 轻微 | GB/T 11022 |
| 2 | 对于自恢复绝缘，施加 15 次冲击时，最后 5 次中出现 2 次击穿，追加 5 次冲击，再次发生击穿 | 轻微 | |
| 3 | 对于自恢复绝缘，15 次冲击中连续 3 次击穿 | 严重 | |
| 4 | 对于非自恢复绝缘，15 次冲击中发生 1 次击穿 | 严重 | |

## 三、案例分析

1. 案例概况

规格为 AC10kV/630A/20kA 的单极隔离开关，处于合闸位置，施加正极性雷电冲击电压时发生放电。

2. 不合格现象描述

隔离开关处于合闸位置时，底座接地，要求施加 75kV 的雷电冲击值，实际大气参数为 $b$= 101.7kPa；环境温度 $t$=26.6℃；相对湿度：$H$=38% ，计算大气修正因数 $K_t$=0.9692。故实际施加电压为 72.7kV。施加电压过程中，连续击穿 3 次，击穿电压分别为 71.1、70.4、72.1kV，按照 GB/T 11022—2020 的 7.2.5，判断试验不合格。

3. 不合格原因分析

发生击穿现象后，绝缘子有击穿痕迹，判定绝缘子绝缘存在问题。

# 第三节　主回路电阻测量（隔离开关）

## 一、试验过程

### （一）试验原理和接线

（1）本测量试验是为了检查隔离开关主导电回路连接是否可靠，材料导电性能是否符合要求的检测试验。通常使用直流电阻测试仪，试验电流应该取 100A 到隔离开关额定电流之间的任意值，测量隔离开关进线侧至出线侧的直流电阻值。

（2）如果受试样机没有温升试验，则需参照型式试验的试验结果；若测量所得电阻值为 $R$，依据标准 GB/T 11022—2020 的要求：$R<1.2R_u$（其中：$R_u$ 为隔离开关型式试验时温升试验前的主回路电阻测量值）。

（3）如果受试样机也有温升试验，则试验后在同一位置测量的主回路电阻也不应该超过试验前测量值的 20%。

（4）主回路电阻测量试验原理接线如图 5-5 所示，主回路电阻测量试验接线照片如图 5-6 所示。

### （二）试验方法

具体步骤请参照第二章高压开关柜第二节主回路电阻测量中试验方法的相关内容。

## 二、结果判定

（1）对于受试样机没有温升试验的情况，依据标准 GB/T 11022 的要求：如果测量所得电阻值：$R<1.2R_u$（其中：$R_u$ 为隔离开关型式试验时温升试验前的主回路电阻测量值），判

定试验结果合格；反之，则判定不合格。

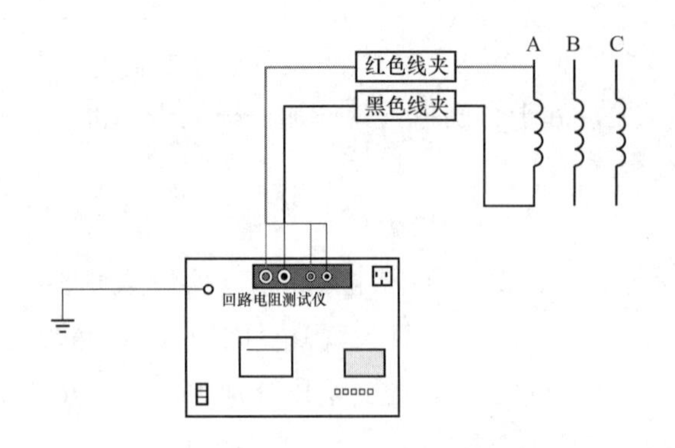


图 5-5　主回路电阻测量试验原理接线图

图 5-6　主回路电阻测量试品接线照片

（2）对于受试样机有温升试验的情况，在满足上述判定条件（1）的同时，也必须满足试验后在同一位置测量的主回路电阻不应该超过试验前测量值的 20%。

针对该检测项目不合格现象严重性程度进行初步分级，仅供参考。主回路电阻测量不合格现象严重程度分级表见表 5-4。

**表 5-4　　主回路电阻测量不合格现象严重程度分级表**

| 序号 | 不合格现象 | 严重程度分级 | 结果判定依据 |
|---|---|---|---|
| 1 | $1.2R_u$≤实测电阻值 $R$≤$1.5R_u$ | 轻微 | GB/T 3906<br>GB/T 11022 |
| 2 | 温升试验前后电阻差值超过 20% | 轻微 | |
| 3 | 实测电阻值 $R$＞$1.5R_u$ | 严重 | |
| 4 | 温升试验前后电阻差值超过 50% | 严重 | |

## 三、案例分析

1. 案例概况

型号为 GW9-12/630-25 的隔离开关：环境温度：21.2℃。

对试品进行回路电阻测量，试验所测回路电阻为 136.3μΩ。主回路电阻要求的最大值（$1.2R_u$）为 80μΩ。

2. 不合格现象描述

试品回路电阻值超过最大要求值 80μΩ，判定试验不合格。

3. 不合格原因分析

经目测发现试品刀头处存在氧化腐蚀现象，由此造成回路电阻偏大。

# 第四节　金属镀层厚度检测

## 一、试验概述

### （一）试验目的

隔离开关在运行中要受到机械和环境的影响，对连接、触头以及部分材料的表面进行电镀处理，可以提供防腐蚀、抗磨损和提高导电性能。镀层厚度测量试验就是检测镀银层厚度。

### （二）试验依据

Q/GDW-11-284—2011《交流隔离开关及接地开关触头镀银层厚度检测导则》

### （三）试验主要参数

（1）触头：两个或两个以上导体相互接触使导电回路连续，其相对运动可分、合导电回路，而在铰链或滑动接触情况下还能维持导电回路的连续性。

触头接触面是指触头在合闸位置时，动静触头相互接触的区域。触头非接触面是指除接触面以外的触头其他区域。

（2）最小镀层厚度：镀银层厚度中的最小值。

库伦法：根据法拉第原理，用特定的电解溶液将基体上的电镀层溶解，通过测量固定面积的电解池中溶解电镀层的时间计算镀层厚度的方法。

（3）X 射线衍射仪和荧光法：通过照射基体上的镀层，使得镀层元素产生二次特征 X 射线（即荧光），记录镀层中元素的特征 X 射线照射量率，从而确定镀层厚度的方法。

## 二、试验前准备

### （一）试验装备与环境要求

（1）试验装备：一般情况下高压成套开关设备的该项试验所用的试验仪器设备参数见表 5-5。

表 5-5　　金属镀层厚度检测试验仪器设备参数表

| 仪器设备名称 | 推荐的参数（μm） | 推荐的准确度等级（%） |
| --- | --- | --- |
| 手持式 X 荧光光谱仪 | 0～90 | ±0.03 |
| 电解（库仑）测厚仪 | 0～50 | ≤±10 |

（2）环境要求：对环境没有特别要求，试验可在试验场所任何方便的周围空气温度下进行。

### （二）试验前的检查

（1）校准测量仪器。

对于 X 射线荧光镀层厚度检测校准，无论被检测镀层和基体是何种元素，均采用 Cu 和 Ag 元素片进行基准测量，基准测量应每 7 天进行一次，每次检测前还应采用 20μm 的标准片对仪器进行校准。

（2）检查样品的被测部件是否完好，有无损伤。

## 三、试验过程

### （一）检测部位的选取及标记

（1）检测部位应包括触头的接触面，触头的接触面尺寸以制造厂家的图纸标注为准，如制造厂家无法提供接触面的相关图纸，则认为整个触头为接触面。金属镀层厚度检测按照表 5-6 设定检测点。

表 5-6　　金属镀层厚度检测检测点设定

| 长度 $L$（cm） | 长宽比 | 测点布置 |
| --- | --- | --- |
| ≤12 | ＜3 | 每 2$cm^2$ 至少有一个检测点，数量不得小于 3 |
|  | ≥3 | 每 $L/4$ 处至少有一检测点，单个触头总检测量不得小于 3 |
| ＞12 | ＜3 | 每 4$cm^2$ 至少有一检测点 |
|  | ≥3 | 每 $L/8$ 处至少有一检测点，单个触头总检测量不得小于 6 |

注　1．长度 $L$ 为接触面最长部分长度，宽度为接触面最短部分长度。
2．一个触头由多组单触头组成的，每个单触头单独计。
3．接触面是曲面的，长度 $L$ 指沿曲面的最长线性长度，宽度指沿曲面的最短线性长度。

（2）在触头上标明测点，对测试部位进行拍照或画出测量部位的示意图。对每个测点的镀层厚度值进行记录。金属镀层厚度检测触头镀银层厚度测量示例 1（库伦法）如图 5-7 所示、金属镀层厚度检测触头镀银层厚度测量示例 2（X 射线荧光法）如图 5-8 所示。

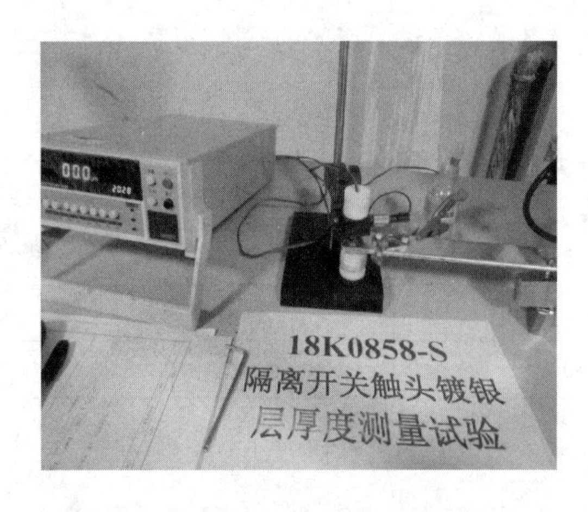


图 5-7　金属镀层厚度检测触头镀银层厚度测量示例 1（库伦法）

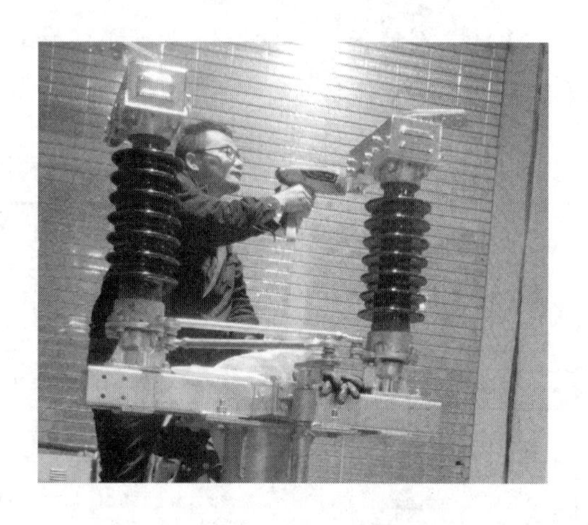

图 5-8　金属镀层厚度检测触头镀银层厚度测量示例 2（X 射线荧光法）

### （二）试验方法

1. X射线衍射仪和荧光法镀层测厚的操作方法

（1）完成开机步骤、预热基校准后，可开始对试品进行测量。

（2）测量步骤如下：

1）根据光谱分析结果确定被检试件表面镀层的材质。

2）根据镀层情况，选择相应的产品程式。

3）将样品置于工作台，调整位置并聚焦清晰，使其清楚显示在视频十字线中央。

4）聚焦完毕后进行测量。

（3）测量注意事项如下：

1）对于单镀层，测量时间不应少于15s，双镀层的测量时间不小于30s。

2）样品放置原则，从正面看X射线荧光接收器在所放样品的左边，应正确放置样品，保证X射线荧光不受干扰地到达探测器。

2. 库伦法测量镀银层厚度的操作方法

（1）测量步骤如下：

1）选取$4mm^2$的密封垫进行测量。

2）根据底材和镀层材料选择合适的电解液。

3）将密封垫固定在试样上，使试样上的检测点位于密封垫中间，然后将电解液注入密封垫，开始测量。

4）聚焦完毕后进行测量。

（2）测量注意事项如下：

1）电解液可多次使用，但重复使用不应超过30次。使用过的旧液应单独存储，不可与未使用过的溶液混合。

2）去银镀层的电解液为硝酸铵溶液、硫氰化钾溶液，当底材为非金属、铝、钢铁用硝酸铵溶液，当底材为铜、黄铜、镍、镍—银用硫氰化钾溶液。

## 四、注意事项

（1）样品应清洁干净。

（2）测量前，测量仪器必须校准。

（3）被检试件镀银层不应该用刷涂工艺。

（4）被检试件表面不应有硬伤、碰伤、大于$0.5mm^2$漏镀斑点、凹坑以及长度大于5mm的划痕等缺陷存在。

## 五、试验后检查

不需要特定的检查。

## 六、结果判定

所有的检测点中最小镀银层厚度不应小于技术文件规定值。

针对该检测项目不合格现象严重性程度进行初步分级，仅供参考。机械操作试验不合格现象严重程度分级表见表5-7。

表5-7　　机械操作试验不合格现象严重程度分级表

| 序号 | 不合格现象 | 严重程度分级 | 结果判定依据 |
|---|---|---|---|
| 1 | 镀层厚度测量值在规定值80%以上 | 轻微 | 技术文件规定值 |
| 2 | 镀层厚度测量值在规定值80%以下 | 中度 | |
| 3 | 无镀层 | 严重 | |

## 七、案例分析

**【案例一】**

1. 案例概况

名称为10kV隔离开关进行触头镀银层厚度测量试验。

2. 合格现象描述

制造厂家无法提供接触面的相关图纸，则认为整个触头为接触面。测得试件长度为24cm，宽度为3.5cm。根据表5-6的要求设定检测点，所以选取6个点进行测量，选用库伦法镀层测厚，用电解溶液将基体上的电镀层溶解，通过测量固定面积的电解池中溶解电镀层的时间计算镀层厚度的方法。

（1）选取4mm$^2$的密封垫进行测量。

（2）根据底材和镀层材料选择合适的电解液（试件底材为铜，选用硫氰化钾溶液）。

（3）将密封垫固定在试样上，使试样上的检测点位于密封垫中间，然后将电解液注入密封垫，开始测量。

（4）聚焦完毕，准备测量。测量数据见表5-8。

表5-8　　测　量　数　据　　μm

| 测量部位 \ 次数序号 | 1 | 2 | 3 | 4 | 5 | 6 | 最小值 | 要求值 |
|---|---|---|---|---|---|---|---|---|
| 触头（可拆卸部分） | 24 | 26 | 27 | 24 | 22 | 24 | 22 | ≥20 |

隔离开关所有零部件都处于良好状态，没有损伤；测量的6个参数均符合要求值的规定，试验通过。

**【案例二】**

1. 案例概况

名称为10kV隔离开关进行触头镀银层厚度测量试验，测量第6个点测量值14μm为

最小测量值，低于要求值，试验结果不合格。

2. 不合格现象描述

制造厂家无法提供接触面的相关图纸，则认为整个触头为接触面。测得试件长度为24cm，宽度为3.5cm。根据表5-6的要求设定检测点，所以选取6个点进行测量，选用库仑法镀层测厚，用电解溶液将基体上的电镀层溶解，通过测量固定面积的电解池中溶解电镀层的时间计算镀层厚度的方法。

（1）选取4mm$^2$的密封垫进行测量。

（2）根据底材和镀层材料选择合适的电解液（试件底材为铜，选用硫氰化钾溶液）。

（3）将密封垫固定在试样上，使试样上的检测点位于密封垫中间，然后将电解液注入密封垫，开始测量。

（4）聚焦完毕，开始测量，测量数据详见表5-9。

**表5-9　　测 量 数 据**　　μm

| 次数<br>测量部位 | 1 | 2 | 3 | 4 | 5 | 6 | 最小值 | 要求值 |
|---|---|---|---|---|---|---|---|---|
| 触头<br>（可拆卸部分） | 16 | 17 | 19 | 20 | 20 | 14 | 14 | ≥20 |

测量的第6个参数测量值14μm为最小测量值，低于要求值的规定，试验结果不合格，试验未通过。

3. 不合格原因分析

所有的检测点中最小镀银层厚度不应小于20μm，测得第6个测量值14μm为最小测量值，低于要求值，镀银层厚度不足，试验结果不合格。

## 第五节　机械操作试验

### 一、试验过程

隔离开关的机械试验主要包括机械操作试验、机械特性试验两个部分，机械特性是产品符合其设计要求的一种表征，只有满足这些参数要求才能保证产品的基本性能。

机械试验还可以验证隔离开关的机械寿命。

试验应在装有自身操动机构的隔离开关和接地开关上进行。试验过程中，允许按制造厂的说明书进行润滑，但不得进行机械调整或其他维护。

（1）机械寿命试验前应进行下列操作：

1）在规定的最低电源电压下进行5次合—分操作循环。

2）用人力进行5次合—分操作循环（仅对人力操作的隔离开关），记录最大操作力。

3）同时检查辅助触头和位置指示装置（如适用）是否满意动作。

4）测量主回路电阻。

（2）进行机械寿命试验，由1000次合—分操作循环组成，主回路中没有电压和电流。每次的合—分操作中，都应达到合闸位置和分闸位置。

对于配动力操动机构的隔离开关或接地开关：

1）在规定的额定电源电压下进行900次合—分操作循环；

2）在规定的最低电源电压下进行50次合—分操作循环；

3）在规定的最高电源电压下进行50次合—分操作循环。

操作的速率应保证辅助回路不会过热。

（3）机械寿命试验后应进行下列操作：

1）在规定的最低电源电压下进行5次合—分操作循环，记录动作时间；

2）用人力进行5次合—分操作循环（仅对人力操作的隔离开关），记录最大操作力。

3）同时检查辅助触头和位置指示装置（如适用）是否满意动作。

4）测量主回路电阻。

5）试验前后的电阻数值的变化应不大于20%。

## 二、结果判定

（1）试验后，试品应能正常地操作。

（2）机械寿命试验前、后测得的主回路电阻的变化应不大于试验前测量值的20%。

（3）试验后，所有部件（包括触头）都应处于良好状态，并且没有过度的磨损。

（4）检查镀层是否出现裸露，如果镀层裸露，应按裸铜材料的温升限值进行温升试验。

（5）机械寿命试验前、后测量的机械参数与平均值之间的偏差应符合技术条件的规定。

针对该检测项目不合格现象严重性程度进行初步分级，仅供参考。机械操作试验不合格现象严重程度分级表见表5-10。

**表5-10　　机械操作试验不合格现象严重程度分级表**

| 序号 | 不合格现象 | 严重程度分级 | 结果判定依据 |
|---|---|---|---|
| 1 | 试验中机构中有小的零件出现问题 | 轻微 | GB/T 1985 |
| 2 | 触头出现裸露，按裸铜进行温升试验，触头温升超过温升限值 | 严重 | |

## 三、案例分析

1. 案例概况

规格为12kV/630A/20kA的隔离开关进行2000次机械寿命试验。

2. 不合格现象描述

操作2000次后，触头接触面镀银层出现严重磨损，有露铜，按裸铜的温升限值进行温升试验，触头温升超过规定值。

3. 不合格原因分析

镀银层厚度不足。

# 第六节　温升试验（隔离开关）

## 一、试验过程

### （一）试验原理和接线

（1）隔离开关正常运行时是长期载流的电气设备，因为导体自身及各连接部位搭接工艺等原因，回路中存在一定的电阻，当电流流过整条回路时就会产生热损耗，并且交变电磁场作用于导体周围的铁磁物体和绝缘介质也会产生铁磁损耗和介质损耗，这些都属于热源。

（2）这些热源产生的热量使隔离开关的温度升高，同时以不同的散热方式向周围介质散热，而保持相对恒定的温度，这个温度减去环境温度就是隔离开关稳定的温升。

（3）温升试验接线原理图如图 5-9 所示，温升试验接线照片如图 5-10 所示，温升试验温升测量点示意图如图 5-11 所示。

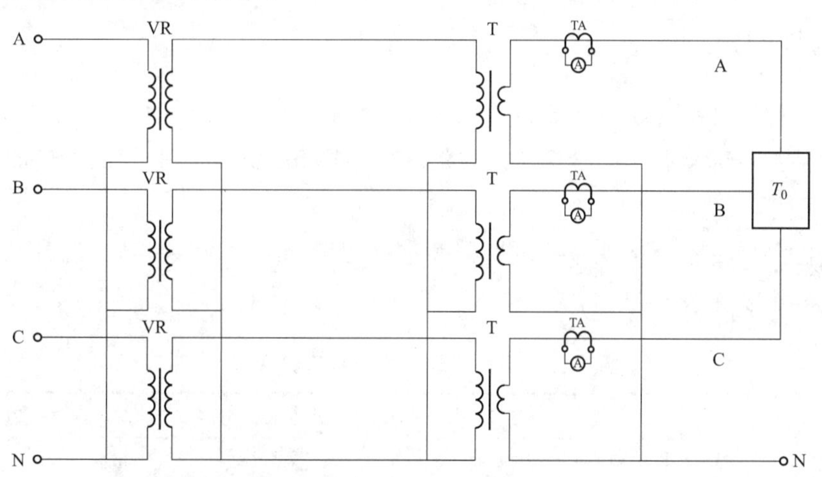


图 5-9　温升试验接线原理图

VR—调压器（voltage-regulator）；TA—电流互感器（current transformer）；

T—升流器（transformer）；$T_0$—试品（test object）

图 5-10　温升试验接线照片

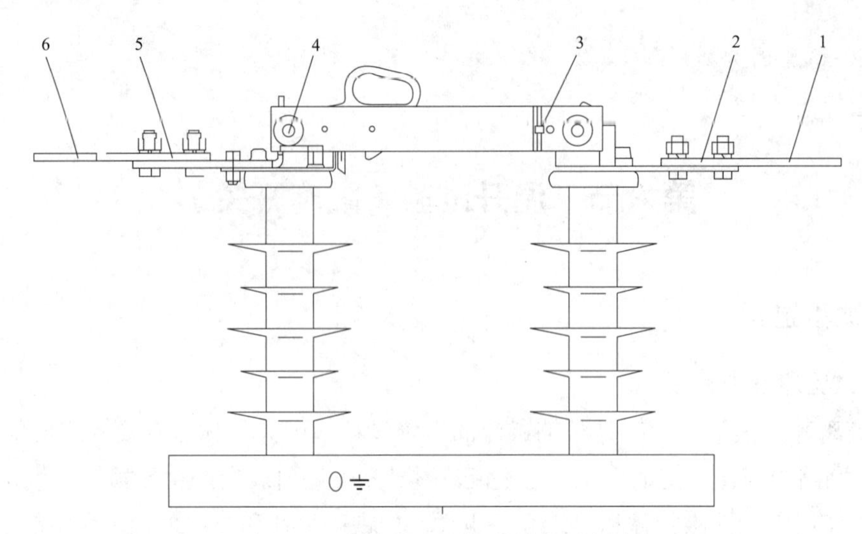


图 5-11　温升试验温升测量点示意图

1、6—试验母线距端子 1m 处；2、5—接线端子；3—固定连接处；4—动静触头搭接处

**（二）试验方法**

具体步骤请参照第二章高压开关柜第十节温升试验中试验方法的相关内容。

## 二、结果判定

（1）各部件温升不应超过表 2-30 的规定，否则，应认为试品没有通过试验。

（2）如果温升试验后在同一位置测量的回路电阻超过温升试验前测量值的 20%，也认为试验不合格。

针对该检测项目不合格现象严重性程度进行初步分级，仅供参考。温升试验不合格现象严重程度分级表见表 5-11。

**表 5-11　　温升试验不合格现象严重程度分级表**

| 序号 | 不合格现象 | 严重程度分级 | 结果判定依据 |
|---|---|---|---|
| 1 | 温升满足要求，回路电阻超过 20% | 轻微 | GB/T 11022 |
| 2 | 温升超过规定值，10K 以内 | 中度 | |
| 3 | 温升超过规定值，10K 以上 | 严重 | |

## 三、案例分析

1. 案例概述

规格为 12kV/630A 的隔离开关，温升稳定后试品进出线端子的温升超过规定值。

2. 不合格现象描述

端子为裸铜材料，温升为 52K，超过规定值 50K。

3. 不合格原因分析

温升前后测得的回路电阻无异常，但端子温升超过规定值，分析原因是端子载流截面

较小或材料质量问题。

# 第七节　短时耐受电流和峰值耐受电流试验

## 一、试验过程

### （一）试验原理和接线

（1）短时耐受电流试验是验证隔离开关在规定的时间内流过短路电流时，不产生过高的温度，触头不会发生熔焊，即短时热效应能力。

（2）峰值耐受电流试验是验证隔离开关流过短路电流时承受电动力的能力，主回路元件不应出现变形、触头不会打开等。

（3）GB/T 11022—2020 规定的额定短路持续时间的标准值为 2s；其他推荐值为 3s 和 4s。

（4）三相试验主回路接线原理图如图 5-12 所示，单相试验主回路接线原理图如图 5-13 所示。

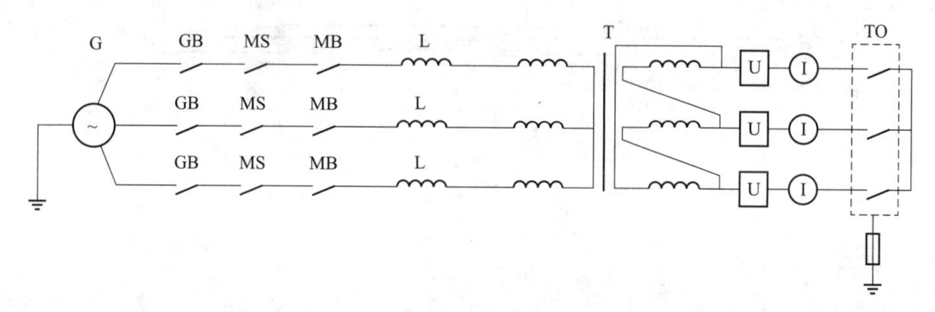


图 5-12　三相试验主回路接线原理图

G—短路发电机；L—调节电抗；MS—合闸开关；T—变压器；GB—保护开关；
MB—操作开关；I—电流测量；U—电压测量；TO—试品

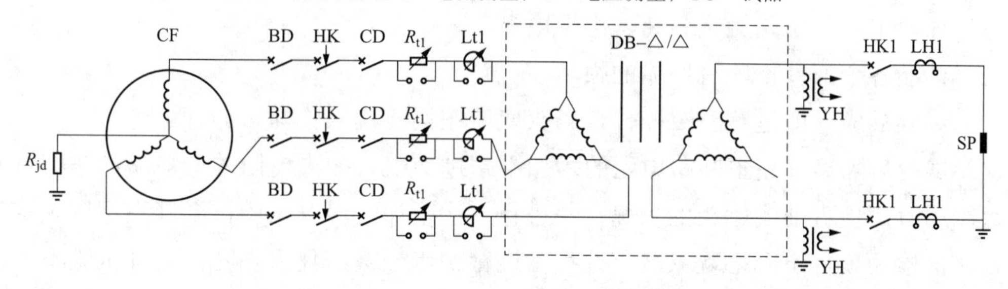


图 5-13　单相试验主回路接线原理图

CF—短路发电机（short-circuit generator）；BD—保护断路器（master circuit-breaker）；HK—合闸开关（making switch）；CD—操作断路器（operation circuit-breaker）；$R_{t1}$—功率因数调节电阻（power factor resistor）；Lt1—调节电抗器（adjustable reactor）；DB—短路变压器（boostershort-circuit transformer）；YH—电压互感器（voltage transformer）；LH—电流互感器（current transformer）；$R_{jd}$—接地电阻（earthing resistor）；SP—试品（test object）

（5）额定电压 40.5kV 及以下隔离开关三相试验布置如图 5-14 所示，通过调节线路中阻抗以满足各试验参数的要求；图 5-14 应注意，与电源的连接线不应引起不代表运行条件下的力；$L_2$ 和 $L_3$ 应尽可能地小，但不小于 $L_1$。

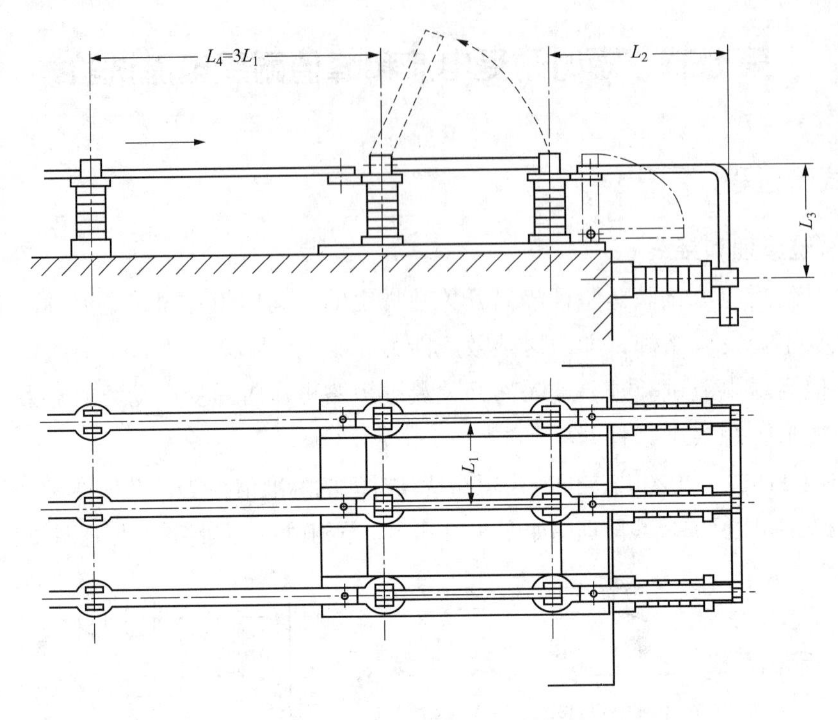


图 5-14　额定电压 40.5kV 及以下隔离开关三相试验布置

**（二）试验方法**

具体步骤请参照第二章高压开关柜第九节短时耐受电流和峰值耐受电流试验的相关内容。

## 二、结果判定

（1）试验中不应出现触头分离、出现电弧。

（2）试品各个部件不应有明显的损坏。

（3）试验后应立即进行空载操作，触头应能在第一次操作即可分开。

（4）试验后隔离开关主回路电阻的增加不超过 20%。如果电阻的增加超过 20%，同时又不可能用目测检查证实触头的状况，需进行一次附加的温升试验，温升不超过规定值。

针对该检测项目不合格现象严重性程度进行初步分级，仅供参考。温升试验不合格现象严重程度分级表见表 5-12。

**表 5-12　　温升试验不合格现象严重程度分级表**

| 序号 | 不合格现象 | 严重程度分级 | 结果判定依据 |
|---|---|---|---|
| 1 | 试品没有损伤，但回路电阻超过 20%，触头温升超过温升限值 | 一般 | GB/T 11022 |
| 2 | 触头轻微熔焊，施加超过 120%的操作力时触头能分开 | 一般 | |

续表

| 序号 | 不合格现象 | 严重程度分级 | 结果判定依据 |
|---|---|---|---|
| 3 | 发生轻微机械变形 | 比较严重 | GB/T 11022 |
| 4 | 发生机械损伤，触头不能分开 | 严重 | |

## 三、案例分析

**【案例一】**

1．案例概述

某隔离开关规格为12kV/630A/20kA，短时耐受电流为20kA，峰值耐受电流50kA。

2．不合格现象描述

试验中发现示波图在短路0.16s后电流波形出现不连续情况，检查试品发现A、B相触头烧断。短时和峰值耐受电流试验示波图如图5-15所示，隔离开关试验后照片图如图5-16所示。

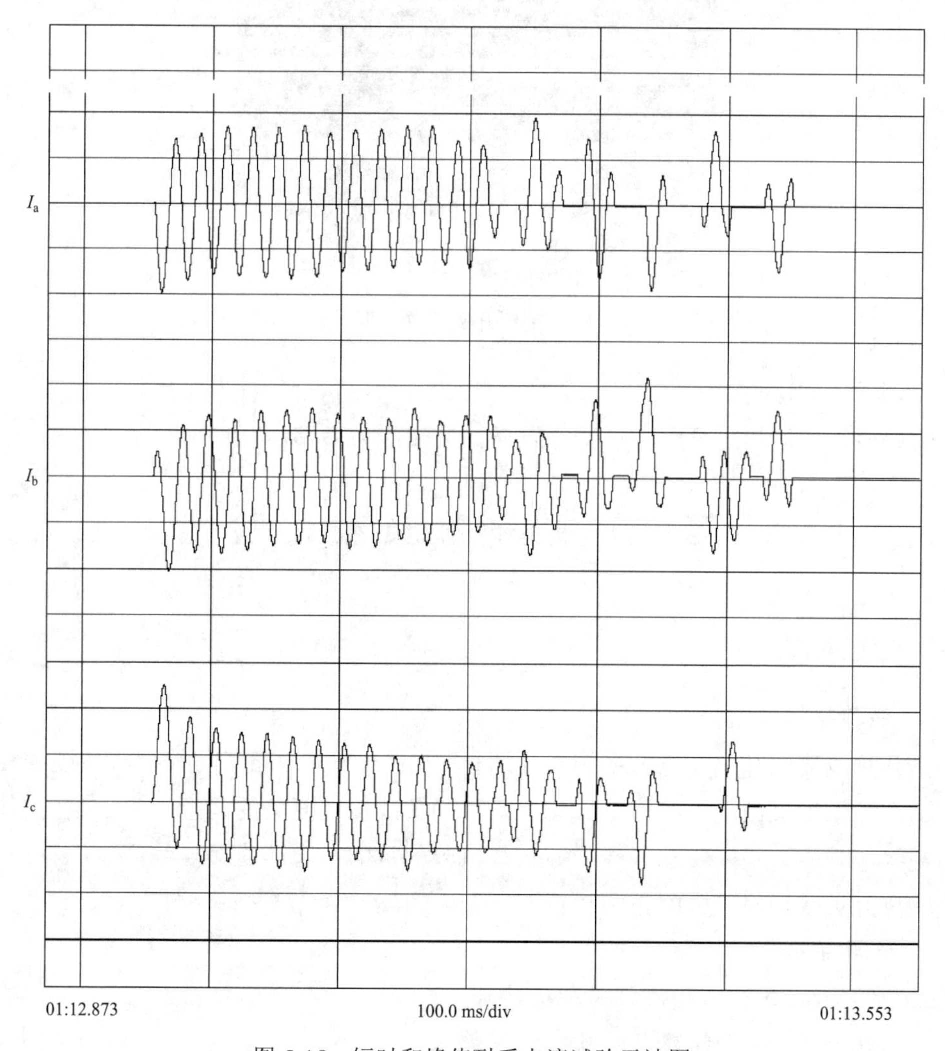


图5-15　短时和峰值耐受电流试验示波图

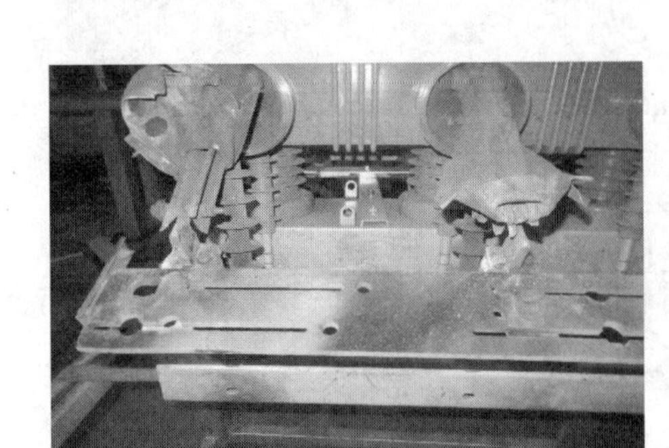

图 5-16 隔离开关试验后照片图

3. 不合格原因分析

初步分析是隔离开关的触头接触压力不够或操动机构与本体配合不紧密，短路时在电动力作用下触头抖动导致起弧烧断。

【案例二】

1. 案例概述

某接地开关（安装在开关柜中进行试验）规格为 12kV/31.5kA，短时耐受电流为 31.5kA，峰值耐受电流 80kA。

2. 不合格现象描述

试验后检查试品发现相间导电桥烧蚀严重，接地开关试验后照片图如图 5-17 所示。

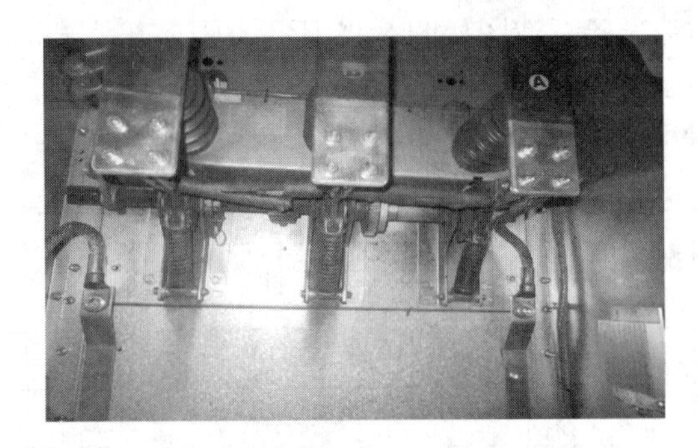

图 5-17 接地开关试验后照片图

3. 不合格原因分析

试验后检查发现相间导电桥材料非铜质，通流能力不够。

## 第八节 端子静负载试验

### 一、试验概述

#### （一）试验目的

隔离开关或接地开关在电力系统安装运行时，由于开关的端子与软导线或硬导线连接，使开关的端子承受机械合力的作用，会对隔离开关或接地开关的运行产生一定的影响，特别是对绝缘子强度有相应要求。端子静负载试验的目的是验证连接导线产生的机械负荷不会影响隔离开关或接地开关的正常运行。

#### （二）试验依据

GB/T 1985《高压交流隔离开关和接地开关》

DL/T 486《高压交流隔离开关和接地开关》

### （三）试验主要参数

端子静态机械负荷：每个端子上的静态机械负荷等于隔离开关或接地开关由软导线或硬导线与该端子连接时，该端子所承受的机械力。

端子静态机械负荷示意图如图 5-18 所示，GB/T 1985 和 DL/T 486 推荐的额定端子静态机械负荷分别见表 5-13 和表 5-14。

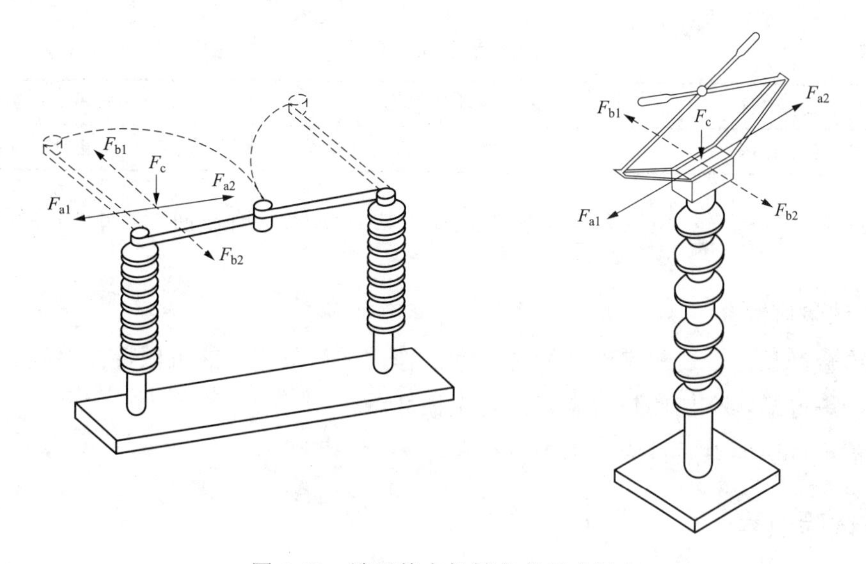


图 5-18　端子静态机械负荷示意图

$F_{a1}$、$F_{a2}$—水平纵向负荷按方向；$F_{b1}$、$F_{b2}$—水平横向负荷按方向；

$F_c$—模拟由连接导线的重量引起的向下的力

**表 5-13　　GB/T 1985 推荐的额定端子静态机械负荷**

| 额定电压（kV） | 额定电流（A） | 双柱式或三柱式隔离开关 | | 单柱式隔离开关 | | 垂直力（N） |
|---|---|---|---|---|---|---|
| | | 水平纵向负荷 $F_{a1}$和$F_{a2}$（N） | 水平横向负荷 $F_{b1}$和$F_{b2}$（N） | 水平纵向负荷 $F_{a1}$和$F_{a2}$（N） | 水平横向负荷 $F_{b1}$和$F_{b2}$（N） | |
| 12、24 | 所有电流 | 500 | 250 | — | — | 300 |
| 40.5 | ≤1250 | 750 | 400 | 800 | 400 | 500 |
| | ≥1600 | 750 | 500 | 800 | 500 | 750 |

**表 5-14　　DL/T 486 推荐的额定端子静态机械负荷**

| 额定电压（kV） | 额定电流（A） | 双柱式或三柱式隔离开关 | | 单柱式隔离开关 | | 垂直力（N） |
|---|---|---|---|---|---|---|
| | | 水平纵向负荷 $F_{a1}$和$F_{a2}$（N） | 水平横向负荷 $F_{b1}$和$F_{b2}$（N） | 水平纵向负荷 $F_{a1}$和$F_{a2}$（N） | 水平横向负荷 $F_{b1}$和$F_{b2}$（N） | |
| 12、24 | 所有电流 | 500 | 250 | — | — | 300 |
| 40.5 | ≤2500 | 800 | 500 | 800 | 500 | 750 |
| | ＞2500 | 1000 | 750 | 1000 | 750 | 750 |

## 二、试验前准备

### （一）试验装备与环境要求

（1）试验装备：一般情况下高压成套开关设备的该项试验所用的试验仪器设备参数见表 5-15。

**表 5-15　　　　试验仪器设备参数表**

| 仪器设备名称 | 推荐的参数 | 推荐的准确度等级 |
|---|---|---|
| 拉力计、砝码 | 根据端子负荷选取 | ±1N |

（2）环境要求：对环境没有特别要求，试验可在试验场所任何方便的周围空气温度下进行。

### （二）试验前检查

（1）检查产品是否装配完整，能否正常操作，并记录相关的机械特性参数。

（2）检查产品各个部件是否完好，有无损坏。

（3）检查砝码的总质量应与端子负荷相等。

## 三、试验过程

### （一）试验原理和接线

端子静负载试验布置图（两侧端子施加水平纵向）如图 5-19 所示。

图 5-19　端子静负载试验布置图（两侧端子施加水平纵向）

### （二）试验方法

（1）应按正常运行条件进行安装，带有自身的操动机构。

（2）试验前，在不施加端子静态机械负荷的条件下进行下列试验：

1）对动力操作的隔离开关或接地开关，在规定的最低电源电压下进行 5 次合—分操作循环。

2）对人力操作的隔离开关或接地开关，用人力进行 5 次合—分操作循环。

在这些操作循环期间，应记录或计算其操作特性，如动作时间。仅配人力操动机构的隔离开关和/接地开关，应记录最大操作力。检查辅助触头和位置指示装置（如有）能满意动作。

测量主回路电阻。

（3）施加50%额定水平纵向或水平横向端子机械负荷，对隔离开关（接地开关）进行机械调整。

（4）施加100%额定端子静态机械负荷。

在端子上依次施加下列额定端子静态机械负荷的情况下，对动力操作的隔离开关（接地开关）以额定动力源各进行20次操作循环；对人力操作的隔离开关（接地开关）用人力各进行10次操作循环：

1）水平纵向负荷按 $F_{a1}$ 或 $F_{a2}$ 方向施加（见图5-18）。

2）水平横向负荷按 $F_{b1}$ 或 $F_{b2}$ 方向施加，且两者在同一方向（见图5-18）。

3）$F_c$ 是模拟由连接导线的重量引起的向下的力，软导线的重量已计入纵向或横向力中。

注意：对具有水平隔离断口的隔离开关，负荷应同时施加在两侧端子上。在每次操作时，隔离开关或接地开关应正确合闸和分闸。

（5）试验后，应在不施加端子静态机械负荷的条件下进行下列试验：

1）对动力操作的隔离开关或接地开关，在规定的最低电源电压下进行5次合—分操作循环。

2）对人力操作的隔离开关或接地开关，用人力进行5次合—分操作循环。

在这些操作循环期间，应记录或计算其操作特性，如动作时间。仅配人力操动机构的隔离开关和/接地开关，应记录最大操作力。还应验证辅助触头和位置指示装置（如有）能满意动作。测量回路电阻。对试验前后记录的这些参数进行比较，不应有明显变化。

## 四、注意事项

（1）试验时要记录大气环境如相对湿度、环境温度、大气压力。

（2）试验前做好安全措施，要有信号灯、指示牌、围栏隔离等。

（3）施加负荷过程中应注意观察试品情况，根据绝缘子变形情况及时停止试验。

（4）操作中注意观察分合闸指示装置指示是否正确指示触头的位置。

（5）安装拆卸砝码过程中注意安全。

## 五、试验后的检查

检查试品的外观状态，特别是绝缘子是否有损伤，所有零部件都应处于良好的状态。

## 六、结果判定

（1）在每次操作时，隔离开关或接地开关应正确地合闸和分闸。

（2）试验中辅助触头以及位置指示装置（如有）能满意动作。

（3）试验后，所有零部件都处于良好状态，没有损伤。

（4）在试验前后记录的机械特性，如动作时间、人力最大操作力没有明显变化。

（5）在试验前后记录的主回路电阻不超过试验前的 20%。

针对该检测项目不合格现象严重性程度进行初步分级，仅供参考。端子静负载试验不合格现象严重程度分级表见表 5-16。

**表 5-16　　端子静负载试验不合格现象严重程度分级表**

| 序号 | 不合格现象 | 严重程度分级 | 结果判定依据 |
|---|---|---|---|
| 1 | 回路电阻超过 20% | 轻微 | GB/T 4208 |
| 2 | 绝缘子或其他元件轻微变形 | 中度 | |
| 3 | 绝缘子或其他元件损坏 | 严重 | |

## 七、案例分析

1. 案例概况

型号为 GW9-12/1250-25 的手动户外隔离开关进行端子静负载试验。

2. 案例描述

在隔离开关端子上分别施加额定水平纵向负荷（500N）$F_{a1}$、$F_{a2}$ 和额定水平横向负荷（250N）$F_{b1}$、$F_{b2}$ 以及额定垂直方向负荷（300N）$F_c$，施加负荷后进行 10 次合分闸操作循环。

施加负荷后，隔离开关每次操作时都能进行正确的合闸和分闸操作；试验后用人力进行五次合-分操作，记录的最大操作力在制造厂规定的范围内；隔离开关所有零部件都处于良好状态，没有损伤；测量的每个参数的平均值之间的变化符合制造厂的规定。

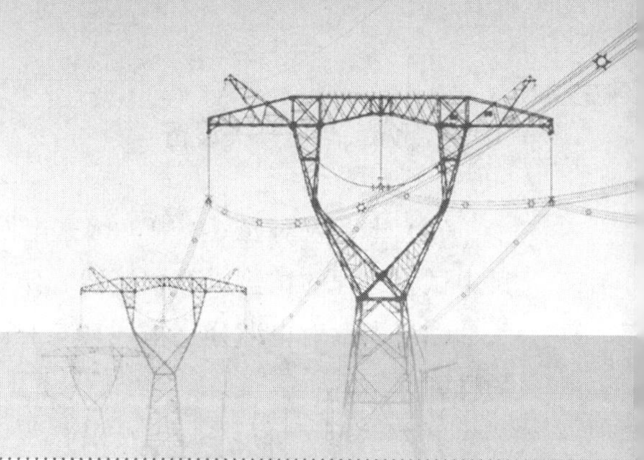



# 第六章　电缆分支箱（10～35kV）

本节所涉及的内容仅适用于10～35kV的电缆分支箱，也称之为高压电缆分支箱。

1. 电缆分支箱的定义

主要由电缆附件构成开关设备，完成配电系统中电缆线路的汇集和分接功能，其中既可以包含开关设备，也可以不包含开关设备。习惯上称作电缆分支箱。除外部连接外，全部装配完成并封闭在接地金属外壳内的电缆分支箱，称为金属封闭电缆分支箱开关设备。

2. 电缆分支箱的功能

随着配电网电缆化进程的发展，当容量不大的独立负荷分布较集中时，可使用电缆分支箱进行电缆多分支的连接。

国家电网公司电缆分支箱（10～35kV）抽样检测试验项目详见表6-1，分为A、B、C三类。

表6-1　　国家电网公司电缆分支箱（10～35kV）抽样检测试验项目

| 序号 | 抽检类别 | 试　验　项　目 |
|---|---|---|
| 1 | C类 | 绝缘试验（工频耐压试验） |
| 2 | | 主回路电阻测量 |
| 3 | | 柜体尺寸、厚度、材质检测 |
| 4 | B类 | 温升试验 |
| 5 | A类 | 短时耐受电流和峰值耐受电流试验 |
| 6 | | 防护等级试验 |

特别说明：表6-1中C类的绝缘试验（工频耐压试验），主回路电阻测量，柜体尺寸、厚度、材质检测；B类的温升试验；A类的短时耐受电流和峰值耐受电流试验均与高压开关柜同类抽检试验项目内容重复，因此说明如下：

（1）本章针对表6-1中，国家电网公司电缆分支箱（10～35kV）抽样检测试验项目中相同部分：即试验概述、实验前准备、试验过程的试验方法、注意事项、试验后检查等内容不做重复介绍，需要时，请读者直接查阅第二章高压开关柜对应的相关内容。

（2）本章仅对表 6-1 中，国家电网公司电缆分支箱（10～35kV）抽样检测抽检试验项目中试验过程的试验原理和接线、结果判定、案例分析的相关内容进行介绍。

（3）本章对电缆分支箱（10～35kV）的 A 类抽检试验项目中防护等级试验进行完整的详细介绍。

# 第一节　工频耐压试验

## 一、试验过程

### （一）试验原理和接线

（1）对于三个试验电压（相对地、相间、断口间）相等的一般情况，当高压电缆分支箱进行相间和对地工频耐压试验时，应依次将主回路每一相的导体与试验电源的高压端连接，同时，其他各相导体和箱体底架接地，并保证主回路的连通（例如，通过合上开关装置或其他方法）。

（2）对于开关装置断口试验电压高于相对地耐受电压的特殊情况，当高压电缆分支箱进行开关断口（或隔离断口）之间工频耐压试验时，如果依次将主回路每一相的导体与试验电源的高压端连接，将试验电压施加在断口之间，试验电源另一端接地时，其他各相导体和箱体底架应与地绝缘。

（3）工频耐压试验原理接线图如图 6-1 所示，工频耐压试验接线照片图如图 6-2 所示。

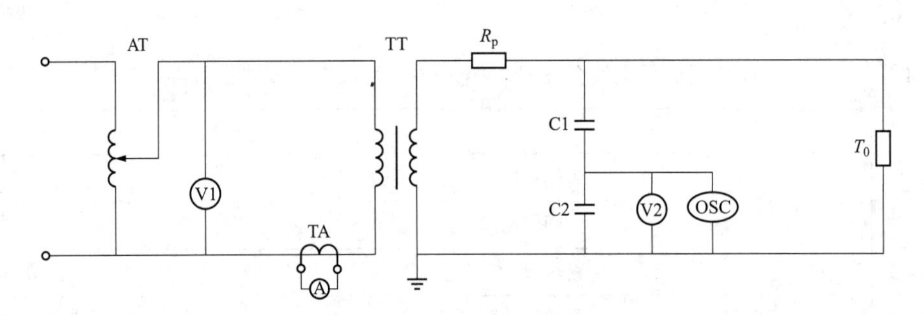


图 6-1　工频耐压试验原理接线图

AT—调压器；$R_p$—保护电阻；TA—电流互感器；TT—工频试验变压器；$T_0$—试品；A—电流表；C1—高压臂电容；C2—低压臂电容；V2—峰值电压表（Voltmeter）；OSC—数字示波器（Oscilloscope）

### （二）试验方法

具体步骤请参照第二章高压开关柜第一节工频耐压试验中试验方法的相关内容。

## 二、结果判定

试验过程中，若试品上没有发生破坏性放电，则通过了工频耐压试验。

图 6-2　工频耐压试验接线照片图

针对该检测项目不合格现象严重性程度进行初步分级，仅供参考。工频电压试验不合格现象严重程度分级表见表 6-2。

**表 6-2　　工频电压试验不合格现象严重程度分级表**

| 序号 | 不合格现象 | 严重程度分级 | 结果判定依据 |
|---|---|---|---|
| 1 | 电压升高到试验电压，在规定的耐受时间（1min）内放电 | 轻微 | GB/T 11022 |
| 2 | 施加电压过程中，出现放电 | 严重 | |
| 3 | 电压施加不上去 | 严重 | |

## 三、案例概况

1. 案例概况

规格为 24kV 的箱式开关站，负荷开关处于合闸位置，接地开关处于分闸位置时，A、B、C 三相对地试验时均出现破坏性放电。

2. 不合格现象描述

负荷开关处于合闸位置，接地开关处于分闸位置时，相对地试验要求施加为 65kV 的工频电压，偏差为±1%。试验时，A 相、B 相电压分别升到 54.4kV、63.1kV 时相对地击穿；C 相电压升到 47.6kV 时，发生破坏性放电，断电后检查发现，C 相母联处对外壳有明显的打火灼烧痕迹，C 相母联处破坏性放电局部照片如图 6-3 所示。按照 GB/T 11022—2020 的 7.2.5 条，判断试验不合格。

图 6-3　C 相母联处破坏性放电局部照片图

3. 不合格原因分析

工频耐压试验进行相对地试验时，A 相、B 相、C 相电压分别升到 54.4kV、63.1kV、47.6kV 时相对地击穿，根据现场检查时发现的问题分析，可能是产品的母联部分在安装工艺上有缺陷，导致对外壳的绝缘不够，无法承受 65kV 的工频耐压试验。

# 第二节　主回路电阻测量

## 一、试验过程

### （一）试验原理和接线

（1）本测量试验是为了检查高压电缆分支箱主导电回路连接是否可靠，材料导电性能是否符合要求的检测试验。通常使用直流电阻测试仪，试验电流应该取 100A 到高压电缆分支箱额定电流之间的任意值，测量高压电缆分支箱进线侧至出线侧的直流电阻值。

（2）如果受试样机没有温升试验，则需参照型式试验的试验结果；若测量所得电阻值为 $R$，依据标准 GB/T 11022 的要求：$R<1.2R_u$（其中：$R_u$ 为高压电缆分支箱型式试验时温升试验前的主回路电阻测量值）。

（3）如果受试样机也有温升试验，则试验后在同一位置测量的主回路电阻也不应该超过试验前测量值的 20%。

（4）主回路电阻测量试验原理接线图如图 6-4 所示，主回路电阻测量试验接线照片图如图 6-5 所示。

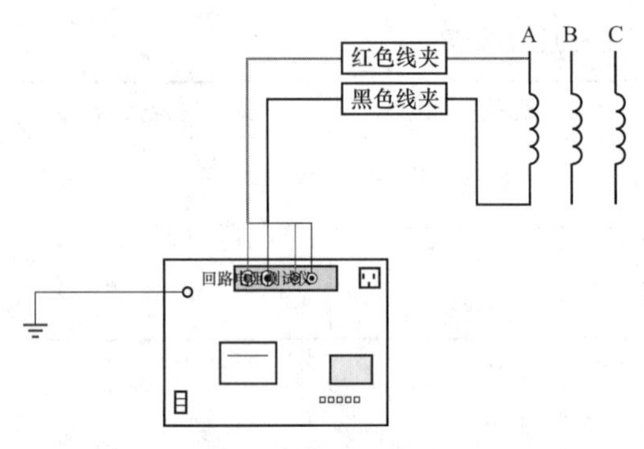


图 6-4　主回路电阻测量试验原理接线图

图 6-5　主回路电阻测量试验接线照片图

### （二）试验方法

具体步骤请参照第二章高压开关柜第二节主回路电阻测量中试验方法的相关内容。

## 二、结果判定

（1）对于受试样机没有温升试验的情况，依据标准 GB/T 11022 的要求：如果测量所得

电阻值：$R < 1.2R_u$（其中：$R_u$ 为高压电缆分支箱型式试验时温升试验前的主回路电阻测量值），判定试验结果合格；反之，则判定不合格。

（2）对于受试样机有温升试验的情况，在满足上述判定条件（1）的同时，也必须满足试验后在同一位置测量的主回路电阻不应该超过试验前测量值的 20%。

针对该检测项目不合格现象严重性程度进行初步分级，仅供参考。主回路电阻测量试验不合格现象严重程度分级表见表 6-3。

表 6-3　　主回路电阻测量试验不合格现象严重程度分级表

| 序号 | 不合格现象 | 严重程度分级 | 结果判定依据 |
|---|---|---|---|
| 1 | $1.2R_u \leqslant$ 实测电阻值 $R \leqslant 1.5R_u$ | 轻微 | GB/T 3906<br>GB/T 11022 |
| 2 | 温升试验前后电阻差值超过 20% | 轻微 | |
| 3 | 实测电阻值 $R > 1.5R_u$ | 严重 | |
| 4 | 温升试验前后电阻差值超过 50% | 严重 | |

## 三、案例分析

1．案例概况

型号为 DFW-12/630-20 的高压电缆分支箱，内装 4 个负荷开关柜（C1～C4）和 1 个 TV 柜，C1-C2 回路测量回路电阻。环境温度：23.6℃，对试品进行回路电阻测量，试验所测数据为 A 相回路电阻为 400.6μΩ，B 相为 430.5μΩ，C 相为 441.9μΩ。回路电阻要求的最大值（$1.2R_u$）为 300μΩ。

2．不合格现象描述

试品 A、B、C 三相回路电阻值超过最大要求值 300μΩ，判定试验不合格。

3．不合格原因分析

拆除两柜间母线连接处分别测量单柜回路电阻，电阻值均在 100μΩ 左右，由此判断其不合格原因在于两柜之间母线连接不可靠，导致回路电阻值超标。

# 第三节　柜体尺寸、厚度、材质检测

## 一、试验过程

### （一）试验原理

（1）使用钢卷尺对高压电缆分支箱柜体尺寸进行测量。

（2）使用超声波测厚仪对高压电缆分支箱柜体板材厚度进行测量。

（3）使用 X 荧光光谱仪对高压电缆分支箱柜体材质和母排材质进行检测。

图 6-6　试品检测照片图

**（二）试验方法**

具体步骤请参照第二章高压开关柜第五节柜体尺寸、厚度、材质检测中试验方法的相关内容。试品检测照片图如图 6-6 所示。

## 二、结果判定

（1）高压电缆分支箱尺寸与技术资料一致，通过试验。

（2）一般要求板材厚度≥2mm，具体判定值按国家电网公司技术要求和试品委托书提供的数值进行。

（3）不锈钢箱体及铜排材质检查，材质元素含量参照表见表 6-4。

表 6-4　　材质元素含量参照表

| 测点部位/部件 | 牌号 | 数量 | 主要元素含量（%） | | | |
|---|---|---|---|---|---|---|
| | | | Cr | Ni | Mn | Cu |
| 箱体顶部 | S30408 | 1 | 18.00～20.00 | 8.00～10.50 | ≤2.00 | — |
| 箱体侧面 | S30408 | 1 | 18.00～20.00 | 8.00～10.50 | ≤2.00 | — |
| 箱体前门 | S30408 | 1 | 18.00～20.00 | 8.00～10.50 | ≤2.00 | — |
| 母排 | T2 | 1 | — | — | — | ≥99.90 |

针对该检测项目检查不合格现象严重性程度进行初步分级，仅供参考。柜体尺寸、厚度、材质检测不合格现象严重程度分级表见表 6-5。

表 6-5　　柜体尺寸、厚度、材质检测不合格现象严重程度分级表

| 试验项目 | 序号 | 不合格现象 | 严重程度分级 | 结果判定依据 |
|---|---|---|---|---|
| 柜体尺寸、厚度、材质检测 | 1 | 板材厚度大于 1.5mm，小于 2mm | 轻微 | — |
| | 2 | 铜排含铜量大于 97%，小于 99.90% | 轻微 | |
| | 3 | 铜排含铜量小于 97% | 严重 | |
| | 4 | 板材厚度小于 1.5mm | 严重 | |
| | 3 | 柜体尺寸与图纸尺寸偏差超过 10% | 严重 | |

## 三、案例分析

1. 案例概况

高压电缆分支箱进线端子处铜排材质不达标（见表 6-6）。

2. 不合格现象描述

表 6-6　　铜排材质含量表

| 测点部位/部件 | 牌号 | 数量 | 主要元素含量（%） | | | |
|---|---|---|---|---|---|---|
| | | | Cr | Ni | Mn | Cu |
| 端子处 | T2 | 1 | — | — | — | 99.82 |

注　要求 T2 的 Cu≥99.90%。

3. 不合格原因分析

进线端子排的铜含量不满足≥99.90%，选用的母排材质不满足要求。

# 第四节　温　升　试　验

## 一、试验过程

### （一）试验原理和接线：

（1）高压电缆分支箱正常运行时是长期载流的电气设备，因为导体自身及各连接部位搭接工艺等原因，回路中存在一定的电阻，当电流流过整条回路时就会产生热损耗，并且交变电磁场作用于导体周围的铁磁物体和绝缘介质也会产生铁磁损耗和介质损耗，这些都属于热源。

（2）上述热源产生的热量使高压电缆分支箱的温度升高，同时以不同的散热方式向周围介质散热，而保持相对恒定的温度，这个温度减去环境温度就是高压电缆分支箱稳定的温升。

（3）温升试验接线原理图如图 6-7 所示，温升试验接线照片图如图 6-8 所示，温升试验温升测量点示意图如图 6-9 所示。

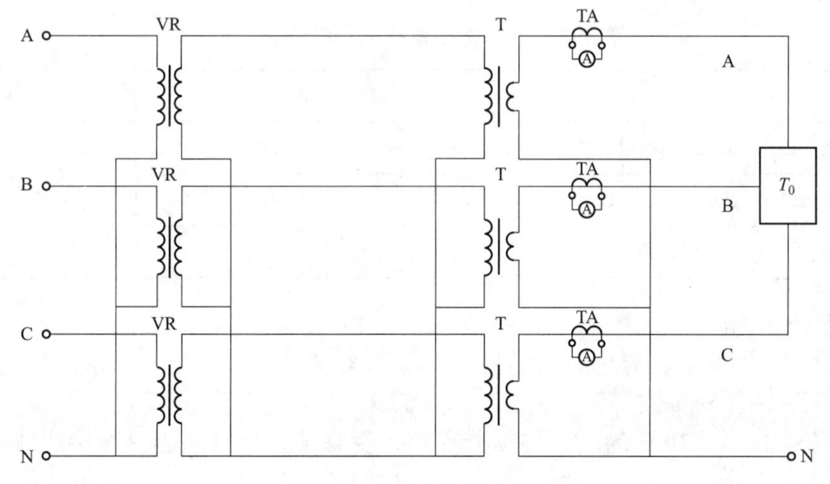


图 6-7　温升试验接线原理图

VR—调压器（voltage-regulator）；TA—电流互感器（current transformer）；

T—升流器（transformer）；$T_0$—试品（test object）

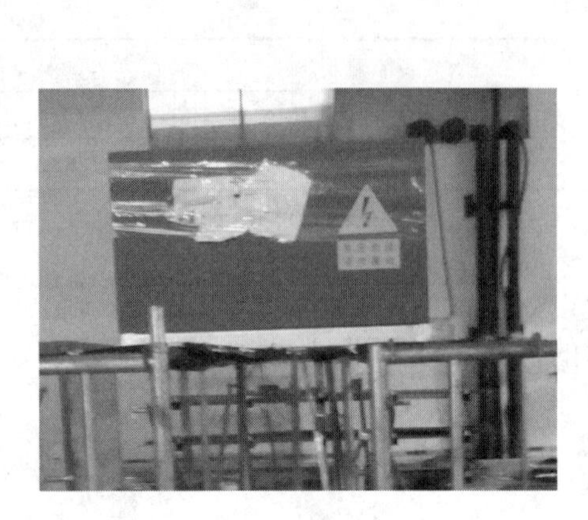

图 6-8　温升试验接线照片图

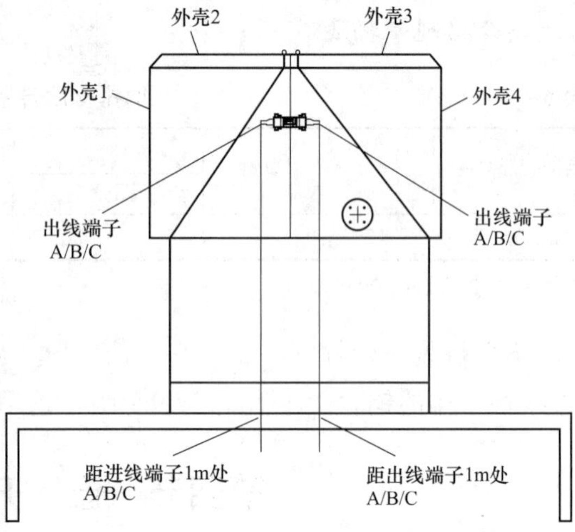


图 6-9　温升试验温升测量点示意图

**（二）试验方法**

具体步骤请参照第二章高压开关柜第十节温升试验中试验方法的相关内容。

## 二、结果判定

（1）各部件温升不应超过表 1-30 的规定，否则，应认为试品没有通过试验。

（2）如果试验后在同一位置测量的回路电阻超过试验前测量值的 20%，也认为试验不合格。

针对该检测项目不合格现象严重性程度进行初步分级，仅供参考。温升试验不合格现象严重程度分级表见表 6-7。

**表 6-7　　温升试验不合格现象严重程度分级表**

| 序号 | 不合格现象 | 严重程度分级 | 结果判定依据 |
|---|---|---|---|
| 1 | 温升满足要求，回路电阻超过 20% | 轻微 | GB/T 11022 |
| 2 | 温升超过规定值，10K 以内 | 中度 | |
| 3 | 温升超过规定值，10K 以上 | 严重 | |

## 三、案例分析

1. 案例概况

规格为 AC10kV/630A 的高压电缆分支箱，温升稳定后试品进出线接线端子温升超过要求值。

2. 不合格现象描述

通以 693A 电流进行温升试验，试验时外壳处于正常关闭状态，分别在试品三相进出

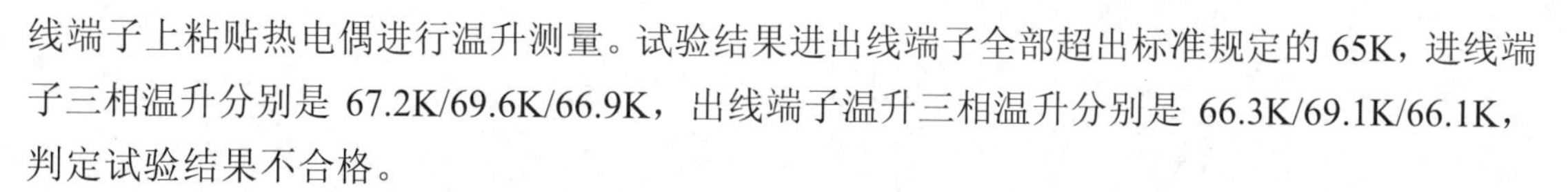

线端子上粘贴热电偶进行温升测量。试验结果进出线端子全部超出标准规定的65K，进线端子三相温升分别是67.2K/69.6K/66.9K，出线端子温升三相温升分别是66.3K/69.1K/66.1K，判定试验结果不合格。

3. 不合格原因分析

（1）可能是试品进出线端子处的铜含量不达标，也可能是端子的设计截面偏小。

（2）电缆分支箱箱体设计的通风口不能满足温升试验的散热要求。

# 第五节　短时耐受电流和峰值耐受电流试验

## 一、试验过程

### （一）试验原理和接线

（1）短时耐受电流试验是验证高压电缆分支箱在规定的时间内流过短路电流时，不产生过高的温度，触头不会发生熔焊，即短时热效应能力。

（2）峰值耐受电流试验是验证高压电缆分支箱流过短路电流时承受电动力的能力，主回路元件不应出现变形、触头不会打开等。

（3）GB/T 11022—2020 规定的额定短路持续时间的标准值为 2s；其他推荐值为 3s 和 4s。

（4）短时耐受电流和峰值耐受电流试验三相试验回路如图 6-10（三相）所示，短时耐受电流和峰值耐受电流试验三相试验回路如图 6-11（单相）所示。

（5）短时耐受电流和峰值耐受电流试验照片图如图 6-12 所示，通过调节线路中阻抗以满足各试验参数的要求。

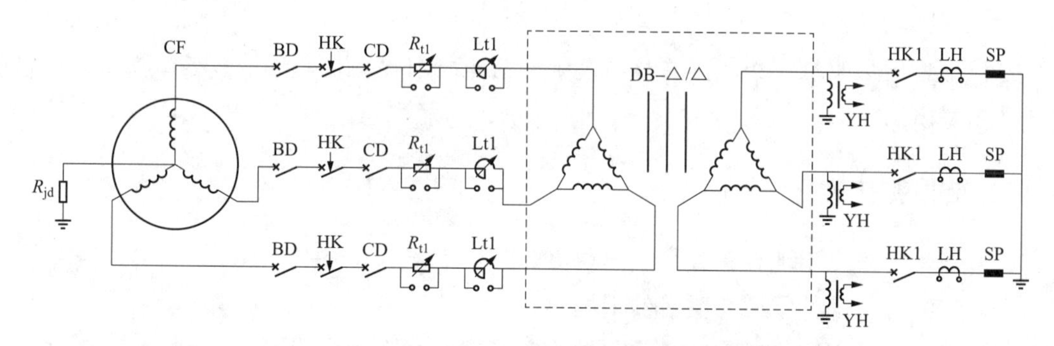


图 6-10　短时耐受电流和峰值耐受电流试验三相试验回路

CF—短路发电机（short-circuit generator）；BD—保护断路器（master circuit-breaker）；HK—合闸开关（making switch）；CD—操作断路器（operation circuit-breaker）；$R_{t1}$—功率因数调节电阻（power factor resistor）；Lt1—调节电抗器（adjustable reactor）；DB—短路变压器（boostershort-circuit trensformer）；YH—电压互感器（voltage transformer）；LH—电流互感器（current transformer）；$R_{jd}$—接地电阻（earthing resistor）；SP—试品（test object）

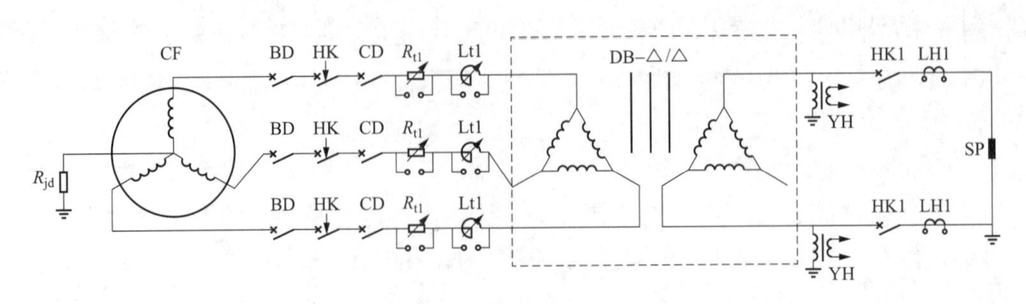


图 6-11 短时耐受电流和峰值耐受电流试验单相试验回路

CF—短路发电机（short-circuit generator）；BD—保护断路器（master circuit-breaker）；HK—合闸开关（making switch）；CD—操作断路器（operation circuit-breaker）；$R_{t1}$—功率因数调节电阻（power factor resistor）；Lt1—调节电抗器（adjustable reactor）；DB—短路变压器（boostershort-circuit transformer）；YH—电压互感器（voltage transformer）；LH1—电流互感器（current transformer）；$R_{jd}$—接地电阻（earthing resistor）；SP—试品（test object）

（a）

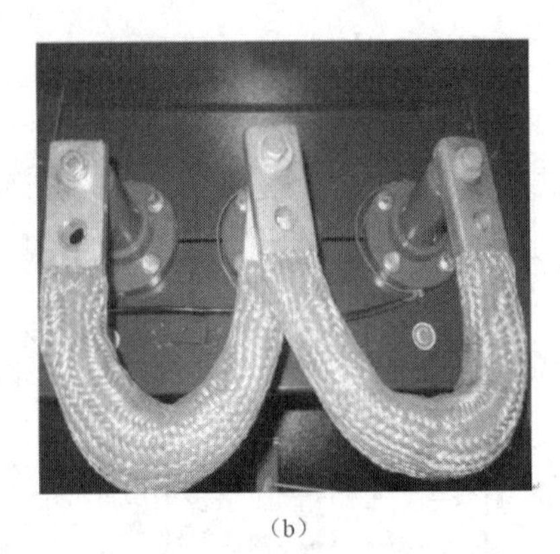

（b）

图 6-12 短时耐受电流和峰值耐受电流试验照片图

（a）试验电源与试品进线侧三相连接；（b）试品出线侧三相短接

### （二）试验方法

具体步骤请参照第二章高压开关柜第十一节短时耐受电流和峰值耐受电流试验中试验方法的相关内容。

## 二 结果判定

（1）试验中不应出现触头分离、出现电弧。

（2）试品各个部件不应有明显的损坏。

（3）试验后应立即进行空载操作，触头应能在第一次操作即可分开。

（4）试验后高压电缆分支箱主回路电阻的增加不超过 20%。如果电阻的增加超过 20%，同时又不可能用目测检查证实触头的状况，应进行一次附加的温升试验，温升不超过规定值。

针对该检测项目不合格现象严重性程度进行初步分级，仅供参考。短时耐受电流和峰值耐受电流试验不合格现象严重程度分级表见表 6-8。

表 6-8 短时耐受电流和峰值耐受电流试验不合格现象严重程度分级表

| 序号 | 不合格现象 | 严重程度分级 | 结果判定依据 |
|---|---|---|---|
| 1 | 试品没有损伤，但回路电阻超过 20%，触头温升超过温升限值 | 一般 | GB/T 11022 |
| 2 | 触头轻微熔焊，施加超过 120%的操作力时触头能分开 | 一般 | |
| 3 | 发生轻微机械变形 | 比较严重 | |
| 4 | 发生机械损伤，触头不能分开 | 严重 | |

## 三、案例分析

1．案例概况

额定电流 630A，短时耐受电流 20kA 的带开关型高压电缆分支箱，在进行短时耐受电流和峰值耐受电流试验时，试验发生异常现象。

2．不合格现象描述

在进行主回路动热稳定试验时，发现试验波形异常，异常试验波形图如图 6-13 所示；试后样品检查时发现电缆接头处产生熔断现象，触头烧熔照片图如图 6-14 所示。

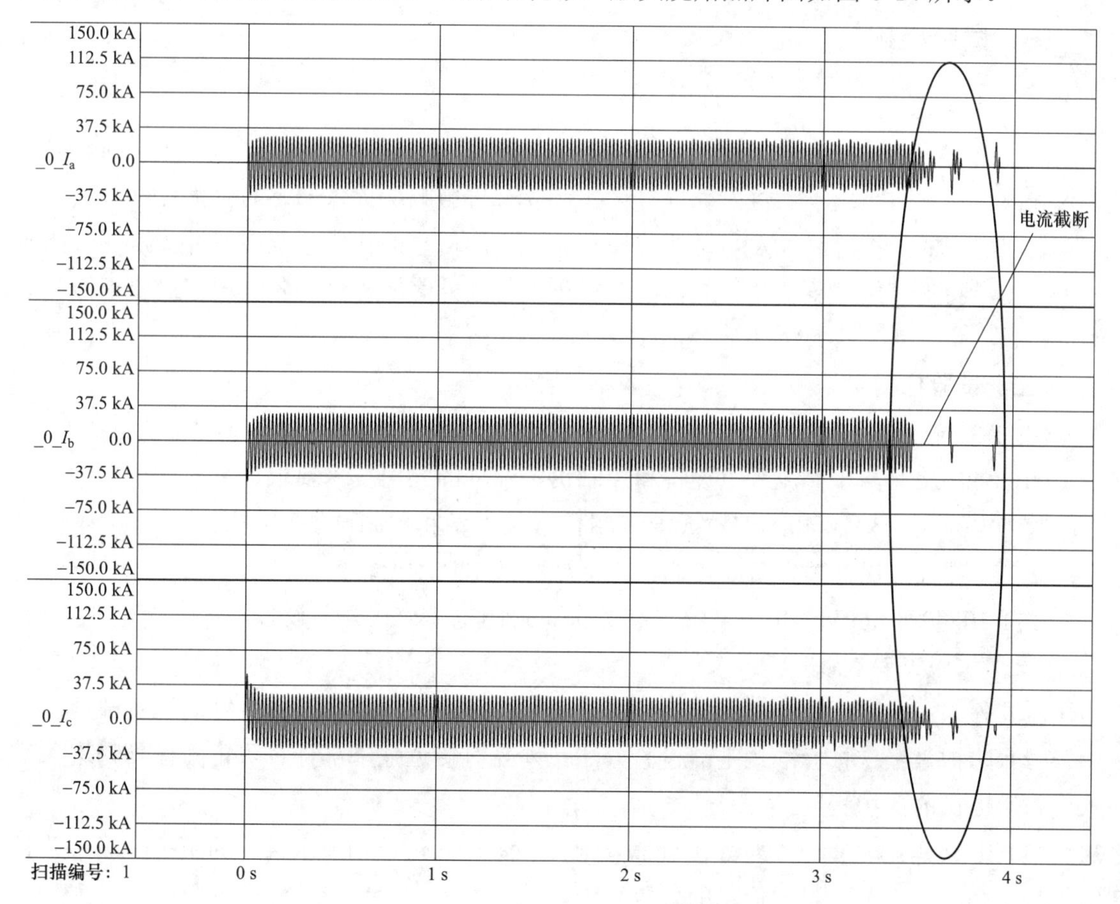


图 6-13 异常试验波形图

图 6-14 触头烧熔照片图

3. 不合格原因分析

（1）接头的载流截面不够。

（2）绝缘支撑件的强度不够。

（3）开关设备载流接线端子固定螺栓固定不牢固。

# 第六节 防护等级试验

## 一、试验概述

### （一）试验目的

高压电缆分支箱作为电气设备，其外壳对防止人体接近壳内危险部件、防止固体异物进入壳内设备、防止由于水进入壳内对设备造成有害影响所提供一定的保护程度。

表明外壳的防护等级以及与这些防护有关的附加信息的代码系统用 IP 代码表示。高压电缆分支箱防护等级试验就是按照标准的要求，对其外壳所提供的各防护等级要求做验证的试验。

### （二）试验依据

GB/T 3906《3.6kV～40.5kV 交流金属封闭开关设备和控制设备》

GB/T 11022《高压交流开关设备和控制设备标准的共用技术要求》

DL/T 404《3.6kV～40.5kV 交流金属封闭开关设备和控制设备》

DL/T 593《高压开关设备和控制设备标准的共用技术要求》

JB/T 10840《3.6kV～40.5kV 高压交流金属封闭电缆分接开关设备》

### （三）试验主要参数

（1）外壳：能防止设备受到某些外部影响并在各个方向防止直接接触的设备部件。

（2）防护等级：按标准规定的检验方法，外壳对接近危险部件、防止固体异物进入或水侵入所提供的保护程度。

（3）IP 代码：表明外壳对人接近危险部件、防止固体异物或水进入的防护等级，并且给出与这些防护有关的附加信息的代码系统。

（4）IP 代码的配置：如图 6-15 所示。

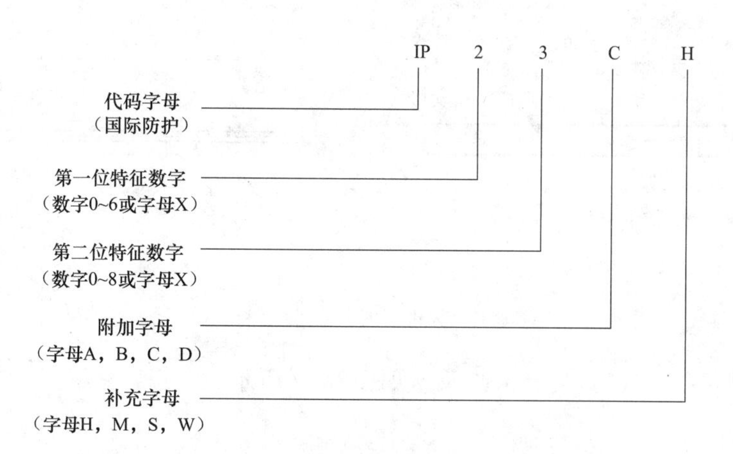


图 6-15　IP 代码配置图

注：不要求规定特征数字时，由字母“X”代替（如果两个字母都省略则用“XX”表示）。

（5）IP 代码的要素及含义。以 IP 43 为例：

1）第一位特征数字 4：防止人手持直径不小于 1.0mm 的工具接近危险部件；防止直径不小于 1.0mm 的固体异物进入设备外壳内。

2）第二位特征数字 3：防止淋水对外壳内设备的有害影响。

## 二、试验前准备

### （一）试验装备与环境要求

（1）试验装备：一般情况下高压电缆分支箱设备的该项试验所用的试验仪器设备参数表见表 6-9。

**表 6-9　　试验仪器设备参数表**

| 仪器设备名称 | 参数及精度要求 |
|---|---|
| 试验线 | +0.05mm |
| 指针式拉压力计 | 10N/1 级 |
| 钢卷尺 | 10m/2 级 |
| 电子秒表 | 0～24h |
| 淋雨试验装置 | 根据标准制造 |
| 智能电磁流量计 | 0.5 级 |
| 压力表 | 0～1MPa/1.6 级 |

刚性金属试具如图 6-16 所示。

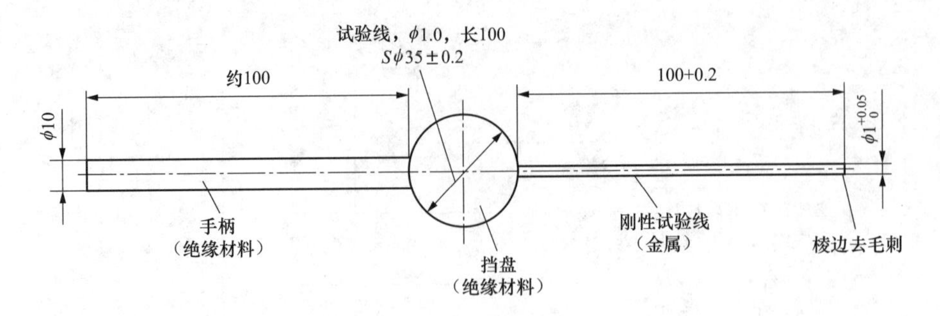


图 6-16　刚性金属试具

防淋水溅水手持式试验装置（喷头）如图 6-17 所示：

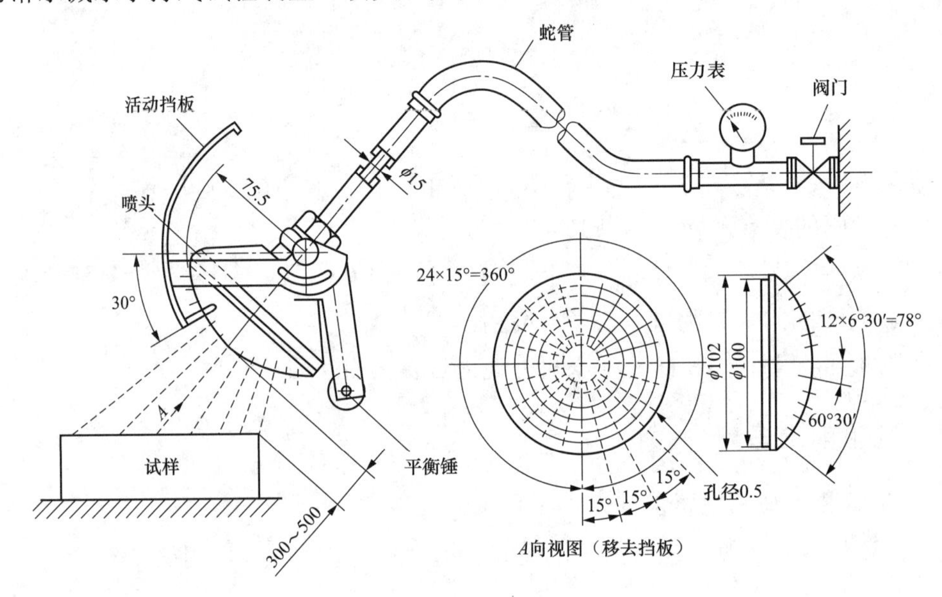


$\phi$0.5 的孔 121 个，其中一个在中央

里面 2 圈共 12 个孔，间距 30°

外面 4 圈共 24 个孔，间距 15°

活动挡板：铝；喷头：黄铜

图 6-17　防淋水溅水手持式试验装置（喷头）

（2）环境要求：

除非有关产品标准另有规定，试验应在规定的标准环境条件下进行。

防水试验的标准环境条件规定如下：

1）温度：15～35℃；

2）相对湿度：25%～75%；

3）气压：86～106kPa。

防水试验特殊条件：IPX1～IPX6 要求试验水温与试样温差不大于 5K。

**（二）试验前的检查**

（1）检查外壳表面和外壳内部是否干净，应保证内部干净避免影响试验后的判定。

（2）所有部件应按制造厂指定的状态安装就位。

（3）检查产品外壳是否完好，各个附件装配完整，特别是密封件。

## 三、试验过程

第一位特征数字 4 所代表的对接近危险部件防护等级试验方法：用直径为$1.0_{0}^{+0.05}$mm 长为 100mm 直的硬钢丝或棒，施加 1±0.1N 的力，钢丝或棒的端面应加工成圆形。

第一位特征数字 4 所代表的防止固体异物进入的防护等级试验方法：用边缘无毛刺的直径为$1.0_{0}^{+0.05}$mm 的刚性钢丝，施加 1±0.1N 的力。

第二位特征数字为 3 的防护试验：使用淋水喷头试验设备。

应安装带平衡重物挡板。调节水压，使达到规定的出水量，且压力应维持恒定。试验时间按试品表面积计算 1min/$m^2$，最少 5min。

## 四、注意事项

（1）进行试验前将试品静置试验区 1～2h，让试品温度接近环境温度。以防止试品产生负压。

（2）注意检查外壳上的所有开口，并对所有开口进行验证。

（3）防水试验时，试品表面积计算误差应在 10%之内。如果试品带电，应采取足够的安全措施。

（4）防尘试验时，滑石粉用金属方孔筛滤过，其使用次数不得超过 20 次。

（5）防尘试验时，试验人员应做好防护措施。

（6）设备要定期运行，定期清洁保养，确保设备可靠运行。

## 五、试验后的检查

（1）钢丝或棒与电器壳内带电部分或转动部分是否保持足够的间隙。

（2）试具的直径是否能通过任何开口。

（3）防水试验后，先将电器外表擦干，检查试品内部是否进水。

## 六、结果判定

（1）钢丝或棒与电器壳内带电部分或转动部分保持足够的间隙；试具的直径不能通过任何开口间隙进入壳体内，则认为第一位特征数字 4 所代表对接近危险部件和防止固体异物进入的防护等级试验合格。

（2）防水试验后先将电器外表擦干，检查试品内部是否进水。外壳内进水量应符合如下要求：

1）不足以影响试品的正常操作或破坏安全性。

2）进水不积聚在可能导致沿爬电距离引起漏电起痕的绝缘部件上。

3）水不进入带电部件，或进入不允许在潮湿状态下运行的绕组。

4）水不积聚在电缆头附近或进入电缆。

5）若试品有泄水孔，应通过观察证明进水不积聚，能排除且不损害设备；对没有泄水孔的试品，若发生水积聚且危及带电部分，应按产品标准规定合格条件。

6）若满足上述条件则认为第二位特征数字 3 所代表的对淋水的防护等级试验合格。

针对该检测项目检查不合格现象严重性程度进行初步分级，仅供参考。防护等级检验不合格现象严重程度分级表见表 6-10。

表 6-10　　　防护等级检验不合格现象严重程度分级表

<table>
<tr><th>序号</th><th>不合格现象</th><th>严重程度分级</th><th>结果判定依据</th></tr>
<tr><td>1</td><td>1.0mm 钢丝进入了壳体，但无法触及带电部位</td><td>轻微</td><td rowspan="2">GB/T 11022</td></tr>
<tr><td>2</td><td>1.0mm 钢丝进入了壳体，且可触及带电部位，淋水试验后影响试品的正常操作或破坏安全性</td><td>严重</td></tr>
</table>

## 七、案例分析

1. 案例概况

高压电缆分支箱在进行 IP43 防护等级试验的第一位特征数字 4 验证时，钢丝进入了外壳内部，初步判断为外壳的开口处间隙过大，影响了产品的安全性。

2. 不合格现象描述

用直径为 $1.0_{0}^{+0.05}$ mm 长为 100mm 直的硬钢丝，施加 1±0.1N 的力对外壳的开口处进行验证试验，钢丝进入了壳体内部，影响了试品的正常操作和破坏了试品的安全性。

防止固体异物进入试验过程如图 6-18 所示。

图 6-18　防止固体异物进入试验过程

3. 不合格原因分析

该高压电缆分支箱的开口处间隙过大，具体尺寸超过 1mm，导致试验钢丝进入了外壳内部，此产品无法对人员接近危险部件和防止固体异物进入提供符合 IP43 的防护等级。

# 第二部分　低压成套开关设备

# 第七章　概　　述

低压成套开关设备是由一个或多个低压开关器件和与之相关的控制、测量、信号、保护、调节等设备，以及所有内部的电气和机械的连接，用结构部件完整地组装在一个封闭壳体内的一种电器组合设备。是接通和断开回路、切除和隔离故障的重要控制设备。

低压成套开关设备一般包括：低压开关柜、低压综合配电箱（JP 柜）、低压电缆分支箱（0.4kV）、低压控制屏及控制柜等。

低压成套开关设备广泛应用于低压配电系统，作接受与分配电能之用。既可根据低压配电系统运行需要将一部分电力设备或线路投入或退出运行，也可在电力设备或线路发生故障时将故障部分从低压配电系统中快速切除，从而保证低压配电系统中无故障部分的正常运行，以及设备和运行维修人员的安全。因此，低压成套开关设备是非常重要的配电设备，其安全、可靠运行对低压配电系统具有十分重要的意义。

本部分所涉及的低压成套开关设备仅包含以下 3 种类型：

（1）低压综合配电箱（JP 柜）。

（2）低压开关柜。

（3）低压电缆分支箱（0.4kV）。

由于上述 3 种低压成套开关设备的检测试验项目内容重复较多，因此，本部分中针对试验内容的相同部分不做重复介绍，有需要请对应参考查阅，特此说明。

以下是本书推荐和涉及的低压成套开关设备检测依据标准，标准未注明年号，均以编写时的最新版为准：

GB/T 4208《外壳防护等级（IP 代码）》

GB/T 7251.1《低压成套开关设备和控制设备　第 1 部分：总则》

GB/T 7251.5《低压成套开关设备和控制设备　第 5 部分：公用电网电力配电成套设备》

GB/T 7251.12《低压成套开关设备和控制设备　第 2 部分：成套电力开关和控制设备》

GB/T 15576《低压成套无功功率补偿装置》

GB/T 20138《电器设备外壳对外界机械碰撞的防护等级（IK 代码）》

GB/T 20641《低压成套开关设备和控制设备空壳体的一般要求》

# 第八章　低压综合配电箱（JP 柜）

随着国网公司建设坚强智能电网和农村电网智能化改造的不断深入，大量的低压综合配电箱（JP 柜）被应用于城网和农村电力线路及各配电台区中。低压综合配电箱（JP 柜）也是为适应城网和农村低压配电装置标准化、小型化、户外式的要求而设计的，其集配电、计量、保护（过载、短路、漏电、防雪）、电容无功补偿于一体。产品具有结构新颖、合理、防护等级高、安装调试、维护及检修方便优点，适用于城网、农网改造及配电台区等低压配电系统。

国网公司低压综合配电箱（JP 柜）抽样检测试验项目详见表 8-1，分为 A、B、C 三类。

表 8-1　　国网公司低压综合配电箱（JP 柜）抽样检测试验项目

| 序号 | 抽检类别 | 试　验　项　目 |
|---|---|---|
| 1 | C 类 | 电击防护和保护电路完整性 |
| 2 | | 介电性能 |
| 3 | | 柜体尺寸、厚度、材质检测 |
| 4 | | 电气间隙和爬电距离验证 |
| 5 | | 布线、操作性能和功能 |
| 6 | | 机械操作验证 |
| 7 | | 工频过电压保护 |
| 8 | B 类 | 温升试验 |
| 9 | | 成套设备的防护等级 |
| 10 | | 机械碰撞试验 |
| 11 | A 类 | 短时耐受强度 |
| 12 | | 电磁兼容性（EMC） |

# 第一节　电击防护和保护电路完整性

## 一、试验概述

### （一）试验目的

低压综合配电箱（JP 柜）的电击防护和保护电路完整性试验，是确定样品内各种金属部件接地的连续性，验证保护电路的有效性，是作为样品是否可以保证保护电路有持久的导电能力，能否承受成套设备中故障接地电流，从而对设备和人身安全进行保护。此试验例行试验、型式试验都要进行。

### （二）试验依据

GB/T 7251.12《低压成套开关设备和控制设备　第 2 部分：成套电力开关和控制设备》

### （三）主要参数及定义

（1）外露可导电部分：成套设备上能触及到的可导电部分，在正常状况下不带电，但在故障情况下可能成为危险带电部分。

（2）保护导体（标识：PE）：以安全为目的而提供的导体，例如电击防护。

保护导体能与下列部件进行电气连接：

1）外露可导电部分；

2）外界可导电部分；

3）主接地端子；

4）接地极；

5）电源的接地点或人为的中性接点。

（3）保护中性导体：兼有保护接地导体和中性导体功能的导体。

## 二、试验前准备

### （一）试验装备与环境要求

（1）试验装备：试验中所需的仪器设备的参数详见表 8-2。

**表 8-2　　试验仪器设备参数表**

| 仪器设备名称 | 参数及精度要求 |
|---|---|
| 直流电阻测试仪 | 0.2%±0.2μΩ |
| 电子数显卡尺 | 0.01mm |

（2）环境要求：除非相关标准另有规定，一般情况下成套设备的电击防护和保护电路完整性试验可在室温下进行。试验时环境温度应在–5～40℃，湿度在 85%以下。

### （二）试验前的检查

（1）做好技术准备，确认试验。

（2）试品及试验设备要正确接线，要保证引线对各接地部分的绝缘距离，以免在试验过程中出现不应有的放电。

（3）将产品按正常工作位置安装放置在试验室。

## 三、试验过程

### （一）试验原理和接线

（1）采用电阻测试仪进行测量，为获得尽可能精确的电阻值，测量使用4线法进行。将测试仪器的两个测试线夹，一个夹在测试样柜的接地排（PE排）或接地点上，另一个测试夹夹在需要测量的部位上，测试接线完成。

（2）接线实物图如图8-1所示。

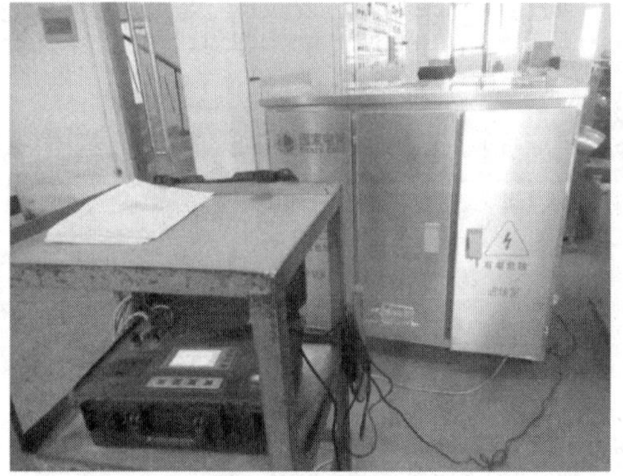

图8-1　接线实物图

### （二）试验方法

（1）先将试品与地面绝缘，并将试品内部该测量的位置找好。

（2）检查仪器设备外观、显示、功能完好，检查完毕后，接好设备电源。

（3）将该设备的两个线夹与标准中要测量的部位进行连接。测试部位一般如下：

1）主接地点与安装电器元件的板或门锁之间。

2）主接地点与主开关安装支架之间。

3）主接地点与各支路断路器安装支架之间。

4）主接地点与其他裸露导电部件之间。其他裸露导电部件是指：仪表支架、端子排支架等。

（4）检查接线正确无误后，将设备中电流挡位选择为10A。

（5）选择好相位档，按下测试键，等待数秒钟，观察电流表的指针是否偏转到相应电流位置。如是，记录液晶屏上显示的电阻值后按下复位键；如不是，则检查线夹接触是否良好、分析原因，排除故障后重新测量。

（6）继续测量试验顺序卡中标注的其他位置，直到测量全部结束。

（7）试验结束后关闭设备电源，拆除连接线夹，检查仪器设备完好无损后放置原位。整理试验现场。

## 四、注意事项

（1）试验的测试时间一般应限制在5s，否则低电流设备可能受到试验的不利影响。

（2）成套设备裸露导电部件在下述情况下不会构成危险，则不需与保护电路连接：

1）不可能大面积接触或用手抓住。

2）裸露导电部件很小（大约 50mm×50mm），或者被固定在其位置上时，不可能与带电部件接触，如螺钉、铆钉和铭牌。也适用于继电器或接触器的衔铁、变压器的铁心（除非它们带有连接保护电路的端子）、脱扣器的某些部件等，不论其尺寸大小。

## 五、试验后的检查

按下列要求测量记录裸露导电部件和保护电路之间的电阻值：

（1）在满足直接接触防护的外壳上（如：门、覆板、盖板等）以及门或单元的手柄、门锁、框架上选择布点。

（2）带有抽出式单元的部件，应分别在连接位置、试验位置和分离位置上进行测量并记录。

（3）记录进线保护导体端子和出线保护导体端子间电阻值。

（4）试验后，保护电路有无受严重破坏，保护电路连续性是否符合小于或等于 0.1Ω 要求。

## 六、结果判定

低压成套开关设备的不同裸露导电部件是否有效地连接在保护电路上，且进线保护导体和相关的裸露导电部件之间的电阻不应超过 0.1Ω 为合格。

常见不合格现象严重性程度进行初步分级，仅供参考。电击防护和保护电路完整性试验常见不合格现象分级表见表 8-3。

**表 8-3　　电击防护和保护电路完整性试验常见不合格现象分级表**

| 序号 | 不合格现象 | 严重程度分级 | 结果判定依据 |
|---|---|---|---|
| 1 | 出现 3 处及以下电阻大于 0.1Ω | 轻微 | GB/T 7251.12 |
| 2 | 出现 3 处及以上电阻大于 0.1Ω | 中度 | |
| 3 | 不导通 | 严重 | |

## 七、案例分析

1. 案例概况

交流 400V 低压综合配电箱（JP 柜）电击防护和保护电路完整性试验不合格。

2. 不合格现象描述

仪表安装板铰链为塑料绝缘件，见图 8-2，控制器安装面板与主接地无可靠性连接。

3. 不合格原因分析

仪表安装板铰链为塑料绝缘件，导致安装板与 PE 排（主接地点）不连通。

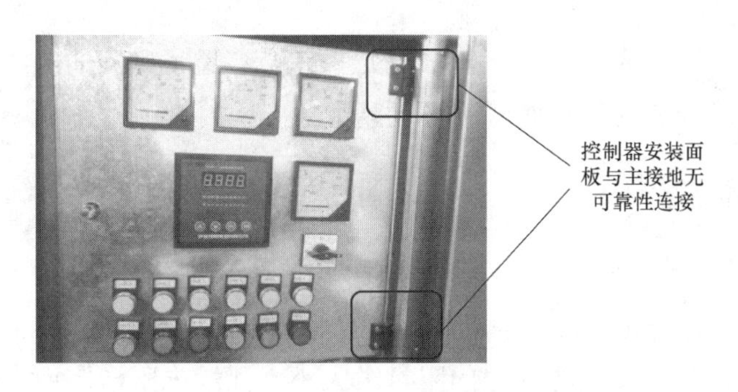


图 8-2　仪表安装板铰链为塑料绝缘件

# 第二节　介　电　性　能

## 一、试验概述

### （一）试验目的

低压综合配电箱（JP 柜）在电力系统运行中要受到各种电压的作用，如持续工频电压、暂时过电压、操作过电压和雷电过电压等。为保证低压成套设备在各种电压作用下安全运行，要用相应的试验对产品进行考核，验证产品的绝缘性能。出厂试验和型式试验都要进行该试验。

成套设备的每条电路都应能承受：

（1）暂时过电压。

（2）瞬态过电压。

用施加工频耐受电压的方法验证成套设备承受暂时过电压的能力及固体绝缘的完整性；用施加冲击耐受电压的方法验证成套设备承受瞬态过电压的能力。

### （二）试验依据

GB/T 7251.12《低压成套开关设备和控制设备　第 2 部分：成套电力开关和控制设备》

GB/T 15576《低压成套无功功率补偿装置》

### （三）试验主要参数

（1）暂时过电压：持续相对长时间（数秒钟）的工频过电压。

（2）瞬态过电压：持续时间为几毫秒更短的、并通常具有高阻尼振荡或非振荡的短时过电压。

（3）工频耐受电压：在规定的试验条件下，不引起击穿的工频正弦电压有效值。

（4）冲击耐受电压：在规定条件下，不造成绝缘击穿，具有一定形状和极性的冲击电压最高峰值。

（5）绝缘电阻：绝缘材料在电压作用下所通过的泄漏电流的大小，能反映其电阻的大小，这个电阻被称为绝缘材料的绝缘电阻。

（6）击穿放电：在电应力作用下，放电几乎完全穿透了试验的绝缘体，导致电极间的电压降为零或者接近于零的一种绝缘损坏的现象。

## 二、试验前准备

### （一）试验装备与环境要求

（1）试验装备。试验电源的容量应满足：当其高压输出端短路时，电流不应小于 0.5A。这一规定的目的是保证试验电源部分的阻抗大大小于泄漏电阻，因而在被试电器电气强度降低时仍能保持一定的试验电压值，试验电压为正弦波且频率为 45～65Hz。试验中所需的仪器设备的参数详见表 8-4。

**表 8-4　　仪器设备参数表**

| 仪器设备名称 | 精度 |
|---|---|
| 工频耐电压试验仪 | 0～1000V：±1.5%；1000～6000V：±3% |
| 冲击电压试验仪 | 1V～ 30kV：±3% |
| 冲击电压发生器成套试验设备 | （脉冲电压）：＜3% |
| 高压耐压试验仪 | 输出电压准确度：±1.5% |
| 数字绝缘电阻表 | 200k～5/10/20/50/100 GΩ 5 级，其余 20 级 |

（2）环境要求。除非相关标准另有规定，一般情况下成套设备的介电性能试验可在室温下进行。试验时环境温度应在−5～40℃，湿度在 85%以下。

### （二）试验前的检查

（1）做好技术准备，确认试验参数。

（2）试品及试验设备要正确接线，要保证引线对各接地部分的绝缘距离，以免在试验过程中出现不应有的放电。

（3）将产品按正常工作位置安装放置在试验室。

## 三、试验过程

### （一）试验原理和接线

（1）工频耐受电压试验原理框图如图 8-3 所示。

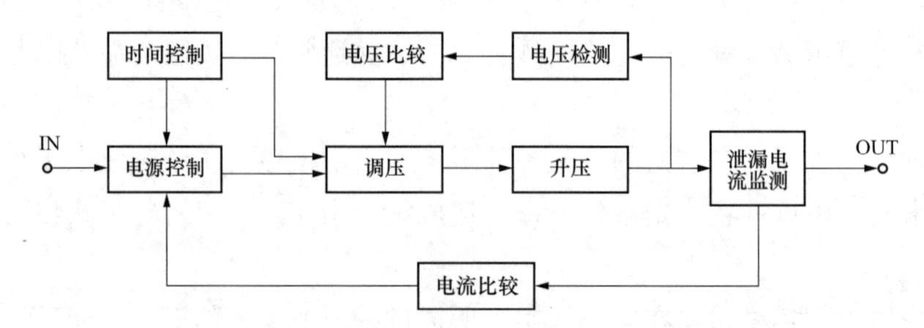


图 8-3　工频耐受电压试验原理框图

（2）冲击耐受电压试验原理框图如图 8-4 所示。

（3）绝缘结构的泄漏电流和等效电路图如图 8-5 所示。

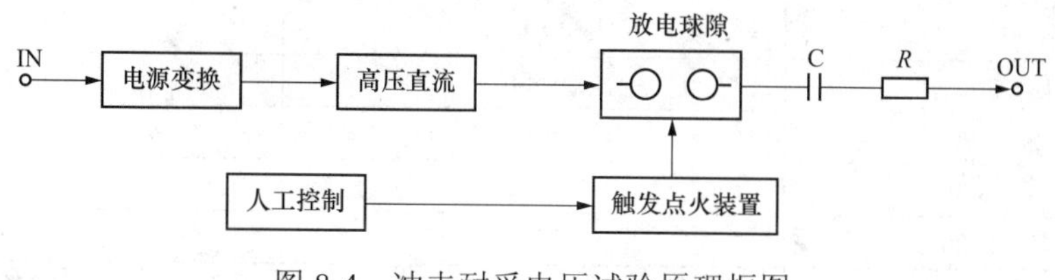


图 8-4　冲击耐受电压试验原理框图

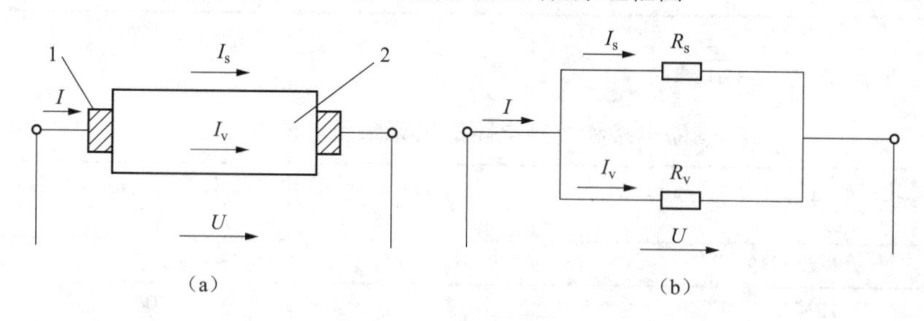


图 8-5　绝缘结构的泄漏电流和等效电路图

（a）泄漏电流；（b）等效电路

1—电极；2—绝缘材料

## （二）试验方法

试验时，成套设备的所有电气设备都应连接起来，除非根据有关规定应施加较低试验电压的元器件以及某些消耗电流的元器件（如线圈，测量仪器，浪涌保护器），对这些元器件施加试验电压后将会引起电流的流动，则应将它们断开。此类元器件应将它们的一个接线端子断开，除非它们被设计为不能耐受全试验电压时，才能将所有接线端子都断开。

1. 工频耐受电压

（1）测量部位。

1）主电路以及连接到主电路的辅助电路和控制电路应承受表 8-5 中的试验电压值；

2）不与主电路连接的辅助电路和控制电路，应承受表 8-6 中的试验电压值。

（2）试验电压。

试验电压波形应是近似正弦波，频率为 45～65Hz。在输出电压已调整到合适的试验电压值后，当输出端子短路时，用于试验的高压变压器应设计为输出电流至少为 200mA。当输出电流小于 100mA 时，过流继电器不应动作。

试验电压值应取表 8-5 或表 8-6 中的规定值，允许有±3%的偏差。

**表 8-5　　主电路的工频耐受电压值**

| 额定绝缘电压 $U_i$<br>（线—线交流或直流）<br>（V） | 介电试验电压<br>（交流有效值）<br>（V） | 介电试验电压 [b]<br>（直流）<br>（V） |
|---|---|---|
| $U_i \leqslant 60$ | 1000 | 1415 |

续表

| 额定绝缘电压 $U_i$（线—线交流或直流）（V） | 介电试验电压（交流有效值）（V） | 介电试验电压[b]（直流）（V） |
|---|---|---|
| $60 < U_i \leqslant 300$ | 1500 | 2120 |
| $300 < U_i \leqslant 690$ | 1890 | 2670 |
| $690 < U_i \leqslant 800$ | 2000 | 2830 |
| $800 < U_i \leqslant 1000$ | 2200 | 3110 |
| $1000 < U_i \leqslant 1500$[a] | — | 3820 |

a　仅指直流。
b　试验电压是根据 GB/T 16935.1 选取。

**表 8-6　　辅助电路和控制电路的工频耐受电压值**

| 额定绝缘电压 $U_i$（线—线）（V） | 介电试验电压（交流方均根值）（V） |
|---|---|
| $U_i \leqslant 12$ | 250 |
| $12 < U_i \leqslant 60$ | 500 |
| $60 < U_i$ | 见表 8-5 |

（3）试验电压的施加。

开始时施加的工频试验电压不应超过全电压值的 50%，然后将试验电压平稳增加至全试验电压值，并维持 $5_{0}^{+2}$s。试验电压应施加有如下要求：

1）主电路的所有带电部分（包括连接到主电路上的控制电路和辅助电路）连接在一起与外露可导电部分之间。此时，所有开关器件的主触头应处于闭合状态，或由一个合适的低阻导体短接。

2）主电路不同电位的每个带电部分和不同电位其他带电部分与连接在一起的外露可导电部分之间。此时，所有开关器件的主触头应处于闭合状态，或由一个合适的低阻导体短接。

3）通常：不连接主电路的每条控制电路和辅助电路与①主电路；②其他电路；③外露可导电部分。

（4）验收准则。试验过程中，过电流继电器不应动作，且不应有击穿放电。

2. 冲击耐受电压

冲击电压发生器应调整到连接的成套设备所要求的冲击电压值，试验电压应符合表 8-7 给出的对应于额定冲击耐受电压的试验电压值。施加的峰值电压的偏差为±3%。初始制造商可选择表 8-7 中给出的工频电压或直流电压进行试验。

**表 8-7　　冲击耐受试验电压**

| 额定冲击耐受电压 $U_{imp}$（kV） | 试验期间的试验电压和相应的海拔 | | | | | | | | | |
|---|---|---|---|---|---|---|---|---|---|---|
| | $U_{1.2/50}$ 交流峰值和直流（kV） | | | | | 交流有效值（kV） | | | | |
| | 海平面 | 200m | 500m | 1000m | 2000m | 海平面 | 200m | 500m | 1000m | 2000m |
| 2.5 | 2.95 | 2.8 | 2.8 | 2.7 | 2.5 | 2.1 | 2.0 | 2.0 | 1.9 | 1.8 |

续表

| 额定冲击耐受电压 $U_{imp}$（kV） | 试验期间的试验电压和相应的海拔 | | | | | | | | | |
|---|---|---|---|---|---|---|---|---|---|---|
| | $U_{1.2/50}$，交流峰值和直流（kV） | | | | | 交流有效值（kV） | | | | |
| | 海平面 | 200m | 500m | 1000m | 2000m | 海平面 | 200m | 500m | 1000m | 2000m |
| 4.0 | 4.8 | 4.8 | 4.7 | 4.4 | 4.0 | 3.4 | 3.4 | 3.3 | 3.1 | 2.8 |
| 6.0 | 7.3 | 7.2 | 7.0 | 6.7 | 6.0 | 5.1 | 5.1 | 5.0 | 4.7 | 1.2 |
| 8.0 | 9.8 | 9.6 | 9.3 | 9.0 | 8.0 | 6.9 | 6.8 | 6.6 | 6.4 | 5.7 |
| 12.0 | 14.8 | 14.5 | 14.0 | 13.3 | 12.0 | 10.5 | 10.3 | 9.9 | 9.4 | 8.5 |

试验时不与主电路连接的辅助电路应接地。对成套设备每个极应施加 1.2/50μs 的冲击电压 5 次，间隔时间至少为 1s。试验电压应施加于：

（1）主电路的所有带电部分（包括连接到主电路上的控制电路和辅助电路）连接在一起与外露可导电部分之间。此时，所有开关器件的主触头应处于闭合状态，或由一个合适的低阻导体短接。

（2）主电路不同电位的每个带电部分和不同电位其他带电部分与连接在一起的外露可导电部分之间。此时，所有开关器件的主触头应处于闭合状态，或由一个合适的低阻导体短接。

（3）通常：不连接主电路的每条控制电路和辅助电路与①主电路；②其他电路；③外露可导电部分。

注意：试验过程中不应有击穿放电。

3. 绝缘电阻

试验时，成套设备的所有电气设备都应连接起来，除非根据有关规定应施加较低试验电压的元器件及某些消耗电流的元器件（如线圈、测量仪器、浪涌保护器），对这些元器件施加试验电压后将会引起电流的流动，则应将它们断开。此类元器件应将它们的一个接线端上断开，除非它们被设计为不能耐受全试验电压时，才能将所有接线端子都断开。

电气设备的绝缘电阻常用绝缘电阻表来测量。一般有手摇式绝缘电阻表和数显式绝缘电阻表。手摇式绝缘电阻表由直流发电机和差动式电流表组成，由手摇发电机产生近似恒定电压的直流电压，通过检测泄漏电流，在表头上直接显示绝缘电阻值，以 MΩ 表示。由于手摇式绝缘电阻表发电机是手控的，它的转速不可能保持额定转速，为此，差动式电流表采用流比计原理结构，也就是仪表指针的偏转角 $\alpha$ 不单纯取决于泄漏电流，也取决于泄漏电流与另一施加同电压的分流电路中电流的比值，即

$$\alpha = f(I_1/I_2) \tag{8-1}$$

式中　$I_1$——被测绝缘体的泄漏电流；

$I_2$——通过接有附加电阻的电路的电流。

由于发电机输出电压变化时这个电流比值基本保持不变，所以电压变化引起的测量误差不大。测量时绝缘电阻表要放平稳，以避免仪表的转动部分产生误差，同时也避免摇动手柄时指针的摆动现象。

绝缘电阻表有不同的电压等级，按电器的额定工作电压来选择，要求见表 8-8。

被试电器额定工作电压越高，绝缘电阻表的电压等级越高，则测量条件越接近实际工作条件，且绝缘结构的质量缺陷越容易发现，但应注意其电压等级不应超过电器的电气强度电压值，以免造成击穿或损害。

绝缘材料的绝缘电阻值与所施加的电压有关，一般随电压的升高而降低。尽管电压的高低对仪表本身带来的误差不大，但考虑被试电器绝缘电阻随施加电压而变化，所以测量时手摇绝缘电阻表手柄应保持一定的速度，约 120r/min，以保持输出电压稳定。绝缘材料的绝缘电阻还与通电时间有关，这是由于测量时两电极间总存在分布电容开始施压时，除有泄漏电流外，还有电容器的充电电流，因而电流较大，绝缘电阻值较低。电容器经一段时间充电结束后，只有泄漏电流，因而绝缘电阻值升高。测量时应读取仪表指针稳定后的数值，对电器产品而言，一般需 1min 便能基本达到稳定。

测量部位：

（1）相间；

（2）相与外壳间；

（3）相与地间。

绝缘电阻的验证可用试验电压至少为 500V 直流的绝缘测量仪器进行绝缘测量。

4. 绝缘材料外壳的试验

用绝缘材料制造的外壳的成套装置，还应进行一次附加介电试验，在外壳的表面包裹一层能覆盖所有开孔和接缝的金属箔。交流试验电压则施加于这层金属箔与成套设备内靠近开孔和接缝的相互连接的带电部件以及裸导电部件之间。对此附加试验，其试验电压应等于表 8-5 中规定的值的 1.5 倍。

5. 绝缘材料的外部操作手柄

手柄用绝缘材料制造或包覆的情况下，应在带电部件与金属箔裹缠的整个手柄表面之间施加表 8-5 规定的 1.5 倍试验电压值。进行该试验时，框架不应当接地，也不能同其他电路相连接。对绝缘电阻表额定电压等级的要求见表 8-8。

**表 8-8　对绝缘电阻表额定电压等级的要求**

| 电器的额定工作电压（V） | 绝缘电阻表额定电压等级（V） |
|---|---|
| $U_N \leqslant 60$ | 250 |
| $60 < U_N \leqslant 660$ | 500 |
| $660 < U_N \leqslant 1200$ | 1000 |

注　其中以 500V 为常用电压等级。

## 四、注意事项

（1）试品及试验设备要正确接线，要保证引线对各接地部分的绝缘距离，以免在试验

过程中出现不应有的放电。

（2）检查产品内元器件的连接，确认产品内消耗电流的器件以及不能承受规定电压的半导体器件等端子应拆除或旁路。

（3）确认主回路上开关位置，并用万用表检查分接开关的导通状态，保证接触良好。

（4）检查设备是否可靠接地。

## 五、试验后的检查

应根据统一制定的规范格式如实填写：

（1）按照试验施加的情况记录原始数据，保存冲击电压示波图。

（2）试验过程照片应清晰完整。

（3）试验后，对于不合格项目，拍摄该部位的具体、准确、详细的照片，并用文字描述进行标注。

## 六、结果判定

### 1. 工频耐压试验结果判定

试验过程中，过电流继电器不应动作，且不应有击穿放电。

常见不合格现象严重性程度进行初步分级，仅供参考。见表 8-9。

表 8-9　　工频耐压试验常见不合格现象分级表

| 序号 | 不合格现象 | 严重程度分级 | 结果判定依据 |
| --- | --- | --- | --- |
| 1 | 电压升高到试验电压，在规定的耐受时间（5s）内放电 | 严重 | GB/T 7251.12 |
| 2 | 施加电压过程中，出现放电 | 严重 | |
| 3 | 电压施加不上去 | 严重 | |

### 2. 冲击耐受电压试验结果判定

在试验过程中，没有发生击穿或放电现象，则此试验通过。

常见不合格现象严重性程度进行初步分级，仅供参考。见表 8-10。

表 8-10　　冲击耐受电压试验常见不合格现象分级表

| 序号 | 不合格现象 | 严重程度分级 | 结果判定依据 |
| --- | --- | --- | --- |
| 1 | 试验出现电压波形截断 | 严重 | GB/T 7251.12 |
| 2 | 试验出现电压波形击穿 | 严重 | |

### 3. 绝缘电阻试验结果判定

绝缘电阻应大于 1000Ω/V，则此试验通过。

## 七、案例分析

**【案例一】**

1．案例概况

交流400V低压综合配电箱（JP柜）介电性能——工频耐受电压试验不合格。

2．不合格现象描述

带电部件与裸露导电部件之间击穿放电，具体放电部位：与L2连接的限位开关内部对外壳PE击穿放电。带电部件与裸露导电部件之间击穿放电（案例一）如图8-6所示。

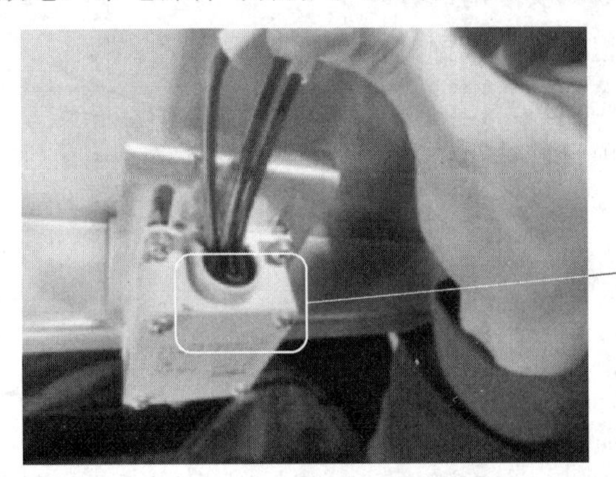


图8-6　带电部件与裸露导电部件之间击穿放电（案例一）

3．不合格原因分析

门限位开关安装工艺不到位，绝缘导线的绝缘破损。

**【案例二】**

1．案例概况

交流400V低压综合配电箱（JP柜）介电性能——工频耐受电压试验不合格。

2．不合格现象描述

带电部件与裸露导电部件之间击穿放电（案例二）如图8-7所示。

图8-7　带电部件与裸露导电部件之间击穿放电（案例二）

3. 不合格原因分析

绝缘导线走线不合理，导致绝缘导线与柜体框架切割后绝缘破损。

# 第三节　柜体尺寸、厚度、材质检测验证

## 一、试验概述

### （一）试验目的

低压综合配电箱（JP 柜）的外形尺寸、高度和壳体板材厚度、壳体材质及母排材质的主要元素含量测量结果应符合技术规范。柜体尺寸、厚度属于型式试验和出厂试验，材质检测属于特殊试验。本项试验的目的是验证 JP 柜设备的外形尺寸、高度和壳体板材厚度是否符合图纸和标准要求；检查 JP 柜设备的壳体材质及母排材质的主要元素含量是否满足要求。

### （二）试验依据

DL/T 991《电力设备金属光谱分析技术导则》

GB/T 7251.12《低压成套开关设备和控制设备　第 2 部分：成套电力开关和控制设备》

GB/T 11344《无损检测 接触式超声脉冲回波法测量厚度》

### （三）试验主要参数

（1）柜体尺寸：宽度×深宽×高度，单位（mm×mm×mm）。

（2）柜体板材厚度：单位（mm）。

（3）柜体及铜材材质：检测材质的主要元素含量。

（4）光谱分析：利用被检材料中原子（或离子）发射的特征线光谱，或某些分子（或基团）所发射的特征带光谱的波长和强度，来检测元素的存在及含量的方法。

（5）光谱仪：一种利用色散元件和光学系统将光辐射按波长分开排列，并用适当的接收器接收不同波长辐射的分析仪器。按照使用色散元件的不同，分为棱镜光谱仪、光栅光谱仪、干涉光谱仪；按接收谱线方式不同分为看谱镜、摄谱仪、直读光谱仪。按照安装方式，分为台式和便携式。

## 二、试验前准备

### （一）试验装备与环境要求

（1）试验装备：试验中所需的仪器设备的参数详见表 8-11。

**表 8-11**　　试验仪器设备参数表

| 仪器设备名称 | 量程 | 精度 |
| --- | --- | --- |
| 钢卷尺 | 5m | 2 级 |
| 超声波测厚仪 | 0～20mm | 分辨率：0.001mm<br>误差：±0.05mm |

续表

| 仪器设备名称 | 量程 | 精度 |
| --- | --- | --- |
| 手持式 X 荧光光谱仪 | 常见金属元素<br>镀层厚度：0～100μm | 示值误差：±0.03% |

（2）环境要求：除非相关标准另有规定，一般情况下成套设备的试验可在室温下进行。试验时环境温度应在−5～40℃，湿度在 85%以下。

**（二）试验前的检查**

（1）检查试验设备：试验前检查试验设备是否完好，测量仪表应在校准有效期内。

（2）检查样机试品：检查试品是否装配完整，绝缘件的外表面应处于清洁状态。试品设备应如同正常使用时一样放置，所有覆板等都应就位。

## 三、试验过程

**（一）试验原理和接线**

此检测项目一般用检测仪器设备直接进行现场测量，得出试验测量结果，现场测量照片图分别如图 8-8 和图 8-9 所示。

图 8-8　现场测量照片图

图 8-9　现场测量照片图

（1）板材厚度测量（见图 8-8）。

（2）材质检测（见图 8-9）。

（二）试验方法

1．柜体尺寸测量

（1）将被测 JP 柜试品按正常使用时放置好，使用钢卷尺对成套设备进行柜体尺寸测量并记录测量值。

（2）对 JP 柜试品的高、宽、深或者长、宽、高分别进行测量并记录，精确到 1mm。

2．柜体板材厚度测量

（1）将 JP 柜试品按正常使用时放置好，使用超声波测厚仪对 JP 柜进行板材厚度测量

并记录测量值。

（2）对 JP 柜的顶部、侧板、前门、后门、底部板材进行厚度测量，测量在表面清洁，平滑的部位上进行。

（3）打开超声波测厚仪电源，选择公制厚度 MM，选择合适测量模式，不锈钢板选 E-E、SMC 塑料选 I-E。

（4）在测量部位上滴一滴耦合剂，探头紧贴板材表面，读数稳定后（所有竖条都显示），记录数据，精确到 0.001mm。

（5）更换下一个部位，重复进行上述步骤，直到所有要求的测量部位全部测量结束。

（6）试验结束后，将使用仪器设备放置原位。

3. 柜体和母排材质检测

（1）将 JP 柜试品按正常使用时放置好，用手持式 X 荧光光谱仪对 JP 柜进行柜体和母排材质检测并记录测量值。

（2）对 JP 柜的顶部、侧板、前门、后门、母排进行材质检测，测量表面应清洁，若柜体表面有喷涂应先去除，母排表面有镀层，应先进行打磨。

（3）打开手持式光谱仪电源，输入密码，选择合适测量模式：测量—金属—常见金属。

（4）将手持式光谱仪摄像头对准测量部位，扣下扳机，仪器液晶屏上显示金属牌号和元素含量，测量时间 10s，记录数据，保留四位有效数字。

（5）更换下一个测量部位，重复进行上述操作步骤，直到所有要求的测量部位全部测量结束。

## 四、注意事项

（1）成套设备应如同正常使用时一样放置，所有覆板等都应就位。

（2）使用超声波测厚仪测量前，需使用标样进行校准。

（3）使用手持荧光光谱仪测量前，需使用标样进行校准，确保仪器测量数据准确有效。

（4）测量有涂层的柜体和有镀层的母排材质时，需先使用合适的打磨方法，去除表面的涂层和镀层材料后再进行测量。

（5）试验需安排两人进行。

## 五、试验后的检查

（1）记录测量时的样品的长×宽×高或高×宽×深等外形尺寸等数据，精确到 mm。

（2）记录柜体板材厚度测量时的部位，如前门、后门、侧板、顶板、底板等，测量数据精确到 0.001mm。

（3）进行柜体及铜材材质检测时，应记录测量部位、主要元素含量并保留四位有效数字。

## 六、结果判定

（1）板材厚度一般要求≥2mm，也有≥2±0.12mm，≥2±0.08mm 等要求，具体判定值按国网公司产品技术规范书或样机委托书参数要求进行。

（2）不锈钢柜体及铜排材质检查，结果判定值要求参考箱体材质主要元素测量表，见表 8-12。

表 8-12　　　　箱体材质主要元素测量表

| 测点部位/部件 | 牌号 | 数量 | 主要元素含量（%） | | | |
|---|---|---|---|---|---|---|
| | | | Cr | Ni | Mn | Cu |
| 箱体顶部 | S30408 | 1 | 18.00～20.00 | 8.00～10.50 | ≤2.00 | — |
| 箱体侧面 | S30408 | 1 | 18.00～20.00 | 8.00～10.50 | ≤2.00 | — |
| 箱体前门 | S30408 | 1 | 18.00～20.00 | 8.00～10.50 | ≤2.00 | — |
| 箱体后门 | S30408 | 1 | 18.00～20.00 | 8.00～10.50 | ≤2.00 | — |
| 母排 | T2 | 1 | — | — | — | ≥99.90 |

常见不合格现象严重性程度进行初步分级，仅供参考。柜体尺寸、厚度、材质检测常见不合格现象分级表见表 8-13。

表 8-13　　　　柜体尺寸、厚度、材质检测常见不合格现象分级表

| 序号 | 不合格现象 | 严重程度分级 | 结果判定依据 |
|---|---|---|---|
| 1 | 板材厚度大于 1.8mm，小于 2mm | 轻微 | DL/T 991<br>GB/T 7251.12 |
| 2 | 铜排含铜量大于 97%，小于 99.90% | 轻微 | |
| 3 | 柜体材质 Cr 的含量小于 18%、Ni 的含量小于 8%、Mn 的含量大于 2% | 中度 | |
| 4 | 铜排含铜量小于 97% | 严重 | |
| 5 | 板材厚度小于 1.8mm | 严重 | |

## 七、案例分析

**【案例一】**

1. 案例概况

交流 400V 低压综合配电箱（JP 柜）柜体板材厚度不达标。

2. 不合格现象描述

低压综合配电箱（JP 柜）柜体板材厚度不达标，柜体板材厚度要求值≥2±0.02mm。测量时记录顶板厚度：1.476mm、侧板厚度：1.468mm、后门板厚度：1.480mm、前门板厚度：1.462mm、底板厚度：1.486mm。上述部位测量结果均低于要求值，结果板材厚度不合格，柜体厚度测量如图 8-10 所示。

3. 不合格原因分析

选用的柜体板材厚度不满足要求。

【案例二】

1. 案例概况

交流 400V 低压综合配电箱（JP 柜）柜体材质不达标。

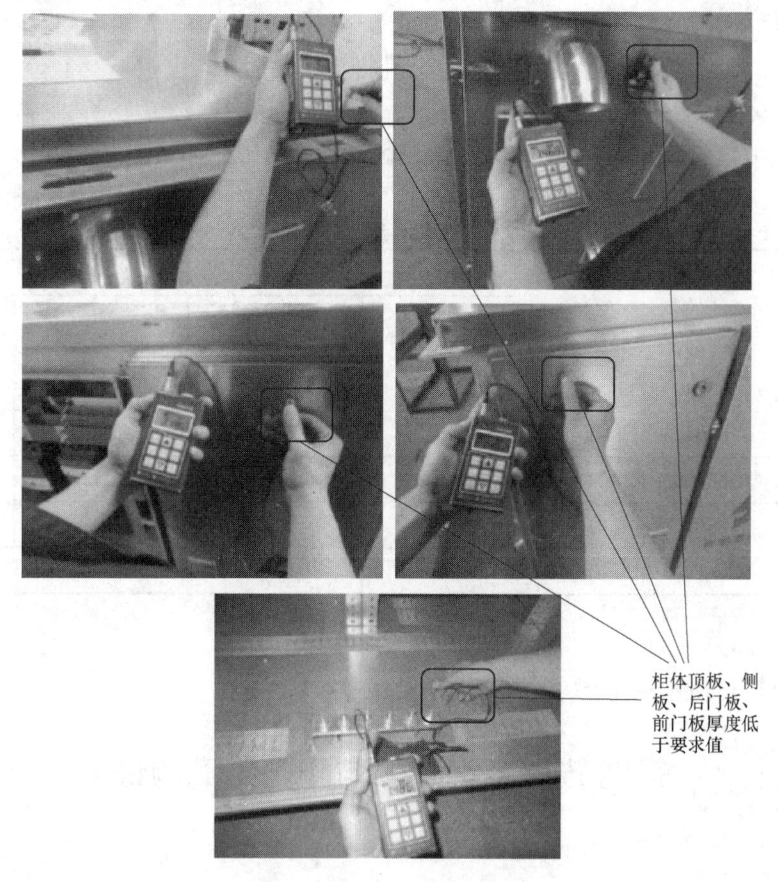


图 8-10　柜体厚度测量

2. 不合格现象描述

试验过程中柜体材质不合格现象见实测箱体材质主要元素测量表（表 8-14）。

表 8-14　　实测箱体材质主要元素测量表

| 测点部位/部件 | 牌号 | 数量 | 主要元素含量（%） | | | |
|---|---|---|---|---|---|---|
| | | | Cr<br>18.00～20.00 | Ni<br>8.00～10.50 | Mn<br>≤2.00 | Cu<br>≥99.90 |
| 箱体顶部 | S30408 | 1 | 14.17 | 1.09 | 9.99 | — |
| 箱体侧面 | S30408 | 1 | 14.26 | 1.16 | 10.19 | — |
| 箱体前门 | S30408 | 1 | 14.01 | 1.02 | 10.22 | — |
| 箱体后门 | S30408 | 1 | 13.98 | 1.13 | 10.04 | — |
| 母排 | T2 | 1 | — | — | — | 99.93 |

3. 不合格原因分析

选用的柜体材质不满足要求。

【案例三】

1. 案例概况

交流400V低压综合配电箱（JP柜）母排材质不达标。

2. 不合格现象描述

试验过程中母排材质不合格现象参考实测柜体材质主要元素测量表（表8-15）。

表8-15　　实测柜体材质主要元素测量表

| 测点部位/部件 | 牌号 | 数量 | 主要元素含量（%） | | | |
|---|---|---|---|---|---|---|
| | | | Cr<br>18.00～20.00 | Ni<br>8.00～10.50 | Mn<br>≤2.00 | Cu<br>≥99.90 |
| 箱体顶部 | S30408 | 1 | 18.08 | 8.02 | 1.09 | — |
| 箱体侧面 | S30408 | 1 | 18.02 | 8.08 | 1.02 | — |
| 箱体前门 | S30408 | 1 | 18.19 | 8.11 | 1.32 | — |
| 箱体后门 | S30408 | 1 | 18.12 | 8.03 | 1.15 | — |
| 母排 | T2 | 1 | — | — | — | 99.82 |

3. 不合格原因分析

选用的母排材质不满足要求。

## 第四节　电气间隙与爬电距离验证

### 一、试验概述

#### （一）试验目的

电气间隙和爬电距离的要求是基于GB/T 16935.1的原则，旨在规定装置内部的绝缘配合。作为成套设备的组成部分的设备的电气间隙和爬电距离，应符合相关产品标准的要求。该试验属于型式试验和出厂试验。目的是验证不同的额定绝缘电压、额定冲击耐受电压、污染等级和绝缘材料类别下成套设备内部电器元件、导体中不同电位导电部件之间的距离是否满足标准要求。装入成套设备内的设备，在正常使用条件下应保持规定的电气间隙和爬电距离。

#### （二）试验依据

GB/T 7251.12《低压成套开关设备和控制设备　第2部分：成套电力开关和控制设备》

#### （三）试验主要参数

1. 电气间隙

两个导电部分之间的最短直线距离。

2. 爬电距离

两个导电部分之间沿固体绝缘材料表面的最短距离。

## 二、试验前准备

### （一）试验装备与环境要求

（1）试验装备：试验中所需仪器设备的参数见表 8-16。

表 8-16　试验仪器设备参数表

| 仪器设备名称 | 量程 | 精度 |
|---|---|---|
| 电子数显卡尺（mm） | 0～150 | 0.01 |
| 爬电距离测试卡（mm） | 0.25、1.0 、1.5、2.5、3.0、3.5、4.5、6.0、8.0 | 0.01 |

（2）环境要求：除非相关标准另有规定，一般情况下成套设备的试验可在室温下进行。试验时环境温度应在–5～40℃，湿度在 85%以下进行。

### （二）试验前的检查

试品按正常工作位置放置在试验现场，首先采用目测的方法逐一检查配电箱内各部位，对电气间隙和爬电距离值明显较小的部位仔细确认。

## 三、试验过程

### （一）试验原理和接线

此项目无需接线，首先通过目测寻找电气间隙和爬电距离可能最小的部位，游标卡尺测量出结果，现场测量照片图如图 8-11 所示。

### （二）试验方法

（1）应先看给出的被试品的污染等级、材料组别和额定绝缘电压，确定被试品电气间隙和爬电距离的最小允许值。

（2）测量电气间隙时，找出被试品中不同电位的两个导电部件之间最短的直线距离，用游标卡尺进行测量并记录测量值。同样找出带电导体与外壳间最短的直线距离用游标卡尺进行测量并记录测量值。

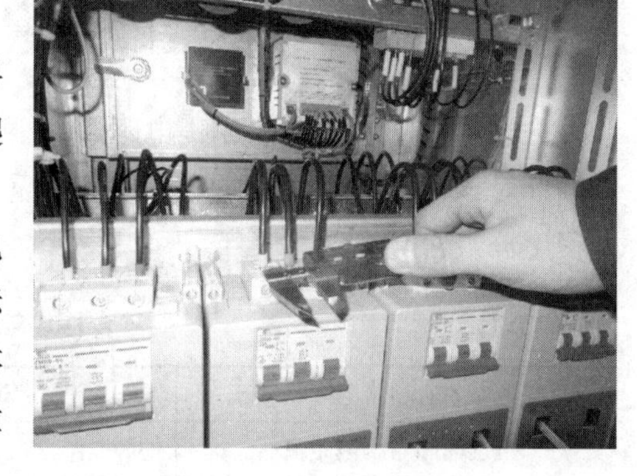

图 8-11　现场测量照片图

（3）测量爬电距离时，找出被试品中不同电位的两个导电部件之间沿绝缘材料表面最短的距离用游标卡尺进行测量并记录测量值。同样找出带电导体与外壳间沿绝缘材料表面最短的距离用游标卡尺进行测量并记录测量值。

（4）成套设备中包含抽出式部件的，则应在试验位置和分断位置时分别验证电气间隙和爬电距离。

（5）对于成套设备中有做短路强度试验的试品，考虑到由短路引起的外壳及其部件或内部屏障可能产生的任何变形，在短路强度试验后应对被试品的电气间隙和爬电距离再次用游标卡尺进行测量并记录测量值。

（6）试验结束后，将使用仪器设备放置原位。

## 四、注意事项

（1）仔细阅读试验要求，了解具体参数和要求值。

（2）任何情况下，爬电距离都不应小于相应的最小电气间隙。但是对于无机绝缘材料，例如玻璃或陶瓷，他们不产生电痕化，其爬电距离不需要大于其相应的电气间隙。但应考虑击穿放电的危险。

（3）如果使用最小高度 2mm 的加强筋，在不考虑加强筋数量的情况下，可以减小爬电距离，相关值的 0.8 倍。而且不应小于相应的最小电气间隙。

（4）对于不同的污染等级，槽宽度的最小值也不相同。根据试验要求中的污染等级，选择对应的槽宽度最小值进行电气间隙和爬电距离的测量。当槽宽小于最小值时，电气间隙和爬电距离直接跨过槽进行测量。

## 五、试验后的检查

（1）检查所使用的设备的完好性。

（2）检查所试验的试品的完好性。

（3）确保试验数据的准确，试验过程照片应清晰完整。

## 六、结果判定

如果测量的电气间隙和爬电距离值小于标准要求值，则试验结果不合格。

针对该检测项目检查不合格现象严重性程度进行初步分级，仅供参考。不合格现象严重程度分级表见表 8-17。

**表 8-17　　不合格现象严重程度分级表**

| 不合格现象 | 严重程度分级 | 结果判定依据 |
|---|---|---|
| 电气间隙与爬电距离低于要求值 | 中度 | GB/T 7251.12 |

## 七、案例分析

**【案例一】**

1. 案例概况

交流 400V 低压综合配电箱（JP 柜）电气间隙与爬电距离不合格。

2．不合格现象描述

相与相之间的电气间隙和爬电距离不符合要求。

相与相之间电气间隙要求值：≥10mm，实测值：6.77mm，电气间隙检测如图 8-12 所示。

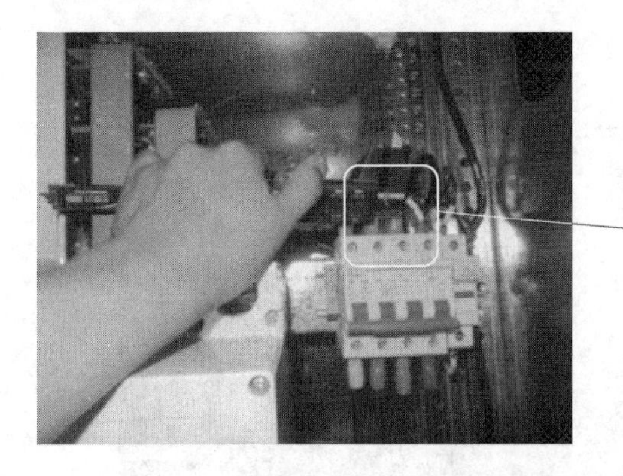


图 8-12　电气间隙检测

3．不合格原因分析

元器件选型不合理，电气间隙与爬电距离值不满足要求。

【案例二】

1．案例概况

交流 400V 低压综合配电箱（JP 柜）电气间隙与爬电距离不合格。

2．不合格现象描述

复合开关进线端 A、B 相之间的爬电距离低于要求值（≥14.0mm），实测 12.30mm，爬电距离检测（案例二）如图 8-13 所示。

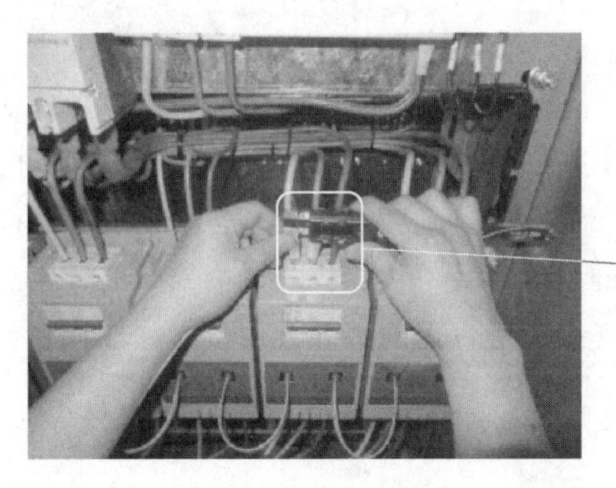


图 8-13　爬电距离检测（案例二）

3．不合格原因分析

元器件选型不合理，电气间隙与爬电距离值不满足要求。

【案例三】

1．案例概况

交流 400V 低压综合配电箱（JP 柜）电气间隙与爬电距离不合格。

2. 不合格现象描述

复合开关进线端 A、B 相之间的爬电距离低于要求值（≥14.0mm），实测 12.65mm，爬电距离检测（案例三）如图 8-14 所示。

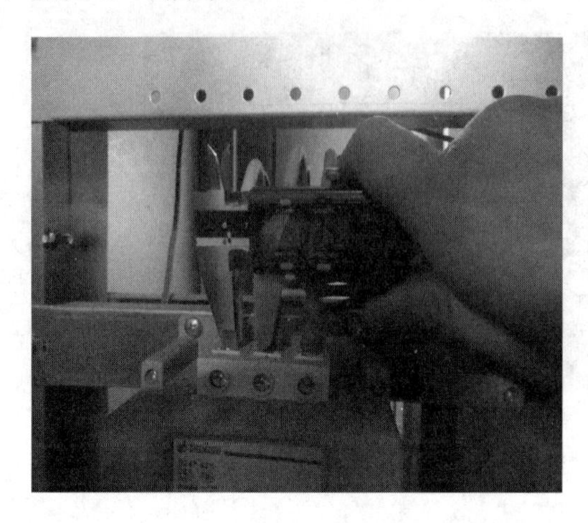

图 8-14 爬电距离检测（案例三）

3. 不合格原因分析

元器件选型不合理，电气间隙与爬电距离值不满足要求。

## 第五节 布线、操作性能和功能

### 一、试验概述

#### （一）试验目的

本检测项目是检查低压成套设备的外观是否完好，内部导线电缆的布置、元器件的安装是否正确，外接导线端子是否符合要求以及各个电器元件在通电状态下能否正常工作。低压综合配电箱（JP 柜）的外观布置，仪器仪表、断路器等元器件的安装、接线端子应符合标准要求；验证其电气接线是否正确，螺钉连接是否牢固，检查信息和标识的完整性。

#### （二）试验依据

GB/T 7251.12《低压成套开关设备和控制设备 第 2 部分：成套电力开关和控制设备》

#### （三）试验主要参数

（1）中性导体截面积：≥相导体截面积的一半。

（2）中性导体允许连接铜导线截面积：≥分回路最小试验电流所用导线截面的一半。

（3）中性导体及保护导体端子数量：≥回路数+1。

（4）中性导体截面积要求见表 8-18。

表 8-18 中性导体截面积要求表

| 相导体的截面积（$mm^2$） | 相应保护导体（PE、PEN）的最小截面积（$mm^2$） |
|---|---|
| $S \leq 16$ | $S$ |
| $16 < S \leq 35$ | 16 |
| $35 < S \leq 400$ | $S/2$ |
| $400 < S \leq 800$ | 200 |
| $800 < S$ | $S/4$ |

## 二、试验前准备

### （一）试验装备与环境要求

（1）试验装备：试验中所需的仪器设备参数详见表 8-19。

表 8-19 试验仪器设备参数表

| 仪器设备名称 | 量程 | 精度 |
|---|---|---|
| 钢卷尺 | 5m | 2 级 |
| 数显电子卡尺 | 0～150mm | 分辨率 0.01mm<br>准确度±0.02mm |
| 电子吊钩秤 | 5t | Ⅲ级 |

（2）环境要求：除非相关标准另有规定，一般情况下成套设备的试验可在室温下进行。试验时环境温度应在−5～40℃，湿度在 85%以下。

### （二）试验前的检查

（1）JP 柜成套设备按正常工作位置放置，所有覆板等都应就位。

（2）准备好试验所需的仪器设备。

（3）JP 柜通电操作试验时试品及试验设备要正确接线，避免出现短路现象。

## 三、试验过程

### （一）试验原理和接线

（1）按照样机的额定电压，在主回路进线端施加额定频率的额定电压，检查仪表指示，如电压值、电流值、功率因数等。

（2）操作元器件分合闸，如塑壳断路器合分闸，剩余电流断路器合分闸；无功补偿部分电容器投切是否灵活、正常，指示灯指示是否正确，现场试验照片图分别如图 8-15 和图 8-16 所示。

### （二）试验方法

（1）对机械操作元件、联锁、锁扣等部件的有效性进行检查。

（2）检查导线和电缆的布置是否正确。

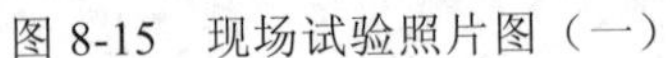

图 8-15　现场试验照片图（一）

图 8-16　现场试验照片图（二）

（3）检查电器安装是否正确。

1）由操作人员观察的指示仪表应安装在成套设备基础面上方 0.2～2.2m。

2）操作器件，如手柄、按钮或类似器件，应安装在易于操作的高度上，其中心线一般应在成套设备基础面上为 0.2～2m。不经常操作的器件，如每月少于一次，可以装在高度达 2.2m 处。

3）紧急开关器件的操动机构，在成套设备基础面上 0.8～1.6m 之间应是易于接近的。

（4）端子，不包括保护导体端子，应位于成套设备的基础面上方至少 0.2m，并且端子的位置应使电缆易于与其连接。

（5）外接导线端子。

1）中性导体截面积的测量值。

2）中性导体端子允许连接铜导线的截面积测量值。

3）中性导体端子的数量。

4）保护导体端子的数量。

5）中性导体端子和保护导体端子的位置。

6）中性导体端子和保护导体端子标志。

7）保护导体截面积的测量值。

（6）检查连接，特别是螺钉连接是否接触好。

（7）检查铭牌和标志是否完整，以及成套设备是否与其相符。

（8）检查成套设备与制造厂提供的电路，接线图和技术数据是否相符。

（9）通电操作试验，按设备的电气原理图要求进行模拟动作试验，试验结果应符合设计要求。

（10）铭牌：成套设备制造商应为每台成套设备配置一个或数个铭牌，铭牌应坚固、耐久，其位置应该是在成套设备安装好并投入运行时易于看到的地方。

成套设备的铭牌上应标出下列信息：

1）成套设备制造商的名称或商标。

2）型号或标志号，或其他标识，据此可以从成套设备制造商获得相关的资料。

3）鉴别生产日期的方式。

4）对应标准：GB/T 7251.12、GB/T 15576。

## 四、注意事项

（1）JP 柜试品按正常位置放置，所有覆板等都应就位。

（2）需要测量的数据均应实测并及时记录。

## 五、试验后的检查

确保试验数据的准确，试验过程照片应清晰完整。

## 六、结果判定

检查各个实测数据是否符合要求。

针对检测项目检查不合格现象严重性程度进行初步分级，仅供参考。布线、操作性能和功能不合格现象严重程度分级表见表 8-20。

**表 8-20　　布线、操作性能和功能不合格现象严重程度分级表**

| 序号 | 不合格现象 | 严重程度分级 | 结果判定依据 |
|---|---|---|---|
| 1 | A、B、C、N、PE 排标识缺失错误 | 轻微 | GB/T 7251.12 |
| 2 | N、PE 排接线端子数达不到要求 | 轻微 | |
| 3 | N、PE 排尺寸达不到规定值 | 严重 | |
| 4 | 漏电断路器通电操作异常 | 严重 | |
| 5 | 一次接线形式不符合 | 严重 | |

## 七、案例分析

**【案例一】**

1. 案例概况

交流 400V 低压综合配电箱（JP 柜）布线、操作性能和功能不合格。

2. 不合格现象描述

（1）保护导体截面积低于要求值（要求值≥$75mm^2$，实测值：$60mm^2$），保护导体宽度如图 8-17 和图 8-18 所示。

（2）中性导体截面积低于要求值。（要求值≥$75mm^2$，实测值：$60mm^2$），中性导体宽度分别如图 8-19 和图 8-20 所示。

3. 不合格原因分析

选用的保护导体 PE 排、中性母排 N 尺寸不满足要求。

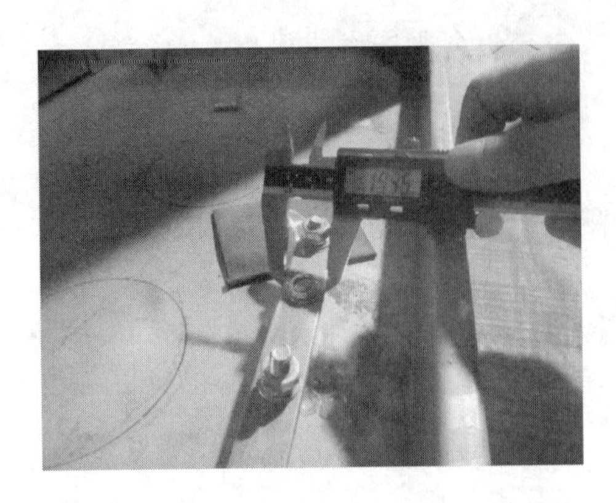

图 8-17 保护导体宽度（一）

图 8-18 保护导体厚度（二）

图 8-19 中性导体宽度（一）

图 8-20 中性导体厚度（二）

**【案例二】**

1．案例概况

交流 400V 低压综合配电箱（JP 柜）布线、操作性能和功能不合格。

2．不合格现象描述

（1）剩余电流动作断路器通电操作试验时，手动分闸异常，剩余电流动作断路器手动分闸异常如图 8-21 所示。

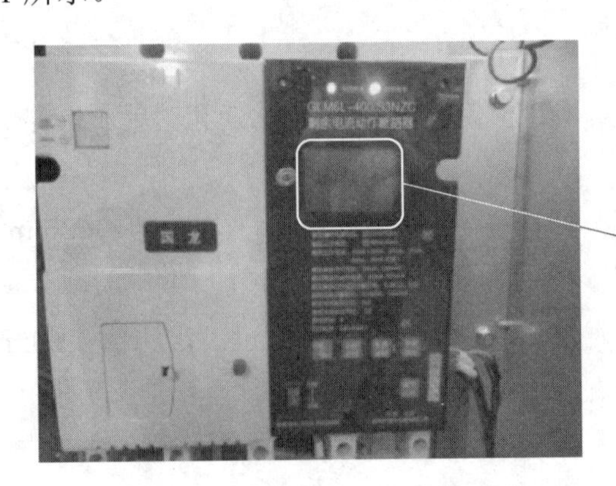


图 8-21 剩余电流动作断路器手动分闸异常

（2）剩余电流保护断路器故障，剩余电流保护断路器故障如图 8-22 所示。

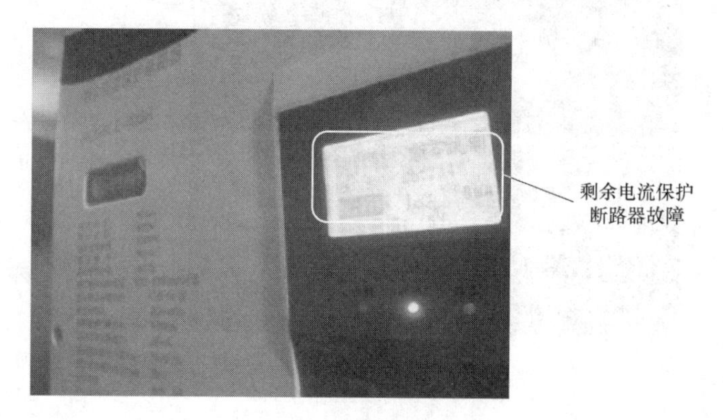


图 8-22 剩余电流保护断路器故障

3. 不合格原因分析

选用的剩余电流动作断路器故障，不满足要求。

**【案例三】**

1. 案例概况

交流 400V 低压综合配电箱（JP 柜）布线、操作性能和功能不合格。

2. 不合格现象描述

浪涌保护器出线为黑色，接地线要求为黄绿双色，试验照片图（案例三）如图 8-23 所示。

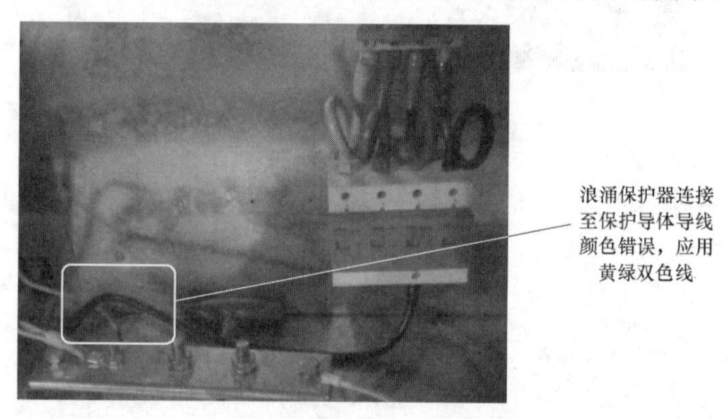


图 8-23 试验照片图（案例三）

3. 不合格原因分析

接地线要求为黄绿双色，浪涌保护器出线为黑色，不满足要求。

**【案例四】**

1. 案例概况

交流 400V 低压综合配电箱（JP 柜）布线、操作性能和功能不合格。

2. 不合格现象描述

电容器补偿回路小型断路器分断能力未达到 15A，小型断路器正面分别如图 8-24 和图 8-25 所示。

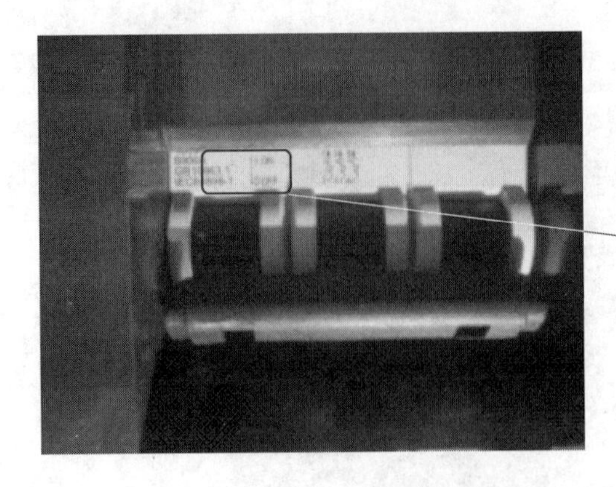


图 8-24　小型断路器正面（一）

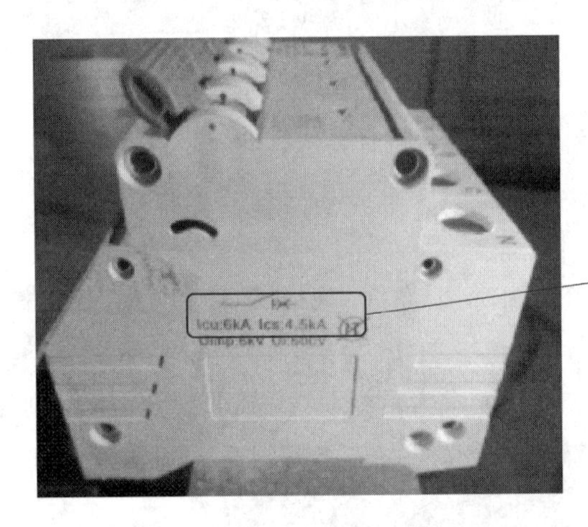


图 8-25　小型断路器侧面（二）

3. 不合格原因分析

元器件短路保护能力不达标，元器件选型不匹配，不满足要求。

【案例五】

1. 案例概况

交流 400V 低压综合配电箱（JP 柜）布线、操作性能和功能不合格。

2. 不合格现象描述

水平母排 *N* 排与安装柜架间的绝缘端子破裂，试验照片图（案例五）如图 8-26 所示。

3. 不合格原因分析

绝缘子品质或者安装工艺不达标，不满足要求。

【案例六】

1. 案例概况

交流 400V 低压综合配电箱（JP 柜）布线、操作性能和功能不合格。

2. 不合格现象描述

无功控制器安装面板脱落，试验照片图（案例六）如图 8-27 所示。

图 8-26 试验照片图（案例五）

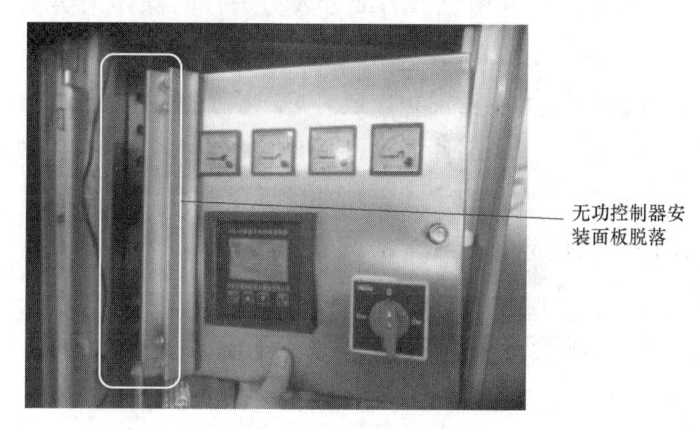


图 8-27 试验照片图（案例六）

3. 不合格原因分析

壳体装配工艺不达标，不满足要求。

**【案例七】**

1. 案例概况

交流 400V 低压综合配电箱（JP 柜）布线、操作性能和功能不合格。

2. 不合格现象描述

柜内指示仪表电流表数据指示异常，试验照片图（案例七）如图 8-28 所示。

图 8-28 试验照片图（案例七）

3. 不合格原因分析

柜内指示仪表异常，不满足要求。

## 第六节　机械操作验证

### 一、试验概述

#### （一）试验目的

低压综合配电箱（JP 柜）中利用机械力或者人力进行的操作来实现具体功能，包括门、门锁，连锁机构等部件的功能验证。属于型式试验和例行试验。

所有外壳或隔板包括门的闭锁装置和铰链，应具有足够的机械强度以承受正常使用和短路条件下所遇到的应力。可移式部件的机械操作，包括所有的插入式联锁，应按本条款试验进行验证。对成套设备上所有的手动操作部件（例如门锁，铰链，抽出式功能单元抽屉等）进行 200 次操作，试后应该无异常情况。

#### （二）试验依据

GB/T 7251.12《低压成套开关设备和控制设备　第 2 部分：成套电力开关和控制设备》

#### （三）试验主要参数

（1）可移式部件：由组装在公共支架上并在其上配线的元件组成的部件，该部件即使在与其连接的电路可能带电的情况下，也可以从成套设备中完整的取出和放回。

（2）操作循环次数：200 次。

### 二、试验前准备

#### （一）试验装备与环境要求

（1）试验中所需的仪器设备的参数见表 8-21 所示。

表 8-21　试验仪器设备参数

| 仪器设备名称 | 量程 | 精度 |
|---|---|---|
| 管形测力计 | 0～500N | 2 级 |

（2）一般成套电器产品的机械操作试验应在室温下进行，试验时环境温度应在−5～40℃，湿度在 85%以下。

#### （二）试验前的检查

（1）做好技术准备，确认试验样品。

（2）将样品按正常工作位置安装放置在试验室。

## 三、试验过程

### （一）试验原理和接线

此项目无需接线，现场试验照片图如图 8-29 所示。

图 8-29　现场试验照片图

### （二）试验方法

（1）对于依据相关产品标准进行过型式试验的成套设备的这些器件（例如抽出式断路器），只要在安装时机械操作部件无损坏，则不必对这些器件进行此验证试验。

（2）对需要做此试验的部件，在成套设备安装好之后，应验证机构操作是否良好，操作循环的次数为 200 次。

## 四、注意事项

JP 柜试品按正常使用时一样放置，所有外壳、覆板均应就位。

## 五、试验后的检查

确保试验数据的准确，试验过程照片应清晰完整。

## 六、结果判定

试验后，如果器件、联锁机构等的工作条件未受影响，而且所要求的操作力与试验前一样，则认为通过了此项试验。

常见不合格现象严重性程度进行初步分级，仅供参考。机械操作常见不合格现象分级表见表 8-22。

**表 8-22　　机械操作常见不合格现象分级表**

| 序号 | 不合格现象 | 严重程度分级 | 结果判定依据 |
|---|---|---|---|
| 1 | 门锁、铰链脱落 | 轻微 | GB/T 7251.12 |
| 2 | 联锁机构卡死 | 中度 | |

## 七、案例分析

1. 案例概况

交流 400V 低压综合配电箱（JP 柜）机械操作试验不合格。

2. 不合格现象描述

JP 柜柜门安装不牢固，门铰链松动脱落，试验照片图如图 8-30 所示。

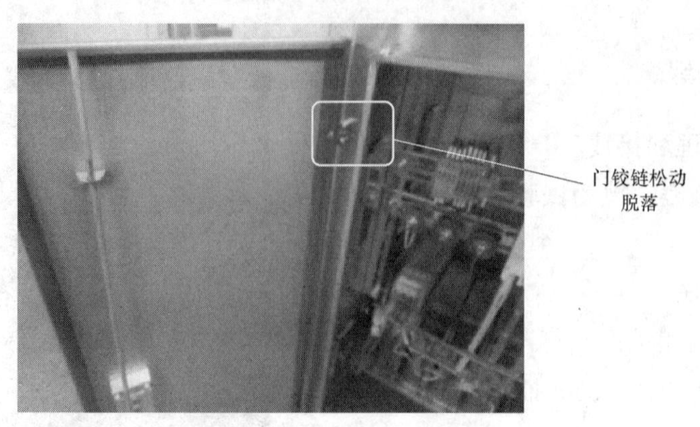


图 8-30 试验照片图

3. 不合格原因分析

门铰链安装不规范、紧固措施不足。

## 第七节 工频过电压保护试验

### 一、试验概述

#### （一）试验目的

配置有无功补偿单元的低压综合配电箱（JP 柜），具有自动控制投切的无功补偿装置，应设有工频过电压保护功能。本试验验证具有自动控制功能的补偿装置，是否具有工频过电压保护功能，工频过电压保护功能是否达到规定的限值。

#### （二）试验依据

GB/T 15576《低压成套无功功率补偿装置》

#### （三）试验主要参数

（1）额定电压 $U_n$：成套设备制造商宣称成套设备预定连接的主电路交流电压（有效值）或直流电压的电气系统最大标称值。

（2）限值：在元件、器件、设备或系统的规范中一个量的最大或最小允许值。

### 二、试验前准备

#### （一）试验装备与环境要求

（1）试验装备：试验中所需的仪器设备的参数详见表 8-23。

表 8-23 试验仪器设备参数表

| 仪器设备名称 | 量程 | 精度 |
| --- | --- | --- |
| 微电脑移相器 | 三相相位差：对称 120°；输出电流：0.1～10A/相（恒流）；输出电压：1～260V/相（恒压）电流；输出功率：60VA（20VA/相）电压；输出功率：75VA（25VA/相）；移相范围：±360° | 对称角误差≤±0.2°；输出频率：≤±0.2Hz；移相误差：≤±0.3° |

续表

| 仪器设备名称 | 量程 | 精度 |
|---|---|---|
| 变频电源 | 电路型式：1GBT/MPWM 脉宽调制方式；输出容量：200kVA；输入电压：3 相 4 线 220/380V±15%；输入频率：50Hz±3Hz；输出电压：0～300V；连续可调，两档可切换：HI：0～300V，$L_0$：0～150V；输出频率：50Hz/60Hz | 负载稳压率≤1%（线性负载）；频率稳定度≤0.01%；波形：标准正弦波；波形失真率≤2%（在电阻性负载下测试）；效率：≥90%（在电阻性负载下测试） |
| 数显万用表 | 直流 0～1000V，交流 2.5mV～1000V，直流 0～10A，交流 25μA～10A，0～500MΩ | 交流电压 0.3%读数+25 字 |
| 电子秒表 | 0～24h | 0.1s |

（2）除非相关标准另有规定，一般情况下成套设备的工频过电压保护试验可在室温下进行。试验时环境温度应在–5～40℃，湿度在 85%以下。

### （二）试验前的检查

（1）检查 JP 柜样品是否按照正常安装到位。如正常使用状态下，所有的门和覆板应就位并关闭。

（2）检查接线是否正确，端子有无松动，用万用表测量有无短路。

## 三、试验过程

### （一）试验原理和接线

本试验是利用可调电压源，将低压综合配电箱（JP 柜）正常使用方式连接至可调电压源，调节电源电压至过电压设定限值，如图 8-31 所示，电容器组在 1min 内全部切除，测量电压达到设定限值至电容器组全部切除的时间。

图 8-31 试验照片图

### （二）试验方法

对自动控制投切的装置，应设有工频过电压保护，保护动作电压至少在 1.1～1.2 倍装置的额定电压间可调。当装置的过电压达到设定值时，过电压保护器件应在 1min 内，将电容器组全部切除，通常采用逐组切除。

（1）方法验证。

1)将被试品按正常使用时放置好,将试品控制器上的电压和电流端子上的辅助线拆除,将微电脑移相器上的电压和电流输出接至试品上控制器对应的电压和电流端子。

2）对试品控制器进行设定，将控制方式设定为自动，并调节控制器的投入门限和目标功率因数，整定控制器的过电压设定值为 1.1～1.2 倍额定电压值。

3）做本试验是根据电容器情况，考虑安全可以先将电容器拆除，然后再给装置接上电源。

4）调节微电脑移相器上的功率因数，使其低于控制器的目标功率因数。

5）逐步升高微电脑移相器上的输出电压，使其大于控制器过电压设定值并用电子秒表开始计时至电容器组全部切除为止。

6）试验结束后，将使用仪器设备放置原位。

（2）工频过电压保护试验的接受条件。

当装置的过电压达到设定值，装置应在 1min 内将电容器组全部切除，试验合格。

## 四、注意事项

（1）试样按正常工作位置放置并将移相器电压和电流接入控制器。

（2）试验用全新清洁样品进行。

（3）设置控制器的工作模式为自动，调节功率因数和投入门限。

（4）通电前检查接线是否正确，有无短路，端子松动等情况。

（5）调整并测量工作电压是否为额定值。

（6）做好安全防护，用安全围栏将试验区域隔离。

## 五、试验后的检查

（1）记录试验时，环境温湿度，大气压力。

（2）记录试验时的过电压设定值、过电压动作值、动作时间。

（3）如动作时间不合格，记录该数值情况，并拍照片详细记录。

（4）如有其他情况，一并记录。

## 六、结果判定

当装置的过电压达到设定值，装置应在 1min 内将电容器组全部切除，试验合格。常见不合格现象严重性程度进行初步分级，仅供参考。工频过电压保护常见不合格现象分级表见表 8-24。

**表 8-24　　工频过电压保护常见不合格现象分级表**

| 不合格现象 | 严重程度分级 | 结果判定依据 |
| --- | --- | --- |
| 过电压保护器件不能在规定时间（1min）内将电容器切除 | 严重 | GB/T 15576 |

## 七、案例分析

1. 案例概况

交流 400V 低压综合配电箱（JP）工频过电压保护试验不合格。

2. 不合格现象描述

JP 柜无功补偿部分的电容器未在过电压达到设定值后 1min 内全部切除，电容器切除情况如图 8-32 所示。

图 8-32　电容器切除情况

3. 不合格原因分析

无功补偿部分的电容器过电压保护功能不合格。

# 第八节　温　升　试　验

## 一、试验概述

### （一）试验目的

低压综合配电箱（JP 柜）的温升试验，就是测量 JP 柜设备各电器元件及零部件在规定的工作条件下的温升值，判断温升是否符合要求。此试验属于型式试验。

将温升值加上电器的最高环境温度就是他的最高工作温度，这个最高工作温度不应超过材料的允许极限值。本温升试验的目的，测量各部位温升限值是否满足标准要求。

### （二）试验依据

GB/T 7251.12《低压成套开关设备和控制设备　第 2 部分：成套电力开关和控制设备》

GB/T 15576《低压成套无功功率补偿装置》

### （三）试验主要参数

（1）额定电压 $U_n$：成套设备制造商宣称成套设备预定连接的主电路交流电压（有效值）或直流电压的电气系统最大标称值。

（2）额定电流 $I_n$：成套设备制造商宣称的电流值，在规定的条件下通以此电流，成套设备各部件的温升不超过规定的限值。

## 二、试验前准备

### （一）试验装备与环境要求

（1）试验装备：温度测量仪器的设备有多种类型，如酒精温度计、水银温度计、半导体点温度计、气体胀圈式温度计；还有用热敏电阻元件（如铂电阻）、热电偶配合电阻仪、毫伏计等组成的测温和控温系统等。在测量电气设备温升中，除线圈温升采用电阻法之外，大多采用热电偶加毫伏计或自动温升测量设备来进行。

温升试验一般采用交流 50Hz 电源，波形为正弦波，波形畸变因数不大于 5%。试验中所需的仪器设备的参数详见表 8-25。

**表 8-25　　试验仪器设备参数**

| 仪器设备名称 | 量程 | 精度 |
|---|---|---|
| 程控交流恒流电源（A） | 63、200、400、800、1000、1600、3200、6300 | 0.5% |
| 数据采集/开关单元 | 热电偶 T 型，-100～400℃ | ±1℃ |
| 扭力扳手（N·m） | 3～15、10～50 | 3 级 |

（2）环境要求：正常大气环境下，防止空气流动和辐射对温升测量的影响，成套设备应在正常的通风和散热条件下试验，周围空气温度应为 10～40℃。

### （二）试验前的检查

（1）JP 柜设备应如同正常使用时一样放置，所有覆板等都应就位。

（2）各条电路的温升试验应采用设计的频率和预期的电流类型，任何试验电压值应能产生所需电流。

（3）应对继电器线圈、接触器线圈、脱扣器线圈等施加额定电压。

（4）根据各回路分配的电流选择导线规格。

## 三、试验过程

### （一）试验原理和接线

（1）热电偶法测量温升：两种不同金属导体 A 和 B 两端连接起来构成闭合回路，这种结构称为热电偶。热电偶具有尺寸小、便于放置、对被测点温升影响小、热惯性小、制造和使用方便等优点，在电器温升试验中广泛用来测量温升。

（2）自动温升测量设备系统框图如图 8-33 所示。

（3）三相温升试验线路示意图如图 8-34 所示。

（4）使用程控交流恒流源进行温升试验的系统原理图，程控交流恒流源示意图如图 8-35 所示。

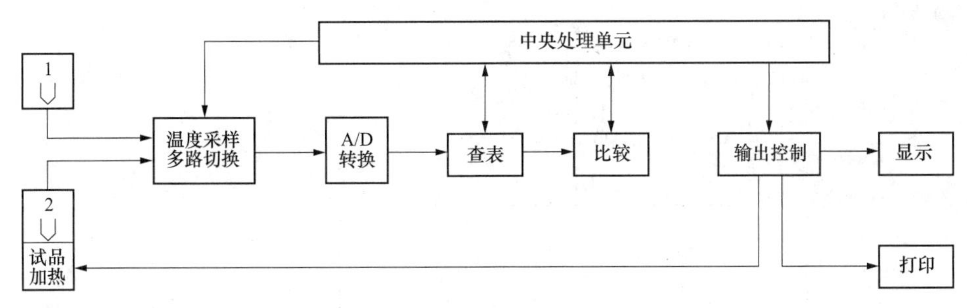


图 8-33　自动温升测量设备系统框图

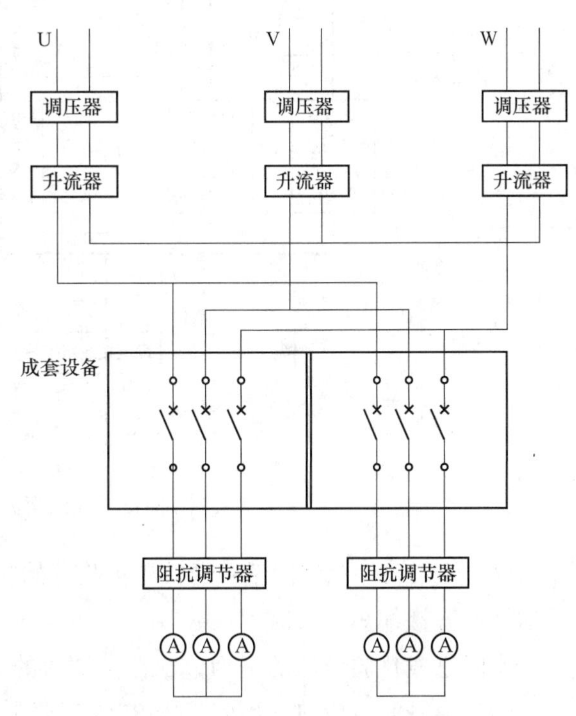


图 8-34　三相温升试验线路示意图

（5）系统工作原理：利用低压成套开关设备主电路输入端短路产生较小损耗，来进行温升试验的，也即对被测试品主电路输入端直接短接，对多台恒流电源分别接在被测试品各分支馈出回路输出端，通过倒输入恒定电流以达到测试目的。图 8-35 中，QA 为试品总开关，QA 1～*n* 为试品分支路开关；SCHL 1～*n* 为恒流电源。当 $I=I_1+I_2+\cdots+I_n$ 时，温升试验可用一套多台恒流电源进行试验；当 $I>I_1+I_2+\cdots+I_n$ 时，可在支路末端（或总母排）增加一台恒流电源 SCHL*m*，使 $I=I_1+I_2+\cdots+I_n+I_m$。系统具有测试方便、试验电流误差小，设备体积小、质量轻、移动方便、节材节能的特点，成功克服了传统对多主电路低压成套开关设备温升试验，无法解决的铜阻温升造成电流飘移需实时调整的缺点，不但可以提高检测精度，加快校验速度，提高工作效率，而且大大地降低了能耗，节能效果明显。

**（二）试验方法**

（1）各条电路的温升试验应采用设计的频率和预期的电流类型，任何试验电压值应能产生所需电流。应对继电器线圈、接触器线圈、脱扣器线圈等施加额定电压。

（2）JP 柜设备应按正常使用时放置，所有覆板包括底板都应就位。

（3）如果成套设备中包含熔断器，试验时应按照制造商的规定配备熔断体。实验所用的熔断体的功率损耗应载入实验报告中。熔断体的功率损耗可由测量得到，也可由熔断体制造商给出。

（4）试验时使用的外接导体的尺寸和布置方式，也应载入实验报告中。

（5）试验持续的时间应足以使温度上升到稳定值（一般不超过 8h）。实际上当所有的测量点（包括周围的空气温度）温度变化不超过 1K/h 时，即认为达到稳定温度。

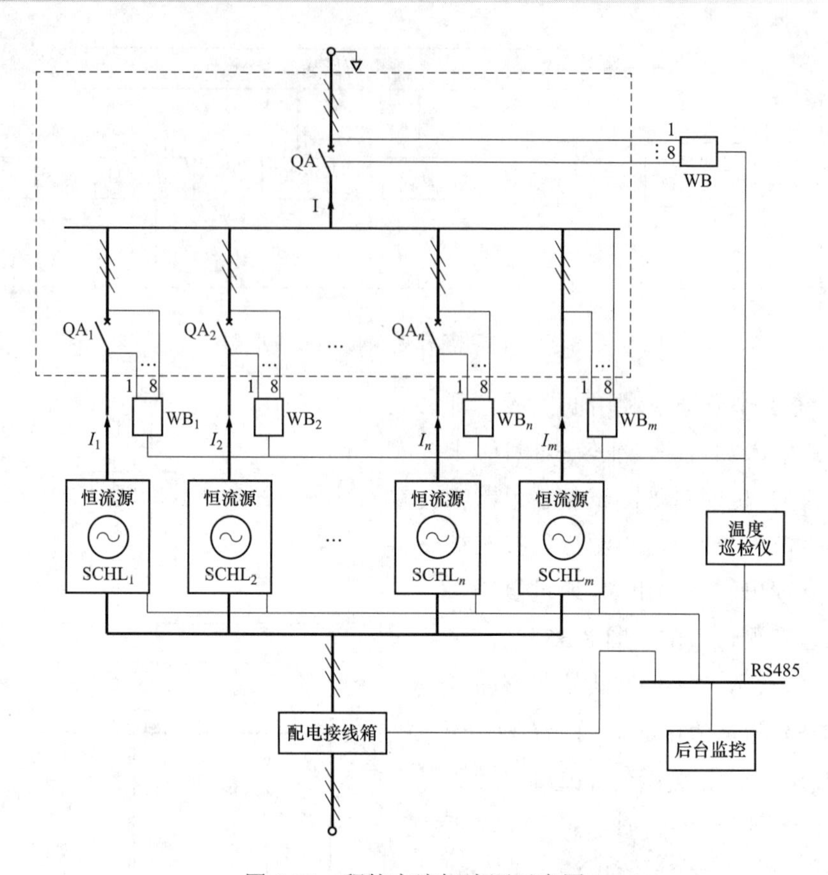


图 8-35　程控交流恒流源示意图

（6）如果条件允许的话，可以在实验开始时加大电流，然后再降到规定的试验电流值，用这样的方法缩短试验时间。

实际进线试验电流的平均值应在预期值的 0%～+3%。每相应在预期值的±5%范围内。

（7）温升测点应包含不限于表 8-26 所要求的测点。

**表 8-26　　　　温升测量点要求**

| 成套设备的部件 | 温升<br>（K） |
|---|---|
| 内装元件[a] | 根据各个元件的相关产品标准要求，或根据元件制造商的说明书[f]，考虑成套设备内的温度 |
| 用于连接外部绝缘导线的端子 | 70[b] |
| 母线和导体 | 受下述条件限制[f]：<br>（1）导电材料的机械强度[g]；<br>（2）对相邻设备的可能影响；<br>（3）与导体接触的绝缘材料的允许温度极限；<br>（4）导体温度对与其相连的电器元件的影响；<br>（5）对于接插式触点，接触材料的性质和表面的处理 |
| 操作手柄：<br>（1）金属的<br>（2）绝缘材料的 | <br>15[c]<br>25[c] |

续表

| 成套设备的部件 | 温升<br>（K） |
|---|---|
| 可接近的外壳和覆板：<br>（1）金属表面；<br>（2）绝缘表面 | <br>30[d]<br>40[d] |
| 分散排列的插头与插座连接 | 由组成部件的相关设备的那些元件的温升极限而定[e] |

注　1．当超过 105K 温度时，铜很容易产生退火。其他材料应该有不同的最大温升值。

2．本表中给出的温升限值要求在使用条件下（见 GB/T 7251.1）周围空气平均温度不超过 35 ℃。在验证过程中，允许有不同的环境温度（见 GB/T 7251.1）。

a “内装元件”一词指：常用开关设备和控制设备；电子部件（如整流桥、印制电路）；设备的部件（如调节器、稳压电源、运算放大器）。

b 温升极限为 70K 是根据常规试验而定的数值。在安装条件下使用或试验的成套设备，由于接线、端子类型、种类、布置与试验所用的不尽相同，因此端子的温升会不同，这是允许的。如果内装元件的端子同时也是外部绝缘导线的端子，则可采用较低的温升极限值。温升限值是元件制造商规定的最大温升和 70K 之间的较小值。缺少制造商说明书时，他是内装元件产品标准规定的限值，且不超过 70K。

c 那些只有在成套设备打开后才能接触到的成套设备内的手动操动机构，例如：不经常操作的抽出式手柄，其温升极限允许提高 25K。

d 除非另有规定，在正常工作情况下可以接近但不需触及的外壳和覆板，允许其温升提高 10K。距离成套设备基座 2m 以上的外表面和部件可认为是不可触及的。

e 就某些设备（如电子器件）而言，他们的温升限值不同于那些通常的开关设备和控制设备，因此有一定程度的灵活性。

f 对于按照温升试验，须由初始制造商在考虑元件制造商所采用的任何附加测量点和限值的基础上规定温升极限。

g 如满足列出的所有判据，裸铜母线和裸铜导体的最大温升应不超过 105K。

（8）试验导线的确定。

温升试验用导体应根据试验电流的大小来选取，试验电流为 400A 及以下的试验铜导线见表 8-27、试验电流大于 400A 而不超过 4000A 的试验铜排见表 8-28。导体截面在 $35mm^2$ 及以下时，长度不应小于 1m，截面大于 $35mm^2$ 时，长度不应小于 2m。

**表 8-27　　试验电流为 400A 及以下的试验铜导线**

| 试验电流范围①<br>（A） | | 导线截面积②③ | |
|---|---|---|---|
| | | （$mm^2$） | AWG/MCM |
| 0 | 8 | 1.0 | 18 |
| 8 | 12 | 1.5 | 16 |
| 12 | 15 | 2.5 | 14 |
| 15 | 20 | 2.5 | 12 |
| 20 | 25 | 4.0 | 10 |
| 25 | 32 | 6.0 | 10 |
| 32 | 50 | 10 | 8 |

续表

| 试验电流范围[①]（A） | | 导线截面积[②③] | |
|---|---|---|---|
| | | （$mm^2$） | AWG/MCM |
| 50 | 65 | 16 | 6 |
| 65 | 85 | 25 | 4 |
| 85 | 100 | 35 | 3 |
| 100 | 115 | 35 | 2 |
| 115 | 130 | 50 | 1 |
| 130 | 150 | 50 | 0 |
| 150 | 175 | 70 | 00 |
| 175 | 200 | 95 | 000 |
| 200 | 225 | 95 | 0000 |
| 225 | 250 | 120 | 250 |
| 250 | 275 | 150 | 300 |
| 275 | 300 | 185 | 350 |
| 300 | 350 | 185 | 400 |
| 350 | 400 | 240 | 500 |

① 额定电流值应大于第一栏中的第一个值，小于或等于此栏中的第二个值。

② 为了便于试验，经过制造商同意后，对标注的额定电流可采用小于给定值的试验导线。

③ 可使用规定的两种导体中的一种。

**表 8-28　　试验电流大于 400A 而不超过 4000A 的试验铜排**

| 额定电流的范围[①]（A） | 试验导线 | | | |
|---|---|---|---|---|
| | 电缆 | | 铜母排[②] | |
| | 数量 | 截面积（$mm^2$） | 数量 | 尺寸（$W\times D$）（mm） |
| 400～500 | 2 | 150 | 2 | 30×5 |
| 500～630 | 2 | 185 | 2 | 40×5 |
| 630～800 | 2 | 240 | 2 | 50×5 |
| 800～1000 | | | 2 | 60×5 |
| 1000～1250 | | | 2 | 80×5 |
| 1250～1600 | | | 2 | 100×5 |
| 1600～2000 | | | 3 | 100×5 |
| 2000～2500 | | | 4 | 100×5 |
| 2500～3150 | | | 3 | 100×10 |
| 3150～4000 | | | 4 | 100×10 |

① 额定电流值应大于第一栏中的第一个值，小于或等于此栏中的第二个值。

② 母排是将其长面（$W$）垂直排列的，如果制造商有规定，也可将其长面（$W$）水平排列。母排可以涂覆涂层。

（9）电缆或铜母排的间隔大约为端子之间的距离。铜母排应涂成黑色无光的黑色。每个端子的多条平行电缆应捆在一起，相互间的距离大约为 10mm。每个端子的多条铜排之间的距离大约等于母排的厚度。如果所要求的母排尺寸不合适或没有这种尺寸的母排，则允许采用截面积大致相同，冷却面积大致相同或略小一些的其他母排。

## 四、注意事项

温升稳定值的确定：

（1）试验持续时间应足以使温度上升到稳定值（一般不超过 8h）。相隔 1h 所测得的温升之差不超过 1K 时，则认为温升已达到稳定。

（2）为缩短试验时间，只要设备允许，开始试验时可加大电流，电流提高的数值一般不超过额定电流的 1.25 倍，然后再降到规定的额定电流值。

（3）在试验期间，当控制电磁铁通电时，应测量主电路和控制电磁铁都达到热平衡时的温度。

（4）温度的测量：用热电偶来测量温度。对于线圈，通常采用测量电阻变化值的方法来测量温度。为测量成套设备内部的空气温度，应在适宜的地方装配几个测量器件。

环境温度应在试验周期的最后 1/4 的时间内测量，测量时至少用两支温度计或者热电偶，均匀地布置在设备的周围，在高度约等于成套设备的 1/2，并距离成套设备 1m 远的地方安装。

应防止空气流动和热辐射对温度计和热电偶的影响。

## 五、试验后的检查

（1）记录试验时的电压、电流、导线尺寸等数据。

（2）试验开始通电后，每个小时记录一次各测温点的温度值。

## 六、结果判定

低压综合配电箱（JP 柜）成套设备的温升极限符合表 8-29 要求。

**表 8-29　　温升试验常见不合格现象分级表**

| 序号 | 不合格现象 | 严重程度分级 | 结果判定依据 |
|---|---|---|---|
| 1 | 温升极限超过规定值 5K（含）以内 | 轻微 | GB/T 7251.12<br>GB/T 15576 |
| 2 | 温升极限超过规定值 5K，但未超过 15K（含） | 中度 | |

## 七、案例分析

**【案例一】**

1. 案例概况

交流 400V 低压综合配电箱（JP 柜）温升试验不合格。

2. 不合格现象描述

温升试验后，无功补偿回路投入后共补复合开关A相无电流，分补复合开关A相无电流，复合开关A相无电流如图8-36所示。

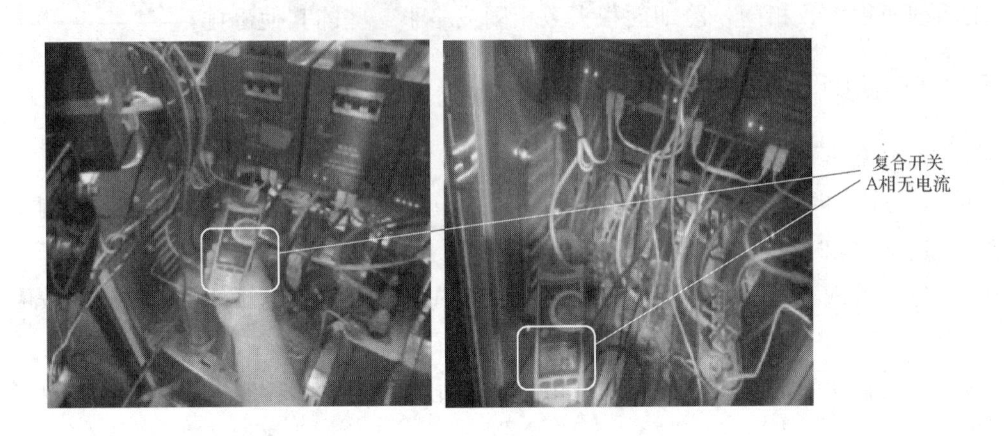


图8-36 复合开关A相无电流

3. 不合格原因分析

温升试验结束后，元器件故障。

**【案例二】**

1. 案例概况

交流400V低压综合配电箱（JP柜）温升试验不合格。

2. 不合格现象描述

温升稳定后，剩余电流动作断路器进线端ABC三相，温升值均超允许值，最高达80.7K，温升试验照片如图8-37所示。

3. 不合格原因分析

剩余电流断路器框架小，断路器进出线端连接铜排尺寸小或者柜体散热不良导致。温升不满足要求。

**【案例三】**

1. 案例概况

交流400V低压综合配电箱（JP柜）温升试验不合格。

2. 不合格现象描述

温升稳定后，熔断器式隔离开关进线端ABC三相，温升值均超需求值，最高达74.2K，温升试验照片如图8-38所示。

3. 不合格原因分析

熔断器式隔离开关框架小，进出线端连接铜排尺寸小或者柜体散热不良导致。温升不满足要求。

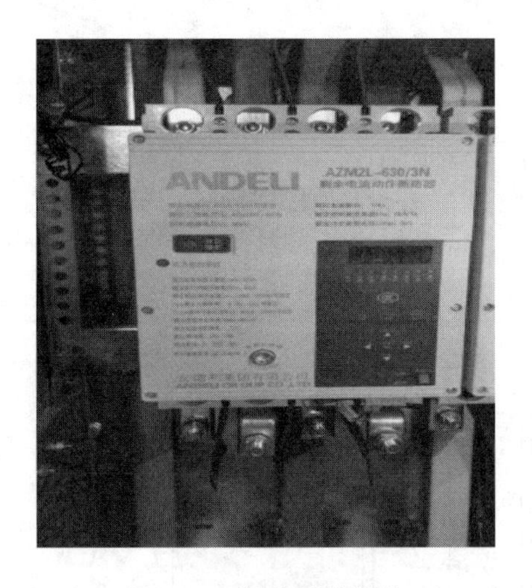

图 8-37　温升试验照片

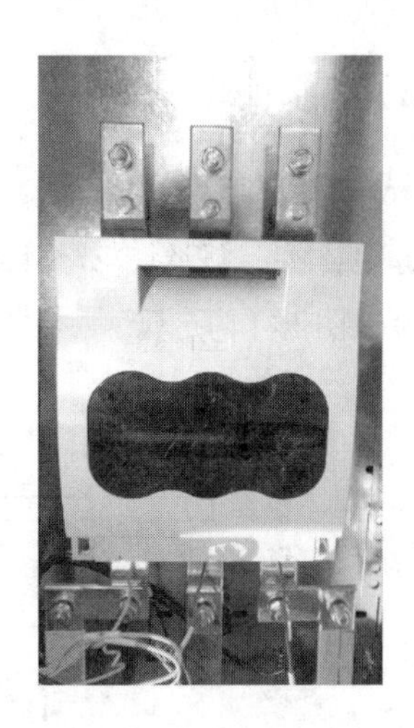

图 8-38　温升试验照片

## 第九节　成套设备的防护等级

### 一、试验概述

**（一）试验目的**

根据标准规定成套电器外壳应具有以下两种防护型式：

（1）防止人体触及或接近壳内带电部分和触及壳内的运动部件（光滑的转轴和类似部件等非危险运动件除外），以及防止固体异物进入电器外壳内部。

（2）防止水进入电器外壳内部而引起有害的影响。

（3）此试验属于型式试验和例行试验。

验证符合设计规定的外壳，在正常使用条件下应能保证其性能符合规定的防护等级。固体试验设备是模拟人体或固体异物进入壳内触及带电部分的程度的设备，用以评价电器外壳对人体及外界固体异物的防护程度。同理，液体（水）防护等级试验设备是模拟外界水对电器外壳进入程度的设备，用以评价电器外壳对液体（水）的防护程度。

**（二）试验依据**

GB/T 7251.12《低压成套开关设备和控制设备　第 2 部分：成套电力开关和控制设备》。

**（三）试验主要参数**

（1）外壳：能防止设备受到某些外部影响并在各个方向防止直接接触的设备部件。

（2）防护等级：按标准规定的检验方法，确定外壳对人接近危险部件、防止固体异物进入或水进入所提供的保护程度。

（3）IP 代码：表明外壳对人接近危险部件、防止固体异物进入或水进入所提供的防护等级，并且给出与这些防护有关的附加信息的代码系统。

## 二、试验前准备

### （一）试验装备与环境要求

（1）试验装备：按照 GB/T 4208 的要求，成套设备的防护等级试验使用的主要试具分别如图 8-39～图 8-44 所示。

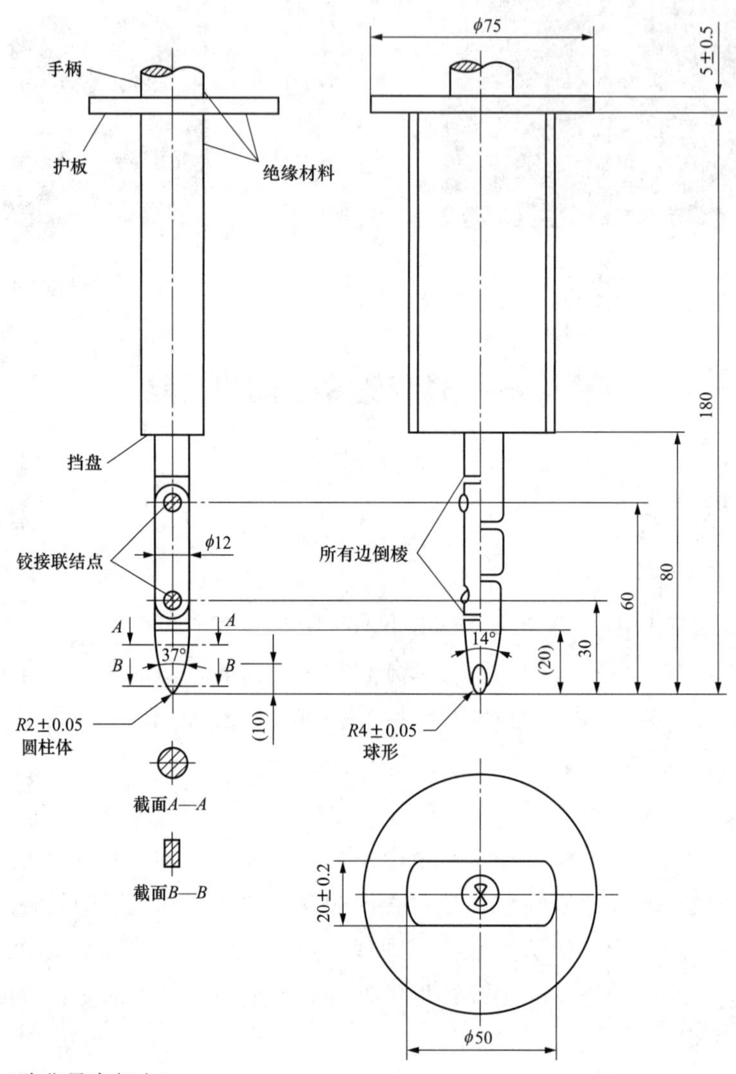


材料：金属（除非另有规定）

无专门规定公差部分的尺寸公差；

角：$^{0}_{-10}$°。

直线尺寸：25mm 以下：$^{0}_{-0.05}$ mm

25mm 以上：±0.2mm

图示铰接联结点所联结的部件可在同一平面内沿同一方向在+90°$^{+10°}_{0}$ 范围内转动。

图 8-39　铰接试具

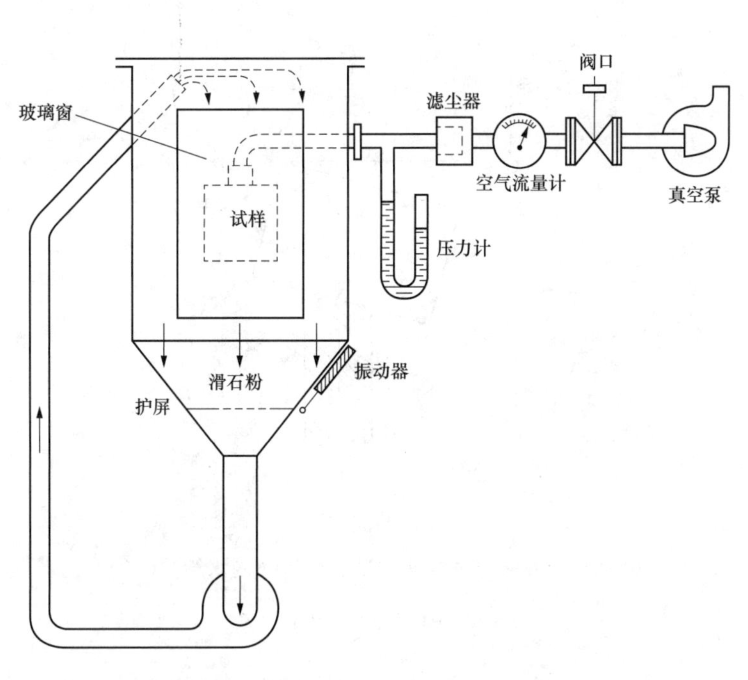


图 8-40　检验防尘试验装置（防尘箱）

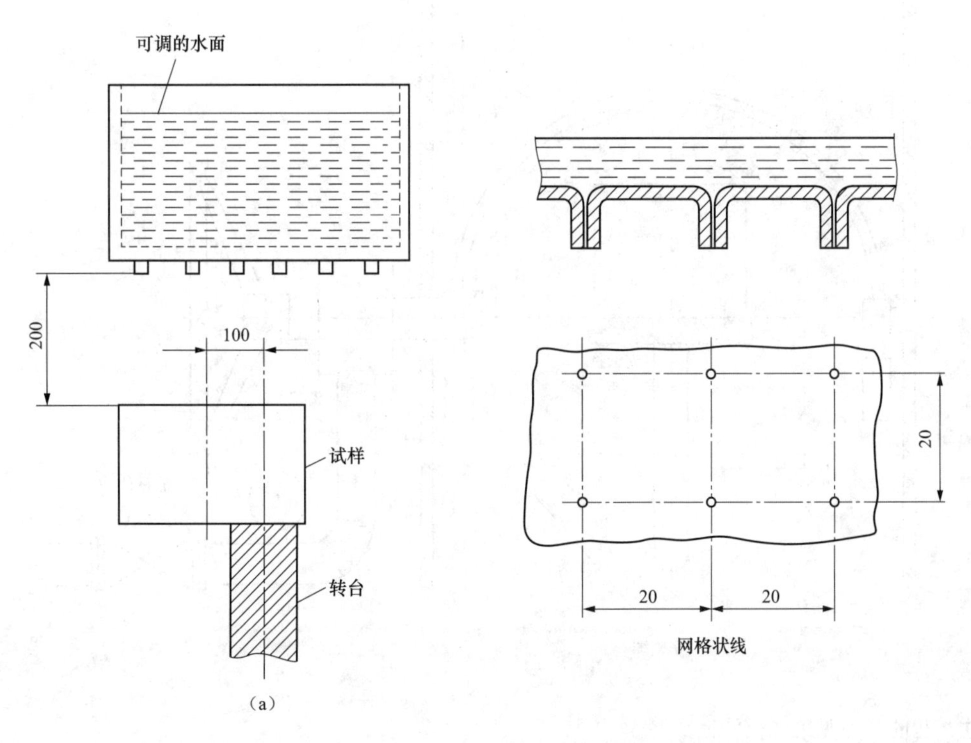


图 8-41　检验防垂直滴水试验装置（滴水箱）（一）

（a）第二位特征数字为 1

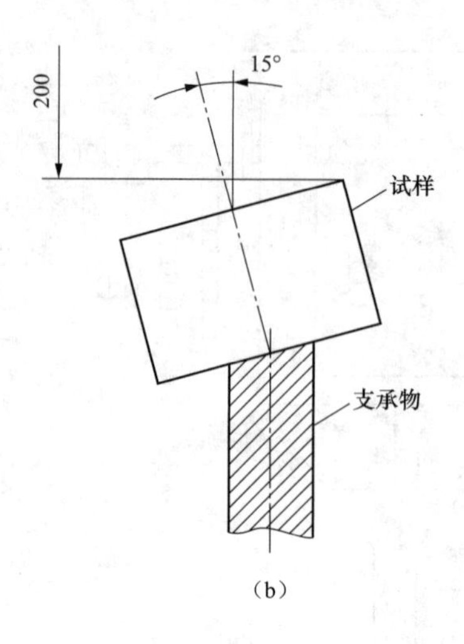


图 8-41　检验防垂直滴水试验装置（滴水箱）（二）

（b）第二位特征数字为 2

单位：mm

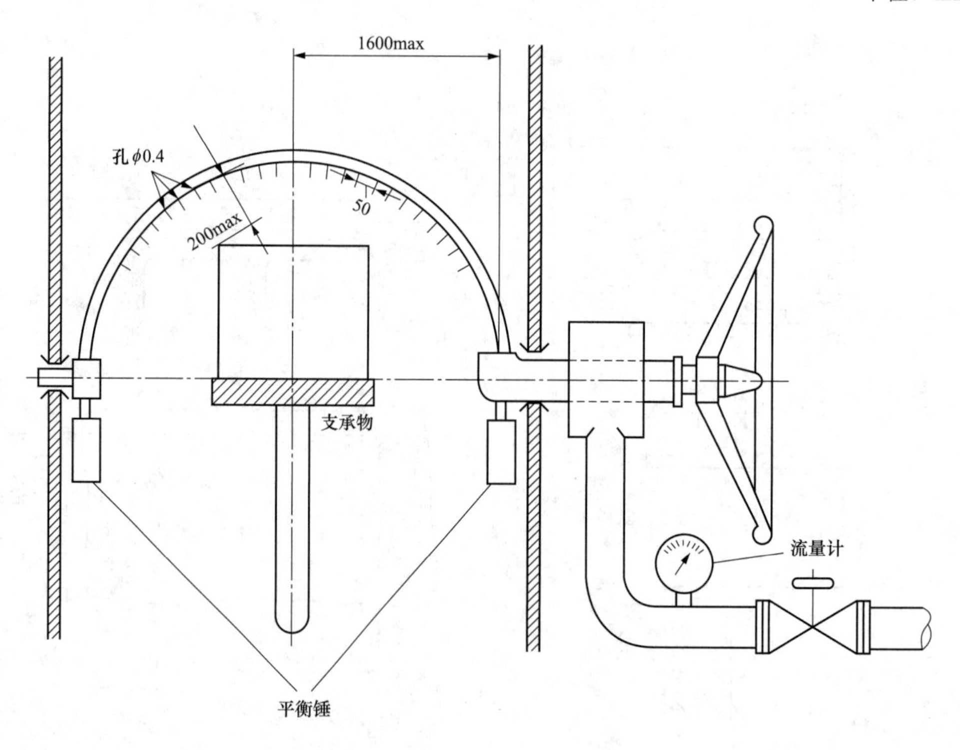


注：孔的分布见第二位特征数字 3。

图 8-42　检验第二位特征数字为 3 和 4，防淋水和溅水试验装置（摆管）

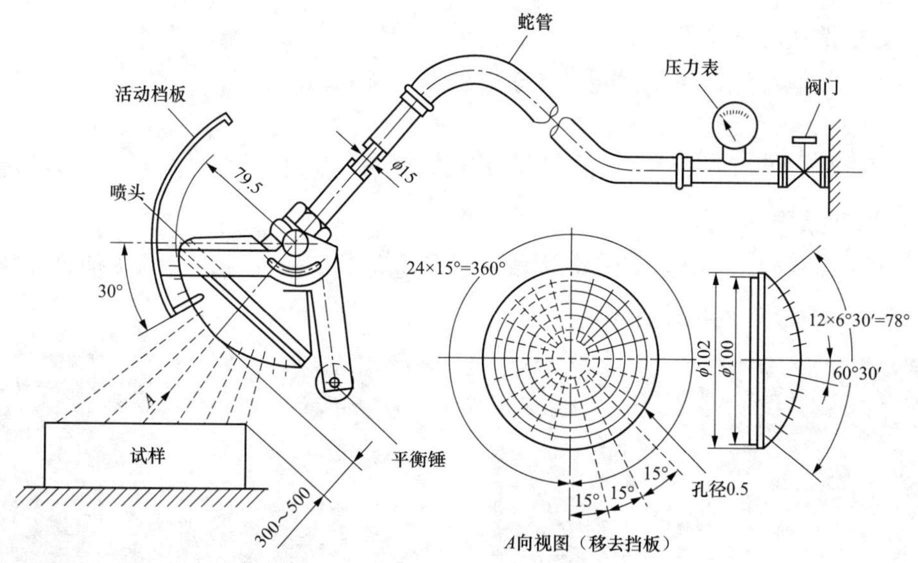


φ0.5 的孔 121 个，其中一个在中央

里面 2 圈共 12 个孔，间距 30°

外面 4 圈共 24 个孔，间距 15°

活动挡板：铝，喷头：黄铜

图 8-43　检验第二位特征数字为 3 和 4，防淋水和溅水手持式试验装置（喷头）

单位：mm

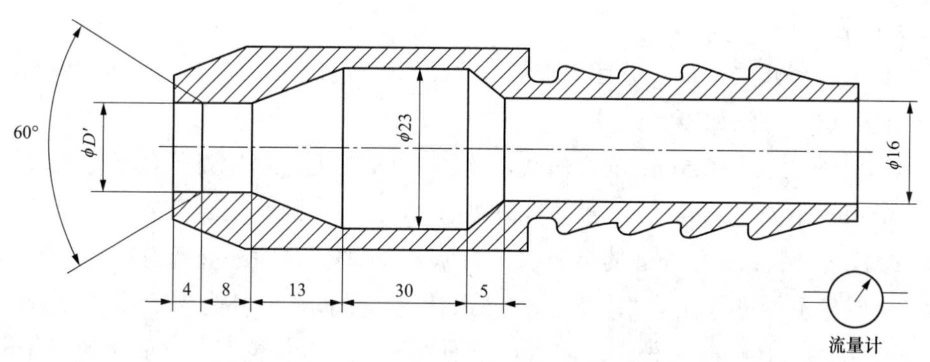


$D'$=6.3　（第二位特征数字为 5 的试验）

$D'$=12.5　（第二位特征数字为 6 的试验）

图 8-44　检验防喷水试验装置（软管喷嘴）

（2）环境要求：除非其他标准另有规定，试验应在如下环境进行。

1）温度范围：15～35℃。

2）相对湿度：25%～75%。

3）大气压力：86～106kPa（860～1060mbar）。

## （二）试验前的检查

（1）检查样品是否按照正常安装到位。

（2）如正常使用状态下，所有的门和覆板应就位并关闭。

（3）如无其他特殊说明，试验应在断电状态下进行。

## 三、试验过程

### （一）试验原理和接线

此项目无需接线，利用探针试具和淋水设备进行验证，成套设备的防护等级现场试验照片图如图 8-45 和图 8-46 所示。

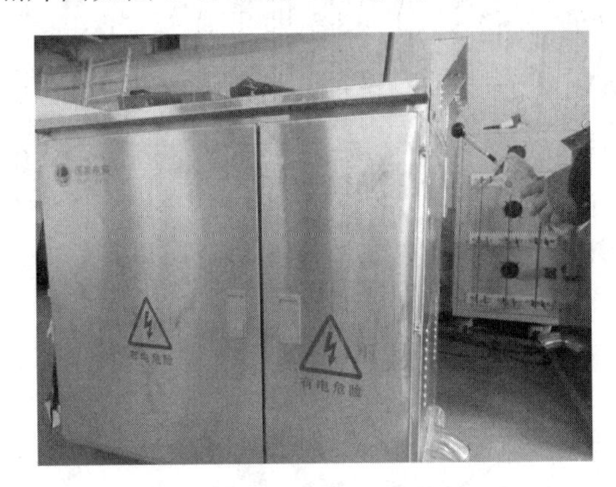

图 8-45　成套设备的防护等级现场试验照片图（一）

图 8-46　成套设备的防护等级现场试验照片图（二）

### （二）试验方法

（1）低压成套开关设备，进行的防护等级试验，有 IP30、IP31、IP40、IP34D 和 IP44 等项目。具体试验方法如下：

1）IP30——用直径 2.5mm 的金属线，施加 3.0N 的力，对外壳所有可能进入的开口进行试验，金属棒不能进入壳体并与危险部件保持足够的间隙，试验合格。

2）IP31——用直径 2.5mm 的金属线，施加 3.0N 的力，对外壳所有可能进入的开口进行试验，金属棒不能进入壳体并与危险部件保持足够的间隙；外壳置于转速为 1r/min 的转台上，偏心距大约 100mm，外壳在滴水箱下面置于正常工作位置，试验水流量 1mm/min，试验时间 10min 试验合格。

3）IP40——用直径 1.0mm 的金属线，施加 1.0N 的力，对外壳所有可能进入的开口进行试验，金属线不能进入壳体并与危险部件保持足够的间隙，试验合格。

4）IP34D——首先，用直径为 2.5mm 的金属线，施加 3.0N 的力，对外壳所有可能进入的开口进行试验，金属棒不能进入壳体并与危险部件保持足够的间隙；直径 1.0mm，长 100mm 的试具与危险部件应保持足够的间隙。然后用图 8-46 所示的手持式淋水试验装置进行防溅水试验，测量外壳尺寸，计算面积，各试验表面淋水时间按 $1\mathrm{min/m^2}$ 至少 5min 来计算。从喷头上除去平衡重物的挡板，使外壳在各个可能的方向都受到溅水。调节水流量为 10L/min，试验过程中水压恒定 50～150kPa，喷头距离壳体表面 300～500mm，沿试

样垂直方向±180°范围内淋水。试验结束后，检查壳内的情况，进水接受条件见以下第（2）条（第二位特征数字进水的接受条件）。

5）IP44——首先，用直径 1.0mm 的金属线，施加 1.0N 的力，对外壳所有可能进入的开口进行试验，金属线不能进入壳体并与危险部件保持足够的间隙；然后，用图 2-46 所示的手持式淋水试验装置进行防溅水试验，测量外壳尺寸，计算面积，各试验表面淋水时间按 $1min/m^2$ 至少 5min 来计算。从喷头上除去平衡重物的挡板，使外壳在各个可能的方向都受到溅水。调节水流量为 10L/min，试验过程中水压恒定 50～150kPa，喷头距离壳体表面 300～500mm，沿试样垂直方向±180°范围内淋水。试验结束后，检查壳内的情况，进水接受条件见下面的（2）（第二位特征数字进水的接受条件）。

（2）第二位特征数字进水的接受条件。

1）对于进入路径明显，且只接触到外壳但不影响安全性的进水是允许的。一般来说，如果进水，应不足以影响设备的正常操作或破坏安全性，水不积聚在可能沿爬电距离引起漏电起痕的绝缘部件上，水不进入带电部件，水不积聚在电缆头附近或进入电缆。

2）熔断器式隔离开关进出线端子及表面、漏电断路器进出线端及表面、无功补偿塑壳断路器进出线端及表面，复合开关进出线端及表面，浪涌或者避雷器接线端及表面有水均是不允许的。

## 四、注意事项

（1）注意试验场所的环境条件是否满足要求，如大气压力、温度和湿度。

（2）不与外壳连接的隔板以及专为人身安全设置的阻挡物，不看做外壳的一部分。

（3）试验用清水进行。

（4）试验水温与样品温差不大于 5K。如果水温低于试样超过 5K，应使外壳内外保持压力平衡。

（5）试验时，壳内水分可能有部分冷凝。冷凝水的沉积不要误以为进水。

（6）外壳表面积的计算误差在 10%以内。

## 五、试验后的检查

（1）记录试验时，环境温湿度，大气压力。

（2）记录试验时，试具的尺寸，施加试验力，进入情况详细记录。如有无进入壳内，如有进入，记录进入的各部位情况，并拍照片详细记录。

（3）记录防水试验水流量，水压，每个面的试验时间，喷头距离试品表面的距离。

（4）淋水结束后，记录外壳内的进水情况。如有进水，记录各进水部位。

## 六、结果判定

按照 GB/T 4208—2017 的要求对各防护等级检验结果进行判定。

常见不合格现象严重性程度进行初步分级，仅供参考。成套设备的防护等级表见8-30。

**表 8-30　　成套设备的防护等级常见不合格现象**

| 序号 | 不合格现象 | 严重程度分级 | 结果判定依据 |
|---|---|---|---|
| 1 | 试具进入壳体 | 轻微 | GB/T 7251.12 |
| 2 | 喷水后带电部件有水（若有）且介电不合格 | 严重 | |

## 七、案例分析

**【案例一】**

1. 案例概况

交流400V低压综合配电箱（JP柜）防护等级IP4X不达标。

2. 不合格现象描述

直径1.0mm的试具从壳体顶角处进入壳体，试具进入壳体如图8-47所示。

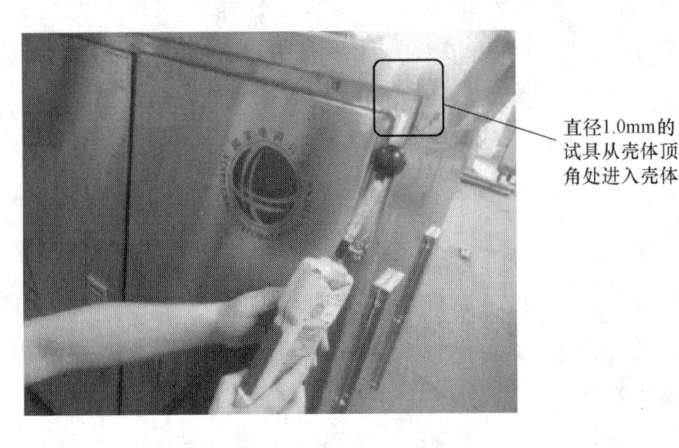


图 8-47　试具进入壳体

3. 不合格原因分析

低压综合配电箱（JP柜）柜体设计不合理或者装配不到位，导致1.0mm试具在试品顶角处进入壳内，不满足IP4X要求。

**【案例二】**

1. 案例概况

交流400V低压综合配电箱（JP柜）防护等级IPX4不达标。

2. 不合格现象描述

浪涌保护器回路熔断器进线端有水，如图8-48所示。

剩余电流保护断路器进线端有水如图8-49所示。

3. 不合格原因分析

低压综合配电箱（JP柜）柜体帽檐散热孔无有效挡水措施，导致水溅入，不满足IPX4要求。

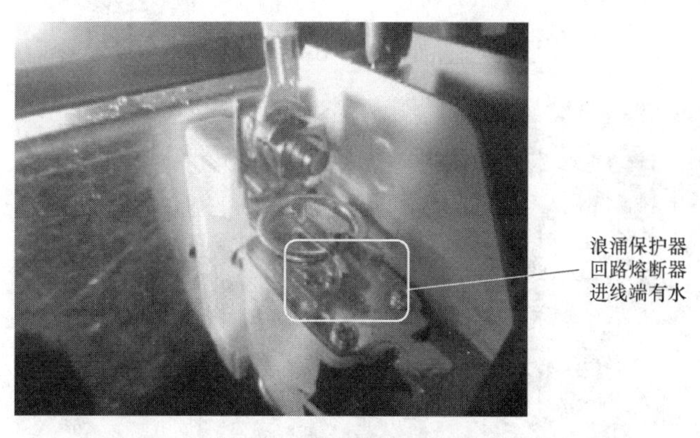


图 8-48　浪涌保护器回路熔断器进线端有水

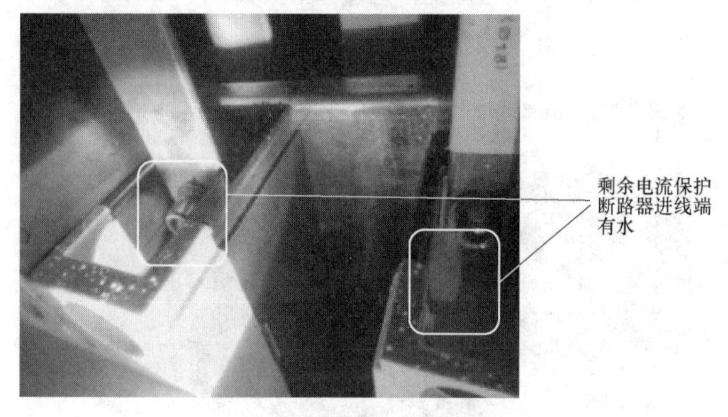


图 8-49　剩余电流保护断路器进线端有水

**【案例三】**

1．案例概况

交流 400V 低压综合配电箱（JP 柜）防护等级 IP44 不达标。

2．不合格现象描述

直径 1.0mm 的试具从柜体顶与柜体连接处进入壳体，试具进入壳体如图 8-50 所示。

图 8-50　试具进入壳体

主回路熔断器式隔离开关进线端有水如图 8-51 所示。

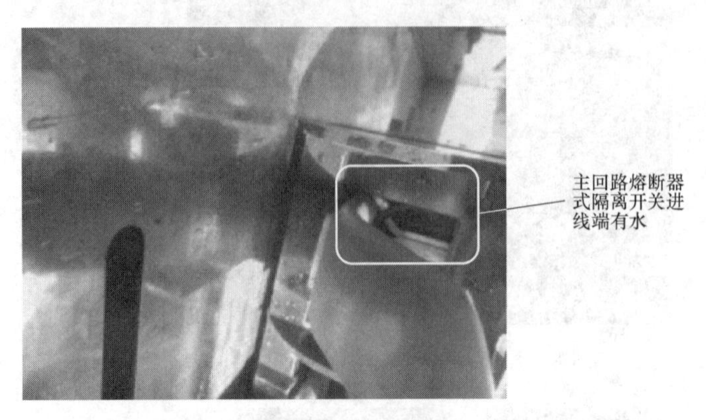


图 8-51　主回路熔断器式隔离开关进线端有水

剩余电流保护断路器进线端有水，如图 8-52 所示。

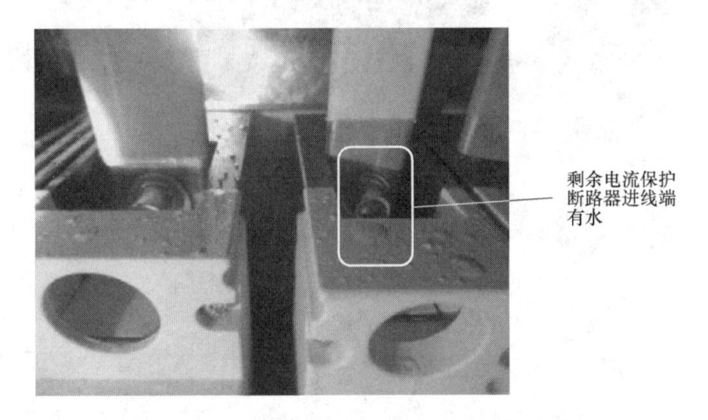


图 8-52　剩余电流保护断路器进线端有水

复合开关进线端有水，如图 8-53 所示。

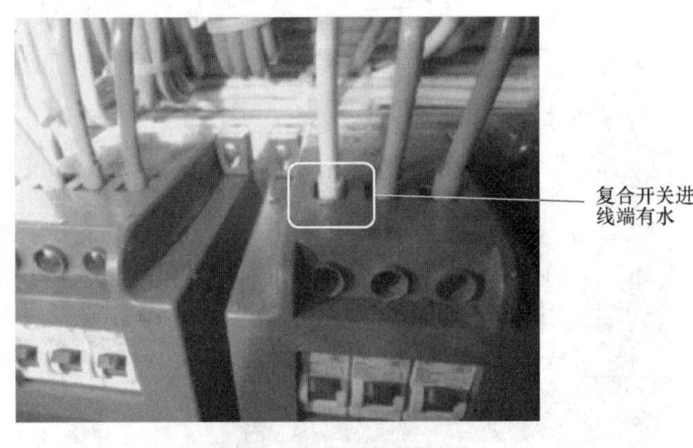


图 8-53　复合开关进线端有水

3. 不合格原因分析

低压综合配电箱（JP 柜）柜体设计不合理或者装配不到位，导致直径 1.0mm 的试具进

入壳内；帽檐散热孔和侧面散热孔无有效挡水措施，导致水溅入，不满足 IP44 要求。

# 第十节　机械碰撞试验

## 一、试验概述

### （一）试验目的

验证电气设备外壳为保护内部设备因受到机械碰撞而产生有害影响所具备的防护等级是否符合要求，阐述机械碰撞防护等级标志，每种标志的要求。

阐述机械碰撞防护等级标志，每种标志的要求。属于型式试验。

### （二）试验依据

GB/T 7251.12《低压成套开关设备和控制设备　第 2 部分：成套电力开关和控制设备》

### （三）试验主要参数

（1）机械碰撞的防护等级：外壳对设备提供的因外界机械碰撞而不使设备受到有害影响的防护（等级），并采用规定的方法进行验证。

（2）IK 代码：代码表示外壳对外界有害机械碰撞的防护等级。

（3）标识：表明外壳对外界机械碰撞的防护等级应用 IK 代码表示。

## 二、试验前准备

### （一）试验装备与环境要求

1. 试验装备

（1）按照 GB/T 2423.55 的要求，撞击元件的典型示意图如图 8-54 所示。

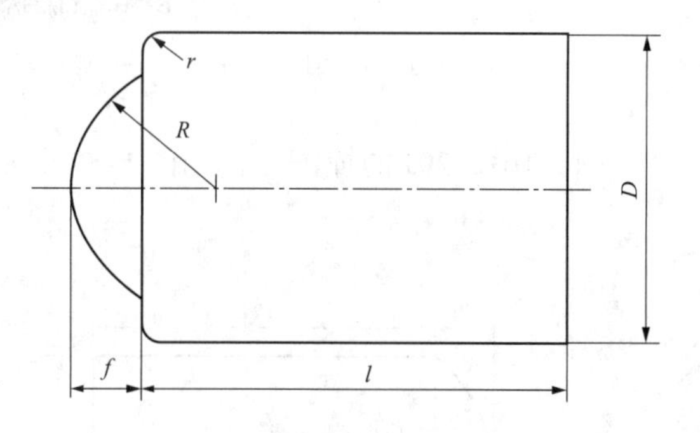


图 8-54　撞击元件的典型示意图

（2）撞击元件的跌落高度测量位置如图 8-55 所示。

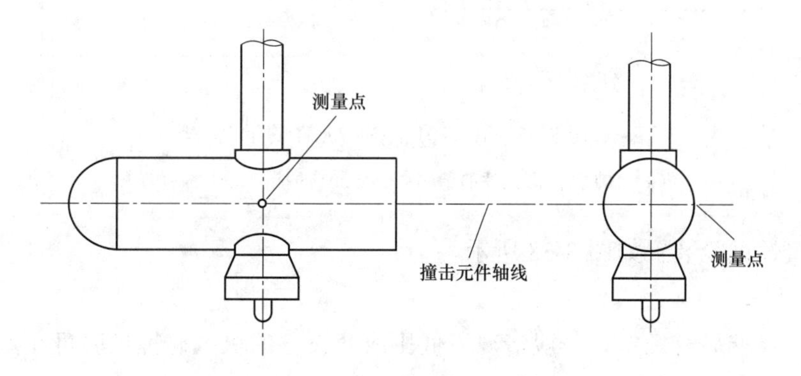


图 8-55　撞击元件的跌落高度测量位置

（3）不超过 1J、2J、5J 的撞击元件如图 8-56 所示。

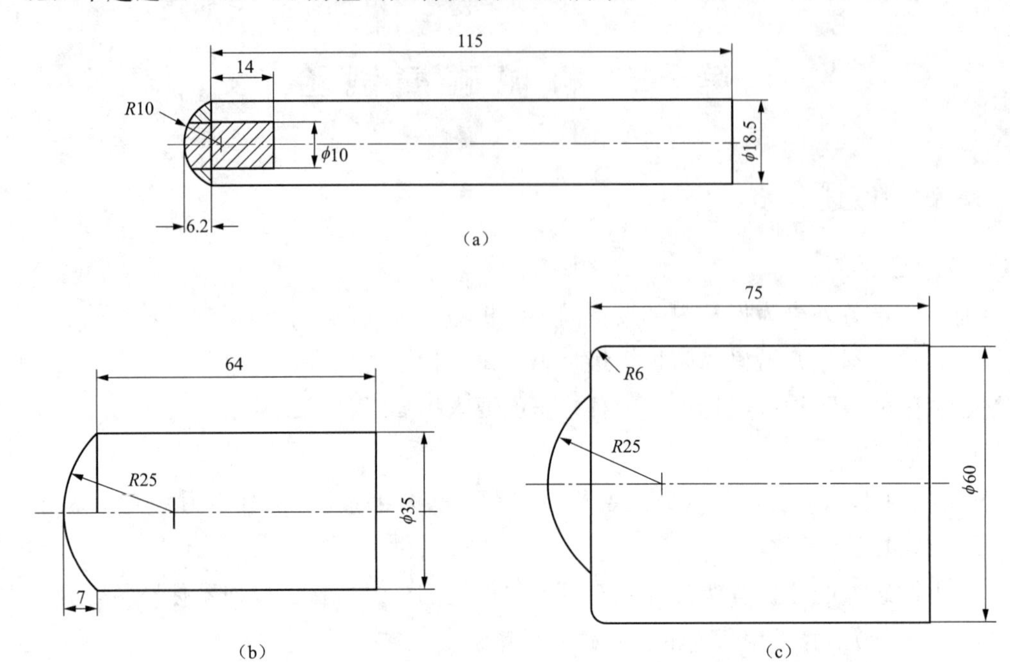


图 8-56　1J/2J/5J 的撞击元件示例

（a）不超过 1J 的撞击元件的示例；（b）2J 的撞击元件的示例；（c）5J 的撞击元件的示例

（4）10J、20J 的撞击元件如图 8-57 所示。

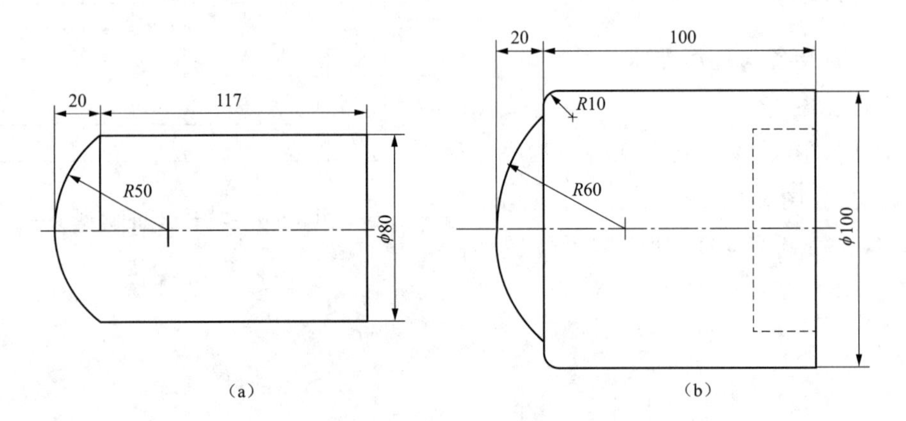


图 8-57　10J/20J 的撞击元件的示例

（a）10J 的撞击元件的示例；（b）20J 的撞击元件的示例

（5）弹簧锤试验装置如图 8-58 所示。

2．环境要求

除非相关标准另有规定，一般情况下低压成套设备的机械碰撞试验可在室温下进行。试验时环境温度应在−5～40℃，湿度在 85%以下。

单位为毫米

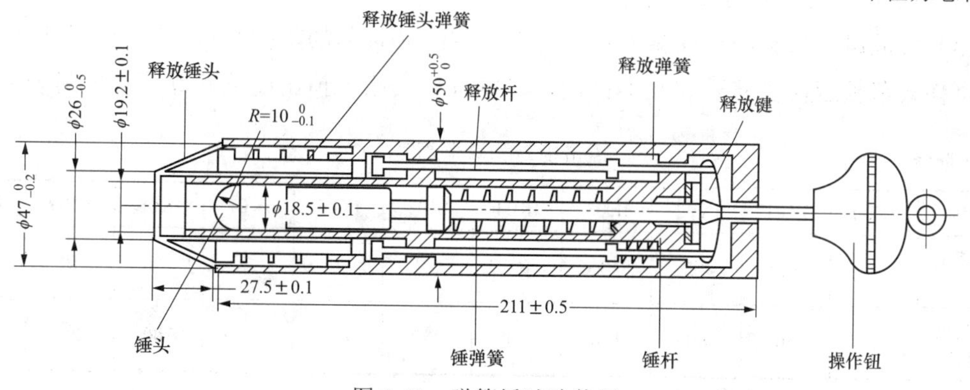


图 8-58　弹簧锤试验装置

### （二）试验前的检查

（1）检查样品是否按照正常安装到位。

（2）如正常使用状态下，所有的门和覆板应就位并关闭。

## 三、试验过程

### （一）试验原理和接线

此项目无需接线，利用撞击试验设备进行验证，现场试验照片图如图 8-59 所示。

### （二）试验方法

（1）进行的 IK 防护等级试验，典型项目有 IK07、IK10 等。具体试验方法举例说明如下。

1）IK07——试样安装固定之后，选择 2J 弹簧锤进行试验。对试样的前门、后门、侧板、顶板、底板进行撞击，对最大尺寸不超过 1m 的正常使用的每个外露面冲击三次；对最大尺寸超过 1m 的正常使用的每个外露面冲击五次，或者使用 2J 的摆锤试验，按表 8-31 选择跌落高度 400mm，试验部位同弹簧锤一样。

图 8-59　现场试验照片图

2）IK10——选择 20J 的摆锤进行试验，选择跌落高度 400mm。对试样的前门、后门、侧板、顶板、底板进行撞击，对最大尺寸不超过 1m 的正常使用的每个外露面冲击三次；对最大尺寸超过 1m 的正常使用的每个外露面冲击五次。

（2）撞击位置和次数：试样的每一暴露面，如前门、后门、侧板、顶板、底板；对于圆柱形试样，在其表面每 120°位置进行撞击。

1）对最大尺寸不超过 1m 的正常使用的每个外露面撞击三次。

2）对最大尺寸超过 1m 的正常使用的每个外露面撞击五次。

3）撞击应均匀分布在试样表面。

（3）机械碰撞试验的接受条件：壳体应仍保持其宣称的防护等级；其介电强度应仍不变；可移式覆板应可以移开和装上；门可以打开和关闭。撞击能量和跌落高度见表 8-31。

表 8-31　　撞击能量和跌落高度

| IK 代码 | IK00 | IK01 | IK02 | IK03 | IK04 | IK05 | IK06 | IK07 | IK08 | IK09 | IK10 |
|---|---|---|---|---|---|---|---|---|---|---|---|
| 碰撞能量（J） | a | 0.14 | 0.2 | 0.35 | 0.5 | 0.7 | 1 | 2 | 5 | 10 | 20 |
| 跌落高度（mm） | / | 56 | 80 | 140 | 200 | 280 | 400 | 400 | 300 | 200 | 400 |

注　如有更高要求的碰撞能量，推荐取值 50J。
a　按本方法为无防护。

## 四、注意事项

（1）注意试验场所的环境条件是否满足要求，如大气压力、温度。

（2）试样按正常工作位置放置并安装固定。

（3）试验用全新清洁样品进行。

（4）撞击的能量、位置、跌落高度和次数严格按要求进行。

（5）撞击应均匀分布在试样表面。

（6）试验时，防止二次撞击。

（7）壳体部件（铰链、锁等）不进行此试验。

## 五、试验后的检查

（1）记录试验时，环境温湿度，大气压力。

（2）记录试验时，试具的能量等级，跌落高度，撞击位置和情况详细记录。如壳体有裂纹或损坏时，记录该部位情况并拍照片详细记录。

（3）记录试验后的防护等级试验情况。

（4）记录试验后的介电性能试验情况。

（5）记录可移式覆板应能否移开和装上；门能否打开和关闭。

## 六、结果判定

（1）试验后，壳体应仍保持其宣称的防护等级。

（2）其介电强度应仍不变。

（3）可移式覆板应可以移开和装上。

（4）门可以打开和关闭，试验合格。

常见不合格现象严重性程度进行初步分级，仅供参考。机械碰撞试验常见不合格现象分级表见表 8-32。

表 8-32　　机械碰撞试验常见不合格现象分级表

| 试验项目 | 序号 | 不合格现象 | 严重程度分级 | 结果判定依据 |
|---|---|---|---|---|
| 机械碰撞试验 | 1 | 门板变形且影响防护等级，但不影响正常使用 | 轻微 | GB/T 7251.12 |
| | 2 | 观察窗破碎、脱落（若有） | 严重 | |

## 七、案例分析

**【案例一】**

1. 案例概况

交流 400V 低压综合配电箱（JP 柜）机械碰撞试验不合格。

2. 不合格现象描述

观察窗破损如图 8-60 所示。

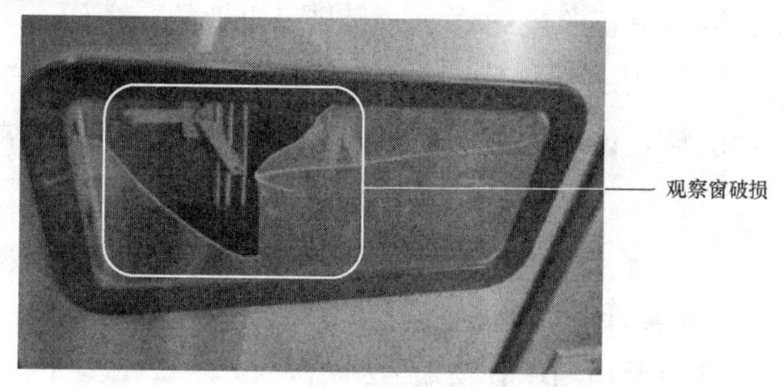


图 8-60　观察窗破损

3. 不合格原因分析

观察窗质量不够，无法承受规定的撞击，出现破损。

**【案例二】**

1. 案例概况

交流 400V 低压综合配电箱（JP 柜）机械碰撞试验不合格。

2. 不合格现象描述

观察窗脱落如图 8-61 所示。

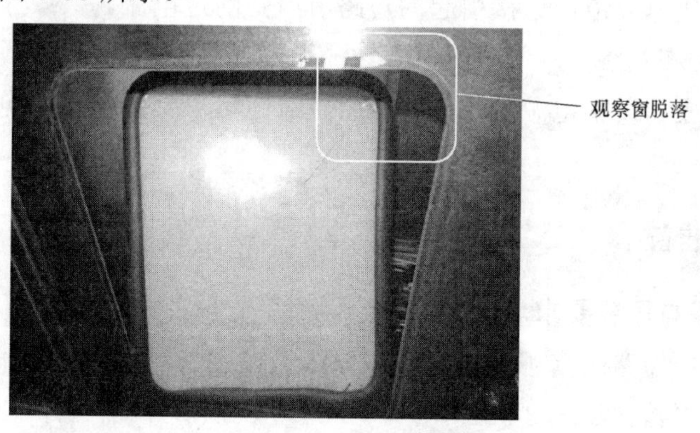


图 8-61　观察窗脱落

3. 不合格原因分析

观察窗脱落，橡胶圈牢固强度不够。

# 第十一节　短时耐受强度试验

## 一、试验概述

### （一）试验目的

短时耐受电流能力试验，是考核低压成套电器在发生短路故障的情况下并不分断电路但应能承受故障电流所形成的电动力和热效应的作用而不至被破坏的能力。电动力效应和热效应可能使成套电气设备所有载流部件的机械强度下降，绝缘能力下降。短时耐受电流能力试验，就是对成套电气设备的电动稳定性和热稳定性的一项综合考核。

短时耐受电流强度试验就是模拟在电路实际运行中，当电路发生短路故障时是否能安全地承载此电流的一种试验。该试验在规定的试验条件下进行，像正常使用时一样布置，适用于低压成套开关设备和控制设备，属于型式试验。

### （二）试验依据

GB/T 7251.12《低压成套开关设备和控制设备　第2部分：成套电力开关和控制设备》

GB/T 15576《低压成套无功功率补偿装置》

### （三）试验主要参数

1. 额定短时耐受电流 $I_{cw}$

成套设备制造商宣称的，在规定条件下，用电流和时间定义的能够安全承载的短时耐受电流有效值。成套设备不同的 $I_{cw}$ 值对应不同的电流持续时间（例如：0.2s、1s、3s）。

2. 额定峰值耐受电流 $I_{pk}$

成套设备制造商宣称的在规定条件下能够圆满地承受的短路电流峰值。

3. 短路电流 $I_c$

由于电路中的故障或错误连接引起的短路所产生的过电流。

4. 预期短路电流 $I_{cp}$

在尽可能接近成套设备电源端，用一根阻抗可忽略不计的导体使电路的供电导体短路时流过的电流的有效值。

## 二、试验前准备

### （一）试验装备与环境要求

（1）试验装备：短路耐受强度试验一般采用被试设备额定频率，偏差±25%。试验中所需的仪器设备的参数详见表8-33。

表 8-33　　试验仪器设备参数表

| 仪器设备名称 | 量程 | 精度 |
| --- | --- | --- |
| 冲击变压器 | 额定容量：1000kVA，冲击容量：50MVA | — |
| 数据采集/开关单元 | 型号：1-GEN7T-2，参数：16 通道，1～50V　F.S，500kHz；≥3dB，20A～120kA | 1.5 级 |
| 交直流通断试验控制台 | 200kA 左右，420V | — |

（2）环境要求：除非相关标准另有规定，一般情况下成套设备的试验可在室温下进行。试验时环境温度应在−5～40℃，湿度在 85%以下。

**（二）试验前的检查**

（1）成套设备应如同正常使用时一样放置，所有覆板等都应就位。

（2）完成短路试验前的项目检测。

（3）故障检测铜丝是否完好。

（4）试验参数检查、调整、确认。

（5）试验区域进行隔离。

## 三、试验过程

**（一）试验原理和接线**

（1）短路试验主电路系统主要是由高、低压隔离器、断路器、冲击试验变压器、高低压调节阻抗组成。冲击试验变压器是短路试验的主要设备，为试验电源变压器。要求能反复使用冲击电流试验，除了能承受强大的反复电动力外，为了获得最大的试验电流，还要求变压器自身的阻抗很小。

（2）短路试验主电路系统的设备配置接线如图 8-62 所示。

（3）为了获得强大的冲击电流，短路试验系统的阻抗应尽可能低，为了降低其低压回路阻抗，通常试验参数的调节阻抗放置在高压侧。

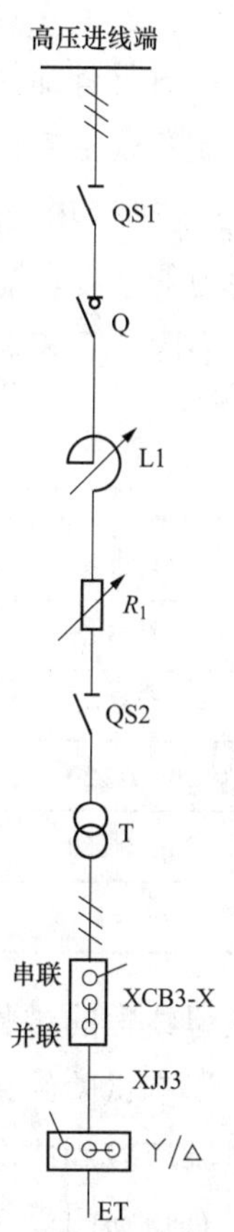


图 8-62　短路试验主电路系统的设备配置接线

QS1、QS2—高压隔离开关；Q—高压负荷开关；T—冲击变压器；L1—可调高压电抗器；$R_1$—可调高压电阻；XCB3-X—串联、并联转换刀；XJJ3—相序继电器；ET—试验端口；Y/△—星、三角转换刀

**（二）试验方法**

1. 被试成套设备的放置及要求

（1）被试成套设备应处于正常工作的状态；应完全装配好并按正常工作位置安装。

（2）被试成套设备置于室温中并像正常工作那样

闭合。

2. 短路试验验证

（1）试验范围。除下列情况外的所有成套设备的电路，都必须经过短路耐受强度的验证。

1）额定短时耐受电流或额定限制短路电流不超过 10kA 的成套设备。

2）采用限流器件保护的成套设备，该器件在最大允许预期短路电流（在成套设备的进线电路端）时的截断电流不超过 17kA。

3）与变压器相连接的成套设备中的辅助电路，该变压器二次额定电压不小于 110V 时，其额定容量不超过 10kVA；或二次额定电压小于 110V 时，其额定容量不超过 1.6kVA，而且其短路阻抗不小于 4%。

成套设备的所有部件（母排、母排支架、母排接头、进线和出线单元、开关器件等）已经过适合成套设备工作条件的型式试验。

（2）试验条件。用交流进行短路试验时，试验电路的频率允许偏差为额定频率的 25%。为确定电动力的强度，短路耐受电流峰值与短路耐受电流乘系数 $n$ 获得。系数 $n$ 的标准值和相应的功率因数见表 8-34。

**表 8-34　　系数 $n$ 的标准值和相应的功率因数**

| 短路电流的方均根值（kA） | 功率因数 | 系数 $n$ |
|---|---|---|
| $I \leqslant 5$ | 0.7 | 1.5 |
| $5 < I \leqslant 10$ | 0.5 | 1.7 |
| $10 < I \leqslant 20$ | 0.3 | 2 |
| $20 < I \leqslant 50$ | 0.25 | 2.1 |
| $50 < I$ | 0.2 | 2.2 |

除了在母线上的试验和取决于成套设备结构形式的试验以外，如果各功能单元结构相同，而且不影响试验结果，就只需试验一个功能单元。

试验电源应接到成套设备的输入端上，三相成套设备应三相连接。

对于所有短路耐受额定值的验证在电源电压为 1.05 倍额定工作电压时，预期短路电流值可由示波器来显示，数据采集点的位置尽可能靠近成套设备的输入电源侧，并将成套设备用可忽略阻抗的导体进行短路。示波图应显示一个稳定电流，该电流可在某一时间内测得或在一规定的时间内测得。

对于适用于三相四线系统中带一个接地中性点，并带有相应标志的成套设备，可接在电源中性点上或接在带电感的人为中性点上，应该允许的预期故障电流至少为 1500A。试验电路中应连接一个安全装置，一个由直径为 0.8mm、长度不超过 50mm 的铜丝作熔芯的熔断器，通过 1500A 频率在 45～65Hz 之间的电流，大约经过半个周期就熔断，用来检测

故障电流。

对于也适用于三相三线系统并带有相应标志的成套设备，同三相四线系统的连接方式一样，并且，要与产生对地电弧的可能性很小的相导体连接。

（3）试验验证。

对于带母排的成套设备，按照下面1），2）和4）项进行试验。

对于不带母排的成套设备，按照下面1）项进行试验。

对于相与相之间及相与地之间有可能发生内部短路的情况的成套设备，另外还要按照3）项进行试验。

1）如果出线电路中有一个事先没经过试验的元件，则应进行如下试验：

为了试验出线电路，其出线端子应用螺栓进行短路连接。当出线电路中的保护器件是一个断路器时，根据下述2）项，试验电路可包括一个分流电阻器与电抗器并联来调整短路电流。

对于额定电流小于或等于630A的断路器，在试验电路中，应有一根0.75m长，截面积相应于约定发热电流的电缆。开关应合闸，并像工作中正常使用那样在合闸位置上。然后施加试验电压，并维持足够长时间，使出线单元的短路保护器件动作以消除故障，并且在任何情况下，试验电压持续时间不得少于10个周波。

2）带有主母排的成套设备应进行一次补充的试验，以考验主母排和进线电路包括接点的短路耐受强度。短路点离电源的最近点应是2m±0.40m。对于额定短时耐受电流和额定峰值耐受电流验证，如果在低压下进行试验才能使试验电流为额定值时，此距离可增大。所设计的成套设备的被试验母排长度小于1.6m，而且，成套设备不再扩展时，应对整条母排进行试验，短路点应在这些母排的末端。如果一组母排由不同的母排段构成，则每一段母排应分别或同时进行试验，该试验亦应满足上面所提的条件。

3）在将母排接到单独的出线单元的导体中，用螺栓连接实现短路时，短路点应尽量靠近出线单元母排侧的端子。短路电流值应与主母排相同。

4）如果存在中性母排，应进行一次试验以考验其相对于最近的母排（包括任何接点）的短路耐受强度。如无其他协议，中性母排试验的电流值应为三相试验时相电流的60%。各电流波形如图8-63～图8-67所示。

## 四、注意事项

（1）成套设备应如同正常使用时一样放置，所有覆板等都应就位。

（2）短路试验电源为被试设备额定频率的±25%。

（3）故障检测铜丝直径0.8mm、长约50mm。

（4）试验区域进行隔离并有良好的排风措施。

（5）试验需安排两人进行。

（6）短路试验前后项目的检测。

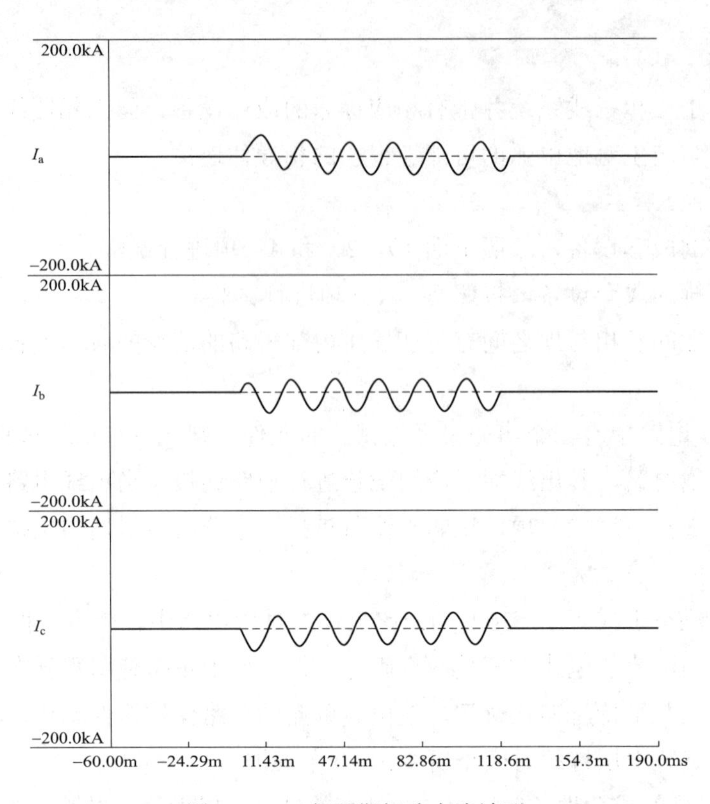


图 8-63　三相预期短路电流波形

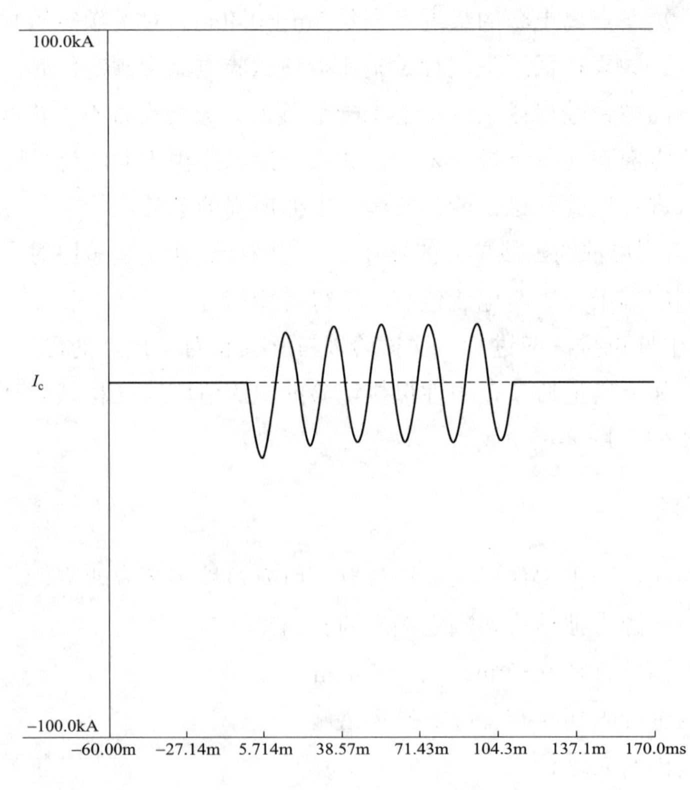


图 8-64　单相预期短路电流波形

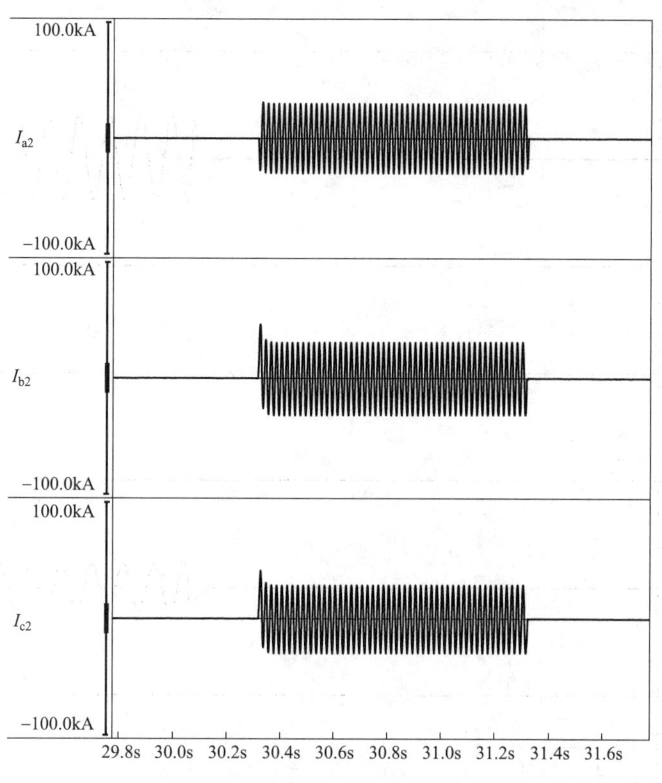


图 8-65　三相短路耐受试验示波图

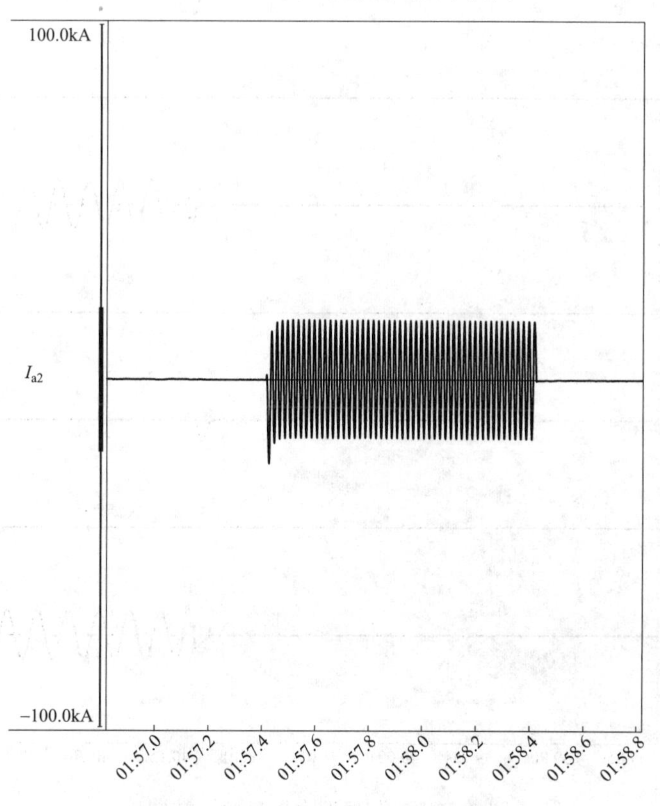


图 8-66　单相短路耐受试验示波图

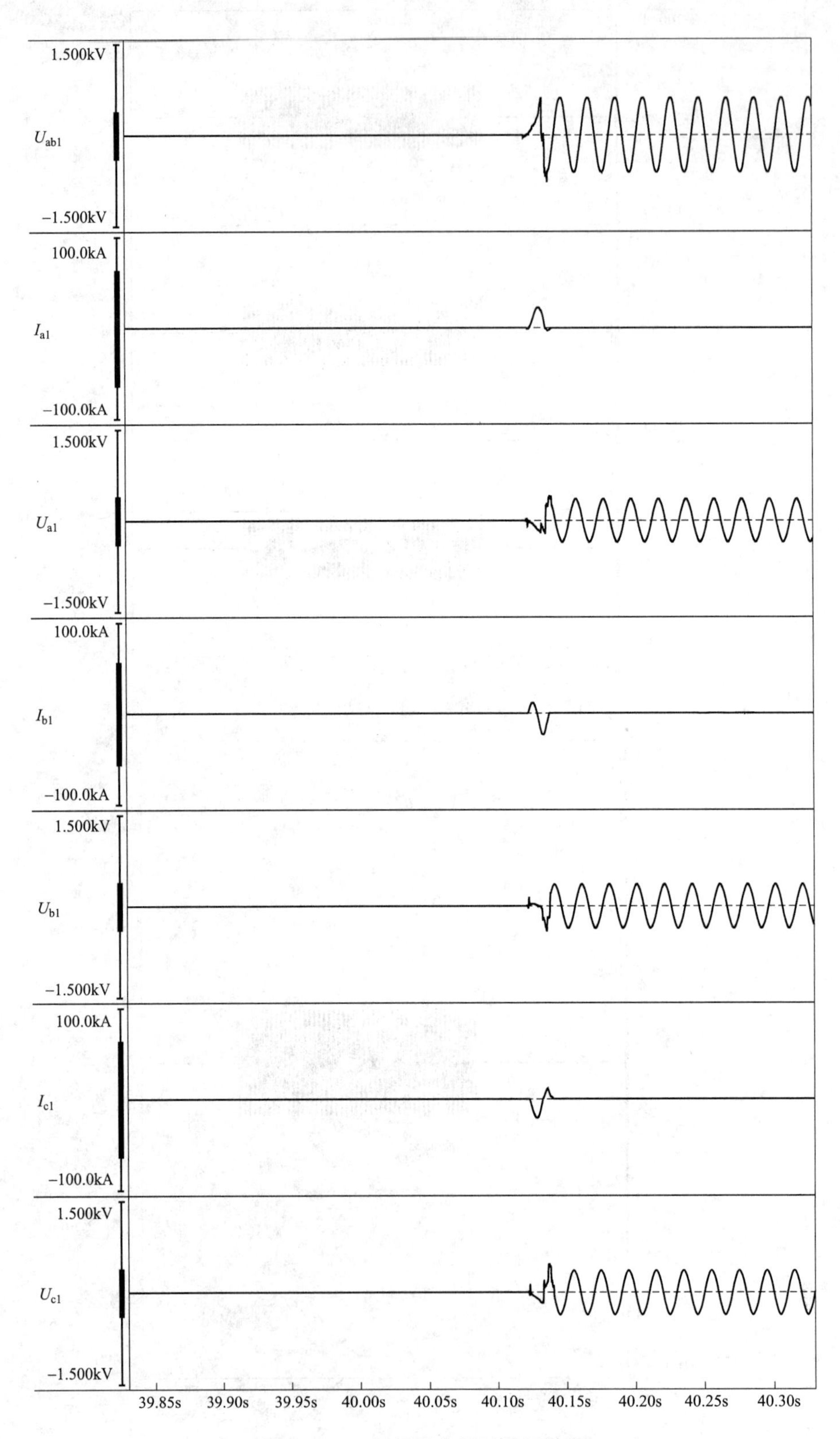


图 8-67　三相短路分断试验示波图

## 五、试验后的检查

（1）记录试验时的电压、电流数据及波形。

（2）记录试验前的预期电流波形和数值。

（3）记录试验时的温湿度和大气压力。

（4）试验后针对参数异常的数据进行复查，不合格试验需要拍照记录不合格情况。

## 六、结果判定

（1）按照 GB/T 7251.1—2013 进行试验，试验后，导线不应有任何过大的变形，只要电气间隙和爬电距离仍符合规定，母排的微小变形是允许的。同时，导线的绝缘和绝缘支撑部件不应有任何明显的损伤痕迹，也就是说，绝缘物的主要性能仍保证设备的机械性能和电气性能满足要求。

（2）检测器件不应指示出有故障电流发生。

（3）导线的连接部件不应松动，而且，导线不应从输出端子上脱落。

（4）在不影响防护等级，电气间隙不减小到小于规定数值的条件下，外壳变形是允许的。

常见不合格现象严重性程度进行初步分级，仅供参考。短时耐受强度常见不合格现象分级表见表 8-35。

**表 8-35　短时耐受强度常见不合格现象分级表**

| 序号 | 不合格现象 | 严重程度分级 | 结果判定依据 |
| --- | --- | --- | --- |
| 1 | 铜排、元器件损坏 | 严重 | GB/T 7251.12<br>GB/T 15576 |
| 2 | 元器件的分断能力达不到要求值 | 严重 | |

## 七、案例分析

**【案例一】**

1. 案例概况

交流 400V 低压综合配电箱（JP 柜）短时耐受强度试验不达标。

2. 不合格现象描述

熔断器式隔离开关及其内部熔芯都损坏分别如图 8-68、图 8-69 所示。

小型断路器碎裂如图 8-70 所示。

3. 不合格原因分析

熔断器式隔离开关及熔断器选型与 JP 柜参数不匹配，开关及熔断器损坏；小型断路器短路分断能力不达标，不满足要求。

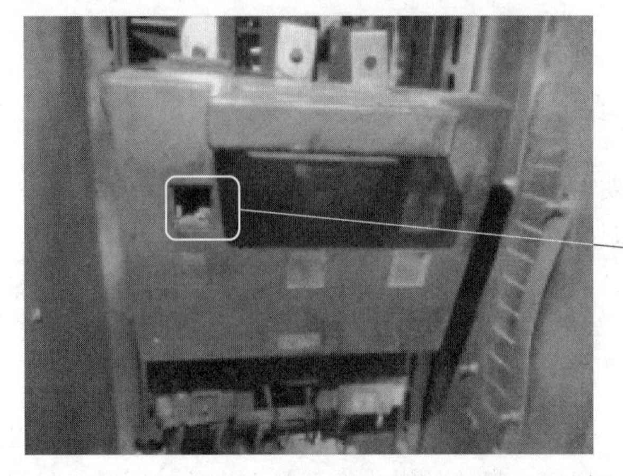


图 8-68　熔断器式隔离开关损坏

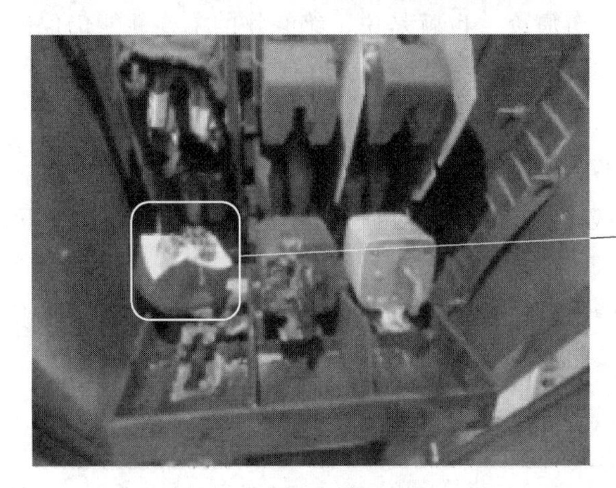


图 8-69　熔断器式隔离开关内部熔芯损坏

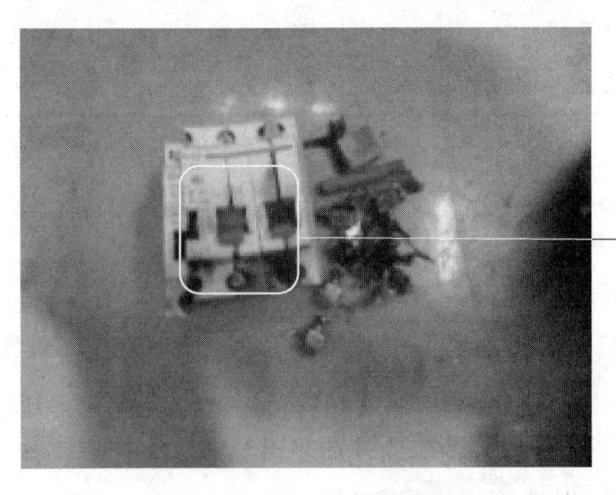


图 8-70　小型断路器碎裂

**【案例二】**

1. 案例概况

交流 400V 低压综合配电箱（JP 柜）短时耐受强度试验不达标。

2. 不合格现象描述

剩余电流断路器做短路强度试验后 ABC 三相均不通，熔断器式隔离开关进线端 ABC 三相母排损坏，分别如图 8-71～图 8-74 所示。

图 8-71　熔断器式隔离开关进线端 ABC 三相母排损坏

图 8-72　剩余电流断路器 A 相不通

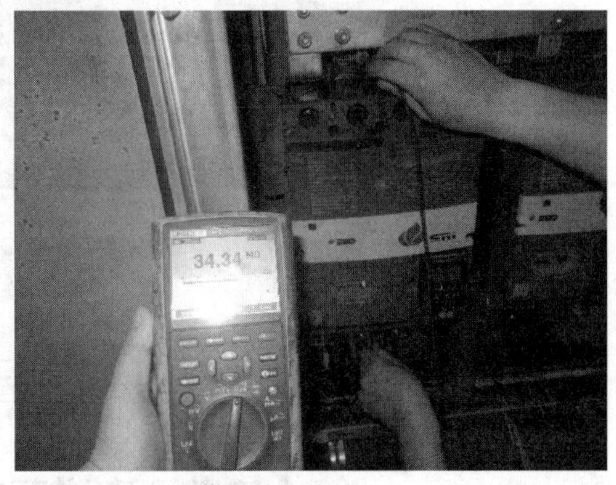


图 8-73　剩余电流断路器 B 相不通

图 8-74　剩余电流断路器 C 相不通

3. 不合格原因分析

剩余电流断路器短路分断能力不达标，短路后三相不通；电弧不熄灭导致 ABC 三相铜排损坏，不满足要求。

**【案例三】**

1. 案例概况

交流 400V 低压综合配电箱（JP 柜）短时耐受强度试验不达标。

2. 不合格现象描述

熔断器式隔离开关内熔芯损坏，如图 8-75 所示。

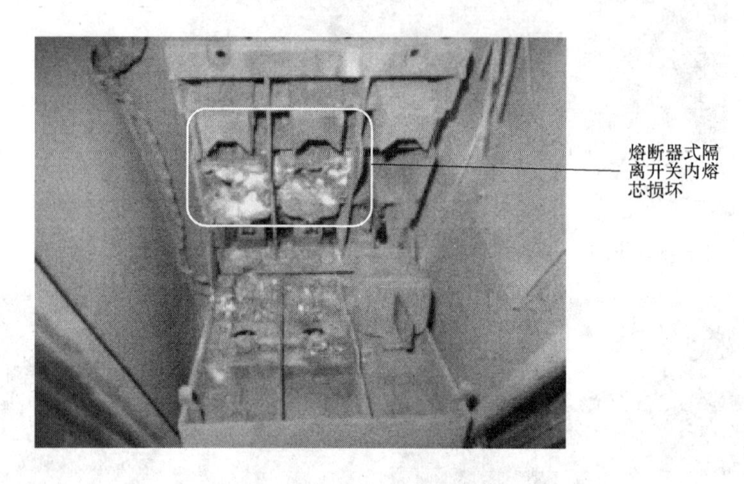


图 8-75　耐受强度试验照片图

3. 不合格原因分析

熔断器式隔离开关及熔断器选型与 JP 柜参数不匹配，熔断器损坏，不满足要求。

# 第十二节　电磁兼容性（EMC）试验

## 一、试验概述

### （一）试验目的

电磁兼容性试验又称为 EMC 试验，指的是对电子产品在电磁场方面干扰大小（EMI）和抗干扰能力（EMS）的综合评定，是产品质量的重要指标之一，电磁兼容的测量由测试场地和测试仪器组成。

EMC 试验的主要目的是检测电器产品所产生的电磁辐射对人体、公共场所电网以及其他正常工作的电器产品的影响，同时，也是检测电器产品对所在环境中存在的电磁干扰具有一定程度的抗扰度，即电磁敏感性。进行 EMC 试验就是为了保证电器产品的组件或装置在电磁环境中能够具有正常工作的能力。

**（二）试验依据**

GB/T 7251.1《低压成套开关设备和控制设备　第 1 部分：总则》

GB/T 7251.12《低压成套开关设备和控制设备　第 2 部分：成套电力开关和控制设备》

GB/T 17626.2《电磁兼容试验和测量技术静电放电抗扰度试验》

GB/T 17626.3《电磁兼容试验和测量技术射频电磁场辐射抗扰度试验》

GB/T 17626.4《电磁兼容试验和测量技术电快速瞬变脉冲群抗扰度试验》

GB/T 17626.5《电磁兼容试验和测量技术浪涌（冲击）抗扰度试验》

**（三）试验主要参数**

（1）空气放电方法：将试验发生器的充电电极靠近受试设备直至接触到受试设备的一种试验方法。

（2）接触放电方法：试验发生器的电极保持与受试设备的接触并由发生器内的放电开关激励放电的一种试验方法。

（3）静电放电：具有不同静电电位的物体相互靠近或直接接触引起的电荷转移。

（4）耦合板：一块金属片或金属板，对其放电用来模拟对受试设备附近物体的静电放电。

（5）EUT：受试设备。

（6）接地参考平面：一块导电平面，其电位用作公共参考电位。

（7）电波暗室：安装吸波材料用以降低内表面电波反射的屏蔽室。

（8）全电波暗室：内表面全部安装吸波材料的屏蔽室。

（9）半电波暗室：除地面安装反射接地平板外，其余内表面均安装吸波材料的屏蔽室。

（10）天线：一种将信号源射频功率发射到空间或截获空间电磁场转变为电信号的转换器。

（11）屏蔽室：专为隔离内外电磁环境而设计的屏栅或整体金属房。其目的是防止室外电磁场干扰室内电磁环境特性，并避免室内电磁发射干扰室外活动。

（12）脉冲群：数量有限且清晰可辨的脉冲序列或持续时间有限的振荡。

（13）耦合：线路间的相互作用，将能量从一个线路传送到另一个线路。

（14）耦合网络：用于将能量从一个线路传送到另一个线路的电路。

（15）去耦网络：用于防止施加到受试设备上的电快速瞬变电压影响其他不被试验的装置、设备或系统的电路。

（16）EFT/B：电快速瞬变脉冲群。

（17）组合波发生器：能产生 1.2/50μs 开路电压波形、8/20μs 短路电流波形，或 10/700μs 开路电压波形、5/320μs 短路电流波形的发生器。

（18）持续时间：规定的波形或特征存在或持续的间隔绝对值。

（19）波前时间。

1）浪涌（冲击）电压的波前时间 $T_1$ 是一个虚拟参数，定义为 30%峰值和 90%峰值两点之间所对应时间间隔 $T$ 的 1.67 倍。

2）浪涌（冲击）电流的波前时间 $T_1$ 是一个虚拟参数，定义为10%峰值和90%峰值两点之间所对应时间间隔 $T$ 的1.25倍。

（20）抗扰度：装置、设备或系统面临电磁骚扰不降低运行性能的能力。

（21）端口：受试设备和外部电磁环境的特殊接口。

（22）上升时间：脉冲瞬时值首次从给定下限值上升到给定上限值所经历的时间。

（23）浪涌（冲击）：沿线路或电路传送的电流、电压或功率的瞬态波，其特征是先快速上升后缓慢下降。

（24）系统：通过执行规定的功能来达到特定目标的、由相互依赖部分组成的集合。

（25）半峰值时间 $T_2$：虚拟起点 $O_1$ 和电压（或电流）下降到半峰值时两点的时间间隔。

（26）虚拟起点 $O_1$：

1）在浪涌电压波形中，$O_1$ 指的是连续脉冲幅度30%和90%两点的直线与时间轴的交点。

2）在浪涌电流波形中，$O_1$ 指的是连续脉冲幅度10%和90%两点的直线与时间轴的交点。

## 二、试验前准备

### （一）试验装备与环境要求

（1）试验装备：试验中所需的仪器设备的参数见表8-36。

表8-36　　试验中所需的仪器设备的参数

| 仪器设备名称 | 参数及精度要求 |
|---|---|
| 静电放电枪 | 15kV，150PF/330Ω |
| 5m法半电波暗室 | 屏蔽体外尺寸：12000mm×8000mm×6400mm；屏蔽效能：依据标准EN50147-1，GB/T 12190；归一化场地衰减：依据标准EN50147-2，ANsIC63.4；场地电压驻波比：依据标准CIsPR16-1-4 ed2-2007；场地均匀性：依据标准IEC61000-4-3，转台：承1t，直径3m，测试范围1.5m |
| 射频信号发生器 | 9kHz～3.2GHz |
| 射频功率计 | 配置2个100kHz～6GHz探头；测量范围：-60～+20dBm，GPIB控制 |
| 射频功率放大器 | 频率范围 80MHz～3GHz，线性输出功率＞160W（80～400MHz）；＞100W（400MHz～1GHz）；＞40W（1～3GHz），含内置定向耦合器 |
| 电快速瞬变脉冲群模拟器 | 测试电压范围：0.2～5kV±10%；上升时间5ns±30%，50ohm负载，100ohm负载脉冲持续时间：①50ns±30%，50ohm负载；②50ns-15/+100ns，1000ohm负载脉冲频率：0.1～1000kHz；脉冲群持续时间：0.075～750ms；脉冲群周期：1～9999ms；测试持续时间：1～9999s |
| 瞬态干扰发生器 | SURGE：220～4100V，EFT：250～4400V，重复频率：1kHz～1MHz，ESD：空气放电电压2～15kV，接触放电电压2～10kV |
| 智能型雷击浪涌发生器 | 测试电压范围：0.2～6kV，±10%；电压波形：波前时间为1.2μs±30%，半峰值时间为50μs±20%；测试电流范围：0.1～3kA，±10%；电流波形：波前时间为8μs±20%，半峰值时间为20μs±20% |
| 三相耦合去耦网络 | 耦合的浪涌波形：1.2/50μs；电压波：8/20μs；电流波输入浪涌电压范围：0.2～6kV；输入浪涌电流范围：0.1～3kA；耦合电容：9、18μF；耦合电阻：10、0Ω |

（2）环境要求：

1）环境温度：15～35℃；

2）相对湿度：30%～60%；

3）大气压力：86～106kPa。

受试设备应在其规定的气候条件下工作。

试验室的电磁环境不应影响试验结果。

### （二）试验前的检查

试品按正常工作位置放置在试验现场，检查内部元器件线路的完整性以及接地是否完好。

## 三、试验过程

### （一）试验原理和接线

（1）静电放电抗扰度试验原理图和照片如图 8-76、图 8-77 所示。

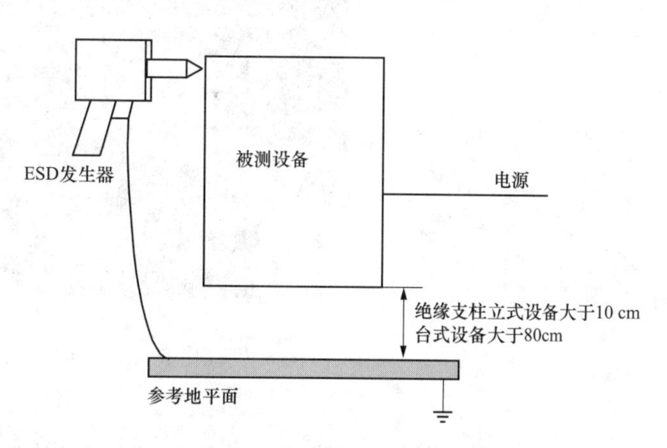


图 8-76　静电放电抗扰度试验原理图

图 8-77　静电放电抗扰度试验照片

（2）射频电磁场辐射抗扰度试验原理图和照片分别如图 8-78、图 8-79 所示。

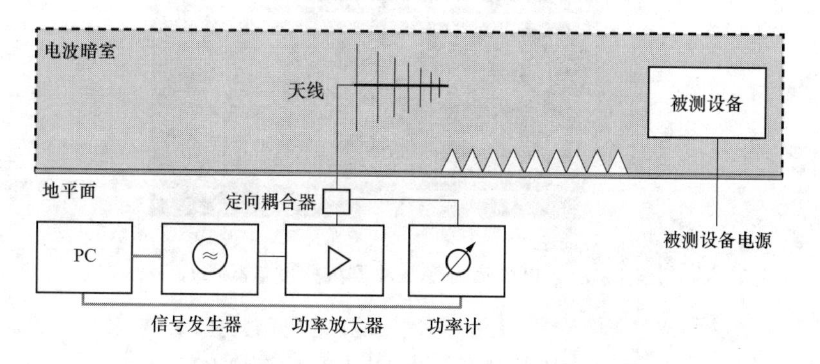


图 8-78　射频电磁场辐射抗扰度试验原理图

图 8-79　射频电磁场辐射抗扰度试验照片

（3）电快速瞬变脉冲群抗扰度试验原理图和照片分别如图 8-80、图 8-81 所示。

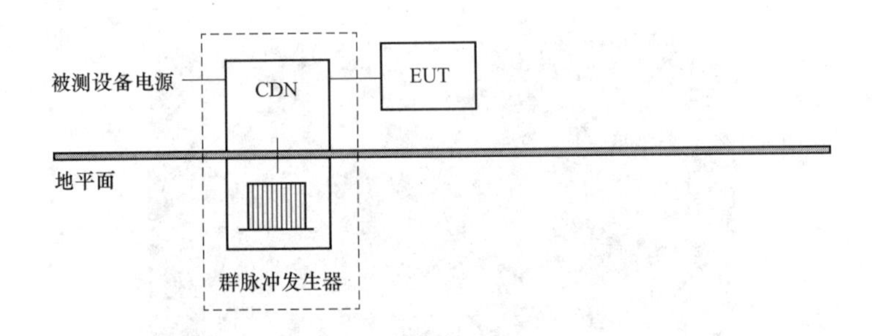


图 8-80　电快速瞬变脉冲群抗扰度试验原理图

图 8-81　电快速瞬变脉冲群抗扰度试验照片

（4）浪涌抗扰度试验原理图和照片分别如图 8-82、图 8-83 所示。

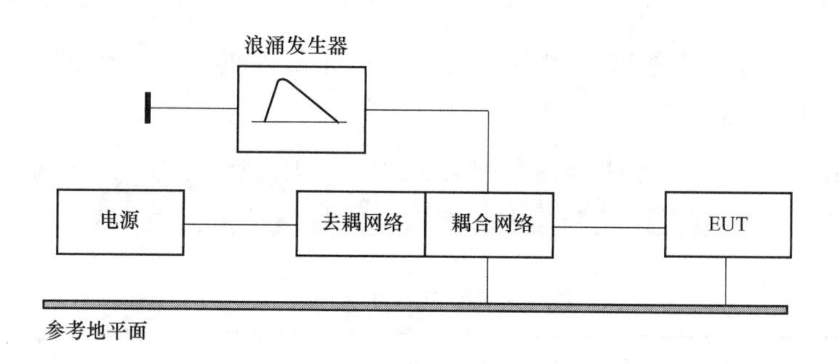


图 8-82 浪涌抗扰度试验原理图

**（二）试验方法**

1. 静电放电抗扰度

应根据试验计划进行试验，试验计划包括技术规范所规定的受试设备性能的检验。

受试设备应处于正常的工作状态。

（1）试验计划应该规定以下内容。

1）将要进行的试验类型。

2）试验等级。

3）试验电压的极性（两种极性均为强制性）。

4）内部或外部发生器。

图 8-83 浪涌抗扰度试验照片

5）试验的持续时间不短于 1min（选择 1min 是为了加快试验；然而，为避免同步，试验时间可分为六个 10s 的脉冲群，间隔时间为 10s）。在实际环境中，脉冲群将作为单次事件随机的发生，并不意味着脉冲群与受试设备的信号同步。专业标准化技术委员会可选择其他试验持续时间。

6）施加试验电压的次数。

7）待试验的受试设备的端口。

8）受试设备的典型工作条件。

9）依次对受试设备各端口或对同属于两个以上电路的电缆等施加试验电压顺序。

10）辅助设备。

（2）除非在通用标准、产品标准或产品类标准中有其他规定，静电放电只施加在正常使用时人员可接触到的受试设备上的点和面。例外的情况如下（即，放电不施加在下述点）。

1）在维修时才接触得到的点和表面。这种情况下，特定的静电放电简化方法应在相关文件中注明。

2）最终用户保养时接触到的点和表面。这些极少接触到的点，如换电池时接触到的电池、录音电话中的磁带等。

3）设备安装固定后或按使用说明使用后不再能接触到的点和面，例如，底部和/或设备的靠墙面或安装端子后的地方。

4）外壳为金属的同轴连接器和多芯连接器可接触到的点，该情况下，仅对连接器的外壳施加接触放电。

非导电（例如，塑料）连接器内可接触到的点，应只进行空气放电试验。试验使用静电放电发生器的圆形电极头。通常，应考虑以下六种情况，见表 8-37。

表 8-37　　放电的六种情况

| 例 | 连接器外壳 | 涂层材料 | 空气放电 | 接触放电 |
|---|---|---|---|---|
| 1 | 金属 | 无 | — | 外壳 |
| 2 | 金属 | 绝缘 | 涂层 | 可接触的外壳 |
| 3 | 金属 | 金属 | — | 外壳和涂层 |
| 4 | 绝缘 | 无 | [a] | — |
| 5 | 绝缘 | 绝缘 | 涂层 | — |
| 6 | 绝缘 | 金属 | — | 涂层 |

注　若连接器插脚有防静电放电涂层，涂层或设备上采用涂层的连接器附近应有静电放电警告标签。

a　若产品（类）标准要求对绝缘连接器的各个插脚进行试验，应采用空气放电。

5）由于功能原因对静电放电敏感并有静电放电警告标签的连接器或其他接触部分可接触到的点，如测量、接收或其他通信功能的射频输入端。

6）对放置于或安装在受试设备附近的物体的放电，应用静电放电发生器对耦合板接触放电的方式进行模拟。

2. *射频电磁场辐射抗扰度*

试验程序适用于可调式半电波暗室中采用双锥和对数周期天线的情况下。

将 EUT 置于使其某个面与校准的平面相重合的位置。

用 1kHz 的正弦波对信号进行 80%的幅度调制后，在预定的频率范围内进行扫描试验。当需要时，可以暂停扫描以调整射频信号电平或振荡器波段开关和天线。

每一频率点上，幅度调制载波的扫描驻留时间应不短于 EUT 动作及响应所需的时间，且不得短于 0.5s。对敏感频点（如时钟频率）则应个别考虑。

发射天线应对 EUT 的四个侧面逐一进行试验。当 EUT 能以不同方向（如垂直或水平）放置使用时，各个侧面均应试验。

注：若 EUT 由几个部件组成，当从各侧面进行照射试验时，无需调整其内部任一部件的位置。

对 EUT 的每一侧面需在发射天线的两种极化状态下进行试验，一次天线在垂直极化位置，另一次天线在水平极化位置。

在试验过程中应尽可能使 EUT 充分运行，并在所有选定的敏感运行模式下进行抗扰度试验。

试验应根据试验计划进行，试验计划应包括在试验报告中。

试验计划应包含下列内容：

（1）EUT 尺寸。

（2）EUT 典型运行条件。

（3）确定 EUT 按台式、落地式，或是两者结合的方式进行试验，对落地式 EUT，还要确定其距接地平板的高度是 0.1m 还是 0.8m。

（4）所用试验设备的类型和发射天线的位置。

（5）所用天线的类型。

（6）扫频速率，驻留时间和频率步长。

（7）适用的试验等级。

（8）所用互连线的类型与数量以及（EUT 的）接口。

（9）可接受的性能判据。

（10）EUT 运行方法的描述。

3. 电快速瞬变脉冲群抗扰度

应根据试验计划进行试验，试验计划包括技术规范所规定的受试设备性能的检验。

受试设备应处于正常的工作状态。

试验计划应该规定以下内容：

（1）将要进行的试验类型。

（2）试验等级。

（3）试验电压的极性（两种极性均为强制性）。

（4）内部或外部发生器。

（5）试验的持续时间不短于 1min（选择 1min 是为了加快试验；然而，为避免同步，试验时间可分为六个 10s 的脉冲群，间隔时间为 10s）。在实际环境中，脉冲群将作为单次事件随机的发生，并不意味着脉冲群与受试设备的信号同步。专业标准化技术委员会可选择其他试验持续时间。

（6）施加试验电压的次数。

（7）待试验的受试设备的端口。

（8）受试设备的典型工作条件。

（9）依次对受试设备各端口或对同属于两个以上电路的电缆等施加试验电压的顺序。

（10）辅助设备。

4. 浪涌（冲击）抗扰度

（1）试验应根据试验计划进行，计划中应规定试验配置，应包含如下内容：

1）试验等级（电压）。

2）浪涌次数。

（2）除非相关的产品标准有规定，施加在直流电源端和互连线上的浪涌脉冲次数应为正、负极性各 5 次，对交流电源端口，应分别在 0°、90°、180°、270°相位施加正、负极性各 5 次的浪涌脉冲。

1）连续脉冲间的时间间隔：1min 或更短。

2）EUT 的典型工作状态。

3）浪涌施加的部位。

电源端口（直流或交流）可能是输入或输出端口。

备注：对于输出端口的浪涌试验，只推荐在浪涌可能通过该端口进入 EUT 的输出端口（如大功率负载的切换）上进行。

对低压（电压不大于 60V）直流输入、输出端，如果次级电路（与交流电源端口隔离）不会遭受瞬态过电压（如通过可靠接地和电容滤波的直流次级电路，其纹波的峰值小于直流分量的 10%）时，则不用对该低压直流输入/输出端进行浪涌试验。

在有几个相同线路的情况下，可能只需选择一定数量的线路进行典型测量即可。

如果重复率比 1/min 更快的试验使 EUT 发生故障，而按 1/min 重复率进行测试时，EUT 却工作正常，则使用 1/min 的重复率进行试验。

备注：如果合适，产品委员会可以选择不同的相位角，或者在每个相位上增减浪涌的次数。

备注：对于常用浪涌保护装置，尽管它们的峰值功率或峰值能量指标能经受大电流，但是它们的平均功率较低。因此，两次浪涌的时间间隔取决于 EUT 内置的保护装置。

当进行线—地试验时，如果没有其他规定，应依次对每根线进行试验。

试验程序应考虑 EUT 的非线性电流—电压特性，因此，试验电压需从低等级逐步增加到产品标准或试验计划/报告中规定的试验等级，并且不超过他，所有较低等级（包括选择的试验等级）均应满足要求。

对有二次保护的设备进行试验时，发生器的输出电压应增加到刚好低于一次保护的击穿值。

## 四、注意事项

1. 静电放电抗扰度

（1）连续单次放电之间的时间间隔建议至少 1s，但为了确定系统是否会发生故障，可能需要较长的时间间隔。

备注：放电点通过以 20 次/s 或以上放电重复率来进行试探的方法加以选择。

（2）静电放电发生器应保持与实施放电的表面垂直，以改善试验结果的可重复性。

（3）在实施放电的时候，发生器的放电回路电缆与受试设备的距离至少应保持 0.2m。

（4）在接触放电的情况下，放电电极的顶端应在操作放电开关之前接触受试设备。

（5）如设备制造厂家未说明涂膜为绝缘层，则发生器的电极头应穿入漆膜，以便与导电层接触；如厂家指明涂漆层是绝缘层，则只进行空气放电。这类表面不应进行接触放电试验。

（6）在空气放电的情况下，放电电极的圆形放电头应尽可能快地接近并触及受试设备

（不要造成机械损伤）。每次放电之后，应将静电放电发生器的放电电极从受试设备移开，然后重新触发发生器，进行新的单次放电，这个程序应当重复至放电完成为止。在空气放电试验的情况下，用作接触放电的放电开关应当闭合。

（7）对水平耦合板放电应在水平方向对其边缘施加。

2. 射频电磁场辐射抗扰度

试验前，应该用场探头在校准栅格某一节点上检查所建立的场强强度，发射天线和电缆的位置应与校准时一致，测量达到校准场强所需的正向功率，应与校准均匀域时的记录一致。抽检应在预定的频率范围内对校准栅格上的一些节点以水平和垂直两种极化方式进行。

3. 电快速瞬变脉冲群抗扰度

试验前应检查试验设备的性能，通常限于检查发生器在耦合装置输出端产生的脉冲群是否存在。

若相对湿度过高，以致引起受试设备或试验设备凝露，试验不应进行。

4. 浪涌（冲击）抗扰度

如果相对湿度很高，以至于在EUT和试验仪器上产生凝露，则不应进行试验。

试验之前，应对发生器和耦合/去耦网络进行验证，性能检查通常限于检查有没有浪涌脉冲，有没有浪涌电压和/或电流。

对于验收试验，应使用以前未曾施加浪涌的设备，或者在试验前更换保护装置。

## 五、试验后的检查

试验后，检查受试设备是否处于正常状态，运行状况是否正常，有无错误的状态指示等。

## 六、结果判定

试验结果应依据受试设备在试验中的功能丧失或性能降低现象进行分类，相关的性能水平由设备的制造商或需要方确定，或由产品的制造商和购买方双方协商同意。推荐按如下要求分类：

（1）在制造商、委托方或购买方规定的限值内性能正常。

（2）功能或性能暂时丧失或降低，但在骚扰停止后能自行恢复，不需要操作者干预。

（3）功能或性能暂时丧失或降低，但需操作者干预才能恢复。

（4）因设备硬件或软件损坏，或数据丢失而造成不能恢复的功能丧失或性能降低。

由制造商提出的技术规范可以规定对受试设备产生的某些影响是不重要的，因而是可接受的试验影响。

这种分类可以由负责相关产品的通用标准、产品标准和产品类标准的专业标准化技术委员会作为明确表达功能准则的指南。在没有合适的通用、产品或产品类标准时，可作为制造商和购买方协商的性能规范的框架。

常见不合格现象严重性程度进行初步分级，仅供参考。电磁兼容性（EMC）常见不合格现象见表 8-38 所示。

**表 8-38　　电磁兼容性（EMC）常见不合格现象**

| 不合格现象 | 严重程度分级 | 结果判定依据 |
| --- | --- | --- |
| 漏电断路器对射频电磁场辐射抗扰度等级不够 | 轻微 | GB/T 7251.12 |

## 七、案例分析

1. 案例概况

规格为 380V/600A/120kvar 的 JP 柜射频电磁场抗扰度试验时，柜内的剩余电流保护断路器脱扣。初步判断剩余电流保护断路器对射频电磁场辐射抗扰度等级不够。

2. 不合格现象描述

试验严酷等级 10V/m，频率范围：80～1000MHz 和 1400～2000MHz。对试品正面施加骚扰，在垂直极化 199MHz 和水平极化 184MHz，剩余电流保护断路器脱扣，试验照片分别如图 8-84、图 8-85 所示。

图 8-84　试验照片图（一）

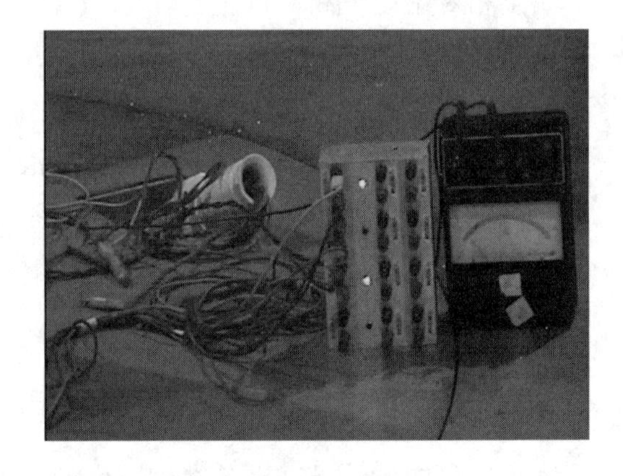

图 8-85　试验照片图（二）

3. 不合格原因分析

剩余电流保护断路器对射频电磁场辐射抗扰度等级不够。

# 第九章　低压开关柜

低压开关柜是一种安全、经济、合理、可靠的低压成套开关设备。其设计紧凑，结构通用性强，组装灵活，采用标准模块设计，产品具有分断能力高，动热稳定性好，电气方案灵活、保护等级高等特点，适用于配电、用电及电能转换之用。

国家电网公司低压开关柜抽样检测试验项目详见表9-1，分为A、B、C三类。

表9-1　　国家电网公司低压开关柜抽样检测试验项目

| 序号 | 抽检类别 | 试验项目 |
|---|---|---|
| 1 | C类 | 电击防护和保护电路完整性 |
| 2 | | 介电性能 |
| 3 | | 柜体尺寸、厚度、材质检测 |
| 4 | | 电气间隙和爬电距离验证 |
| 5 | | 布线、操作性能和功能 |
| 6 | | 机械操作验证 |
| 7 | | 提升试验 |
| 8 | B类 | 温升试验 |
| 9 | | 机械碰撞试验 |
| 10 | A类 | 成套设备的防护等级 |

特别说明：由于表9-1中低压开关柜的抽检试验项目：C类（1．电击防护和保护电路完整性，2．介电性能，3．柜体尺寸、厚度、材质检测，4．电气间隙和爬电距离验证，5．布线、操作性能和功能，6．机械操作验证；B类（8．温升试验，9．机械碰撞试验）；A类（10．成套设备的防护等级）；均与第八章低压综合配电箱（JP柜）同类抽检试验项目内容重复，因此，做如下说明。

（1）本章针对表9-1中，国家电网公司低压开关柜抽样检测试验项目中相同部分：即试验概述；实验前准备；试验过程的试验方法；注意事项；试验后检查等内容不做重复介绍，需要时，请读者直接查阅第八章低压综合配电箱（JP柜）对应的相关内容。

（2）本章仅对表 9-1 中，国家电网公司抽样检测试验项目中试验过程的试验原理和接线、结果判定、案例分析的相关内容进行介绍。

（3）本章对低压开关柜：C 类抽检试验项目中的提升试验进行完整的详细介绍。

## 第一节　电击防护和保护电路完整性

### 一、试验过程

#### （一）试验原理和接线

试验接线。采用电阻测试仪进行测量，为获得尽可能精确的电阻值，测量使用 4 线法进行。将测试仪器的两个测试线夹，一个夹在测试样柜的接地排（PE 排）或接地点上，另一个测试夹夹在需要测量的部位上，测试接线完成，现场试验照片如图 9-1 所示。

图 9-1　现场试验照片

#### （二）试验方法

具体步骤：请参照第八章低压综合配电箱（JP 柜）第一节电击防护和保护电路完整性中试验方法的相关内容。

### 二、结果判定

成套设备的不同裸露导电部件是否有效地连接在保护电路上，且进线保护导体和相关的裸露导电部件之间的电阻不应超过 0.1Ω 为合格。

常见不合格现象严重性程度进行初步分级，仅供参考。电击防护和保护电路完整性常见不合格现象分级表见表 9-2。

表 9-2　　电击防护和保护电路完整性常见不合格现象分级表

| 序号 | 不合格现象 | 严重程度分级 | 结果判定依据 |
|---|---|---|---|
| 1 | 出现 3 处及以下电阻大于 0.1Ω | 轻微 | GB/T 7251.12 |
| 2 | 出现 3 处及以上电阻大于 0.1Ω | 中度 | |
| 3 | 不导通 | 严重 | |

### 三、案例分析

1．案例概况

交流 400V 低压开关柜电击防护和保护电路完整性试验不合格。

2. 不合格现象描述

抽屉回路分离位置，保护电路完整性不合格，试验照片图如图 9-2 所示。

图 9-2 试验照片图

3. 不合格原因分析

抽屉与安装框架之间连接不连续，接触不良，电阻值超过要求值。

# 第二节 介 电 性 能

## 一、试验过程

### （一）试验原理和接线

（1）工频耐受电压试验原理框图如图 9-3 所示。

（2）冲击耐受电压设备原理框图如图 9-4 所示。

（3）绝缘结构的泄漏电流和等效电路图如图 9-5 所示。

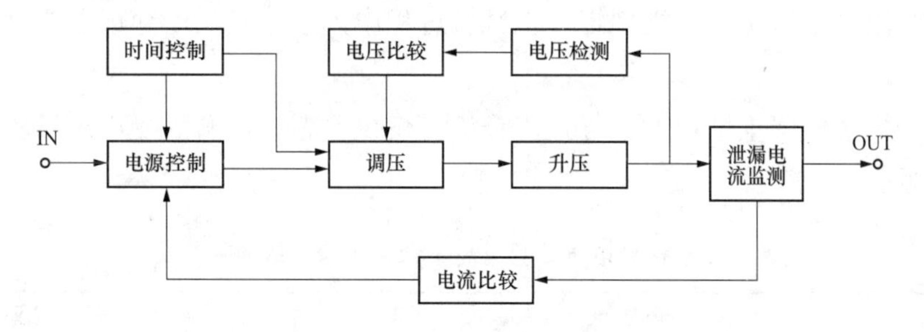


图 9-3 工频耐受电压原理框图

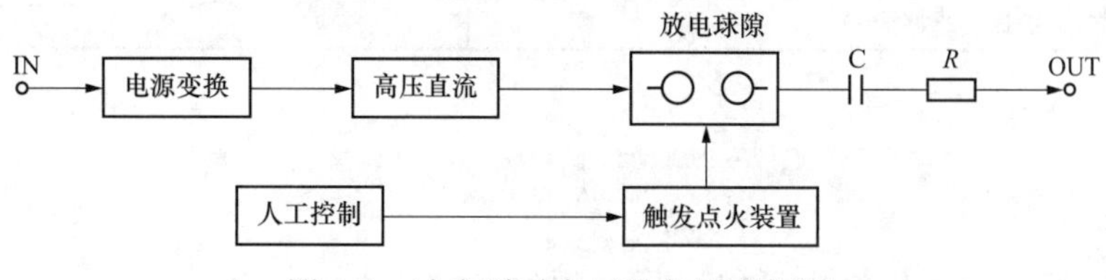


图 9-4 冲击耐受电压设备原理框图

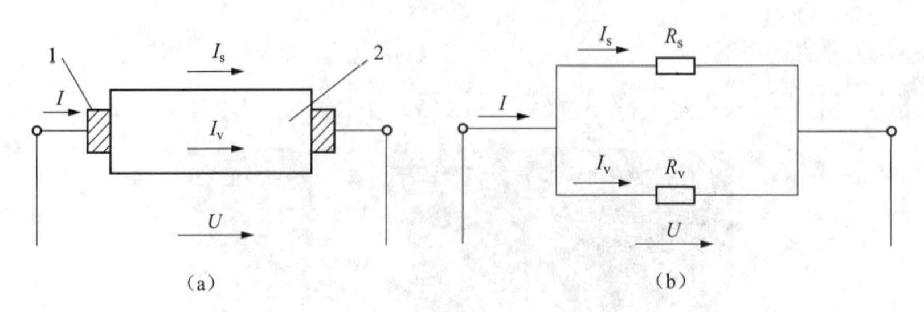


图 9-5　绝缘结构的泄漏电流和等效电路

（a）泄漏电流；（b）等效电路

1—电极；2—绝缘材料

**（二）试验方法**

具体步骤：请参照第八章第二节低压综合配电箱（JP 柜）第二节介电性能试验方法的相关内容。

## 二、结果判定

（1）工频耐压试验结果判定：试验过程中，过电流继电器不应动作，且不应有击穿放电。常见不合格现象严重性程度进行初步分级，仅供参考。工频耐受电压试验常见不合格现象分级表见表 9-3。

**表 9-3　　工频耐受电压试验常见不合格现象分级表**

| 序号 | 不合格现象 | 严重程度分级 | 结果判定依据 |
| --- | --- | --- | --- |
| 1 | 电压升高到试验电压，在规定的耐受时间（5s）内放电 | 严重 | GB/T 7251.12 |
| 2 | 施加电压过程中，出现放电 | 严重 | |
| 3 | 电压施加不上去 | 严重 | |

（2）冲击耐受电压试验结果判定。在试验过程中，没有发生击穿或放电现象，则此试验通过。

常见不合格现象严重性程度进行初步分级，仅供参考。冲击耐受电压试验常见不合格现象分级表见表 9-4 所示。

**表 9-4　　冲击耐受电压试验常见不合格现象分级表**

| 序号 | 不合格现象 | 严重程度分级 | 结果判定依据 |
| --- | --- | --- | --- |
| 1 | 试验出现电压波形截断 | 严重 | GB/T 7251.12 |
| 2 | 试验出现电压波形击穿 | 严重 | |

## 三、案例分析

1. 案例概况

交流 400V 低压开关柜介电性能——工频耐受电压试验不合格。

2. 不合格现象描述

带电部件与裸露带电部件之间击穿放电，具体放电部位：与主电路连接的辅助电路对外壳 PE 击穿放电。带电部件与裸露带电部件之间击穿放电如图 9-6 所示。

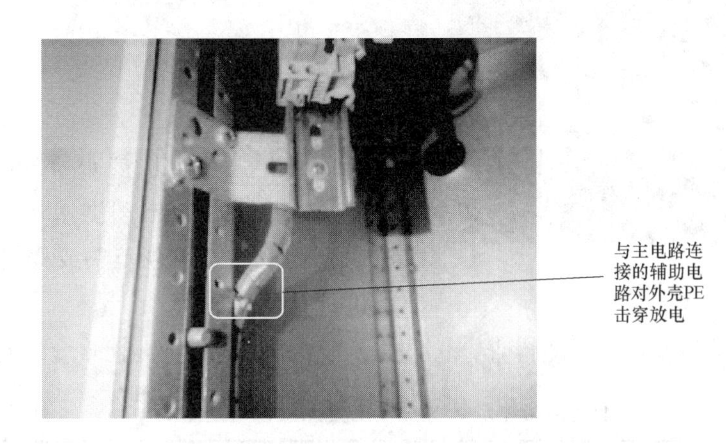


图 9-6 带电部件与裸露带电部件之间击穿放电

3. 不合格原因分析

安装工艺不到位，绝缘导线的绝缘破损。

## 第三节 柜体尺寸、厚度、材质检测

### 一、试验过程

#### （一）试验原理与接线

（1）柜体尺寸、厚度、材质检测项目一般由便携式仪器现场进行检测，记录测量结果。

（2）板材厚度测量：如图 9-7 所示。

图 9-7 板材厚度测量

（3）材质检测：如图 9-8 所示。

图 9-8　材质检测

### （二）试验方法

具体步骤请参照第八章低压综合配电箱（JP 柜）第三节柜体尺寸、厚度、材质检测中试验方法的相关内容。

## 二、结果判定

（1）板材厚度一般要求≥2mm，也有≥2±0.12mm，≥2±0.08mm 等要求，具体判定值按国家电网公司产品技术规范书或样机委托书的参数要求进行。

（2）不锈钢箱体及铜材材质检查。不锈钢箱体及铜材材质主要元素含量判定表见表 9-5。

表 9-5　　不锈钢箱体及铜材材质主要元素含量判定表

| 测点部位/部件 | 牌号 | 数量 | 主要元素含量（%） | | | |
|---|---|---|---|---|---|---|
| | | | Cr | Ni | Mn | Cu |
| 箱体顶部 | S30408 | 1 | 18.00～20.00 | 8.00～10.50 | ≤2.00 | — |
| 箱体侧面 | S30408 | 1 | 18.00～20.00 | 8.00～10.50 | ≤2.00 | — |
| 箱体前门 | S30408 | 1 | 18.00～20.00 | 8.00～10.50 | ≤2.00 | — |
| 箱体后门 | S30408 | 1 | 18.00～20.00 | 8.00～10.50 | ≤2.00 | — |
| 母排 | T2 | 1 | — | — | — | ≥99.90 |

常见不合格现象严重性程度进行初步分级，仅供参考。柜体尺寸、厚度、材质检测常见不合格现象分级表见表 9-6。

表 9-6　　柜体尺寸、厚度、材质检测常见不合格现象分级表

| 序号 | 不合格现象 | 严重程度分级 | 结果判定依据 |
|---|---|---|---|
| 1 | 板材厚度大于 1.8mm，小于 2mm | 轻微 | DL/T 991<br>GB/T 7251.12 |
| 2 | 铜排含铜量大于 97%，小于 99.90% | 轻微 | |
| 3 | 铜排含铜量小于 97% | 严重 | |
| 4 | 板材厚度小于 1.8mm | 严重 | |

## 三、案例分析

**【案例一】**

1. 案例概况

交流 400V 低压开关柜壳体板材厚度不达标。

2. 不合格现象描述

低压开关柜壳体板材厚度不达标，壳体板材厚度要求值≥2mm。测量时记录侧板厚度：1.942mm，后门板：1.934mm，顶板：1.974mm。上述部位测量结果均低于要求值，板材厚度不合格，壳体板材厚度不达标如图 9-9 所示。

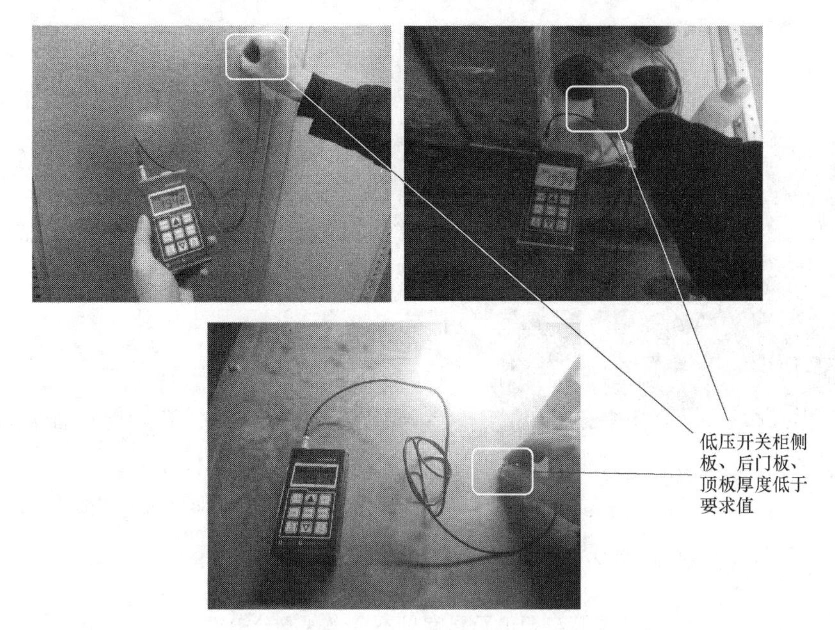


图 9-9 壳体板材厚度不达标

3. 不合格原因分析

选用的壳体板材厚度不满足要求。

【案例二】

1. 案例概况

交流 400V 低压开关柜铜排材质不达标（见表 9-7）。

2. 不合格现象描述

表 9-7　　铜排含量测量表

| 测点部位/部件 | 牌号 | 数量 | 主要元素含量（%） | | | |
|---|---|---|---|---|---|---|
| | | | Cr | Ni | Mn | Cu |
| 母排 | T2 | 1 | — | — | — | 99.80 |

注　要求 T2 的 Cu≥99.90%。

3. 不合格原因分析

选用的母排材质不满足要求。

# 第四节　电气间隙与爬电距离验证

## 一、试验过程

### （一）试验原理和接线

此试验项目无需接线进行，使用仪器直接测量。如：游标卡尺测量带电部件与裸露导

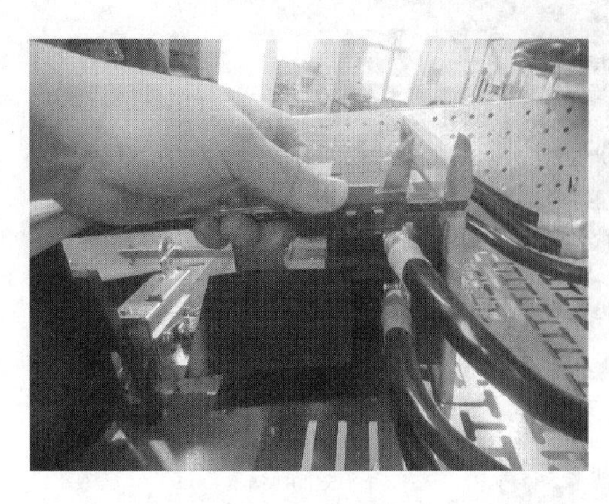
图 9-10　现场试验照片图

电部件之间的电气间隙和爬电距离，现场试验照片图如图 9-10 所示。

**（二）试验方法**

具体步骤请参照第八章低压综合配电箱（JP 柜）第四节电气间隙与爬电距离中试验方法的相关内容。

## 二、结果判定

如果测量的电气间隙和爬电距离值小于标准要求值，则试验结果不合格。

常见不合格现象严重性程度进行初步分级，仅供参考。电气间隙与爬电距离常见不合格现象分级表见表 9-8。

**表 9-8　　电气间隙与爬电距离常见不合格现象分级表**

| 不合格现象 | 严重程度分级 | 结果判定依据 |
|---|---|---|
| 电气间隙与爬电距离低于要求值 | 中度 | GB/T 7251.12 |

## 三、案例分析

**【案例一】**

1. 案例概况

交流 400V 低压开关柜电气间隙与爬电距离不达标。

2. 不合格现象描述

C3 回路塑壳断路器进线铜排 B 相与外壳之间电气间隙低于要求值（≥10mm），实测值：8.6mm，电气间隙低于要求值如图 9-11 所示。

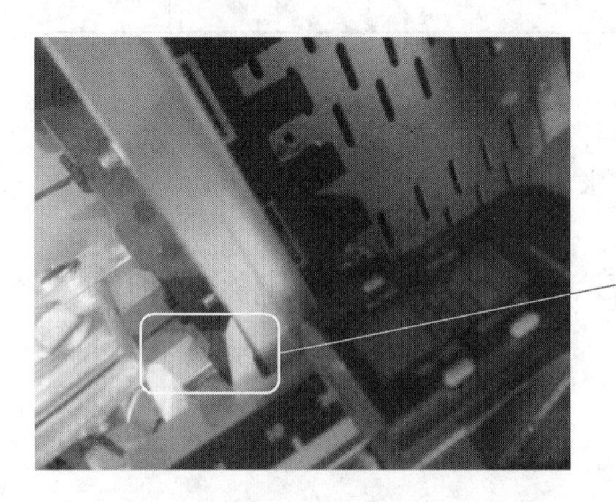


图 9-11　电气间隙低于要求值

3. 不合格原因分析

可能选用的低压开关柜抽屉设计不合理，也可能是抽屉内铜排安装时未保持足够的间隙，造成B相铜排电气间隙不合格。

【案例二】

1. 案例概况

交流400V低压开关柜电气间隙与爬电距离不合格。

2. 不合格现象描述

C5回路塑壳断路器接线端A相与外壳之间电气间隙低于要求值（≥10mm），实测值：8.4mm，电气间隙低于要求值如图9-12所示。

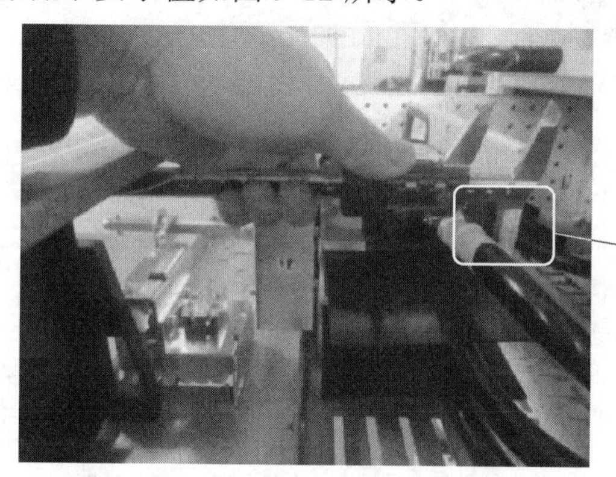


图9-12 电气间隙低于要求值

3. 不合格原因分析

可能选用的塑壳断路器与电气间隙爬电距离要求值不匹配。

# 第五节 布线、操作性能和功能

## 一、试验过程

### （一）试验原理和接线

按照样机的额定电压，在主回路进线端施加额定频率的额定电压，检查仪表指示，如电压值，操作元器件分合闸，如万能式断路器合分闸和储能以及指示灯的指示。功能验证的连接线通电见图9-13所示。

### （二）试验方法

具体步骤请参照第八章低压综合配电箱（JP柜）第五节布线、操作性能和接线中试验方法的相关内容。

## 二、结果判定

检查各个实测数据是否符合要求。

图 9-13 现场试验照片图

常见不合格现象严重性程度进行初步分级，仅供参考。布线、操作性能和功能常见不合格现象分级表见表 9-9。

**表 9-9** 布线、操作性能和功能常见不合格现象分级表

| 序号 | 不合格现象 | 严重程度分级 | 结果判定依据 |
| --- | --- | --- | --- |
| 1 | A、B、C、N、PE 排标识缺失 | 轻微 | GB/T 7251.12 |
| 2 | N、PE 排接线端子数达不到要求 | 轻微 | |
| 3 | N、PE 排尺寸达不到规定值 | 严重 | |
| 4 | 一次接线形式不符合 | 严重 | |

## 三、案例分析

1. 案例概况

交流低压开关柜布线、操作性能和功能不合格。

2. 不合格现象描述

低压开关柜的接线端子位置太低，位于安装基础面上面 0.12m（要求值≥0.2m），不利于电缆与其连接。接线端子位置图如图 9-14 所示。

图 9-14 接线端子位置图

3. 不合格原因分析

抽屉的设计布置不合理。

## 第六节 机械操作验证

### 一、试验过程

#### （一）试验原理和接线

此试验项目的机械操作试验过程如图 9-15 所示。

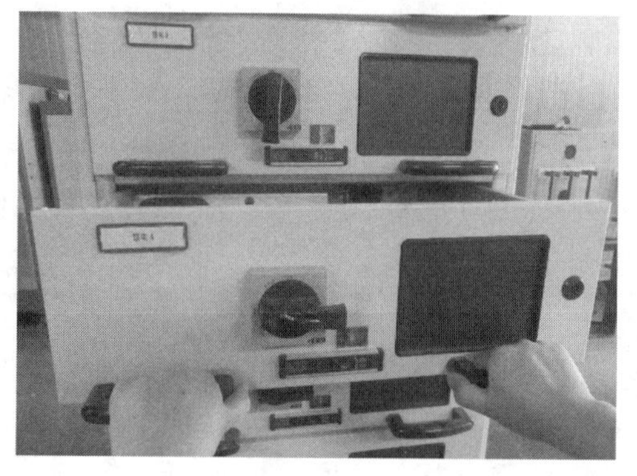

图 9-15 机械操作试验过程

#### （二）试验方法

具体步骤请参照第八章低压综合配电箱（JP柜）第六节机械操作验证中试验方法的相关内容。

### 二、结果判定

试验完成后，如果低压开关柜内的器件、联锁机构等的工作条件未受影响，而且所要求的操作力与试验前一样，则认为通过了此项试验。

常见不合格现象严重性程度进行初步分级，仅供参考。机械操作常见不合格现象分级表见表 9-10。

表 9-10　　机械操作常见不合格现象分级表

| 序号 | 不合格现象 | 严重程度分级 | 结果判定依据 |
| --- | --- | --- | --- |
| 1 | 门锁、铰链脱落 | 轻微 | GB/T 7251.12 |
| 2 | 联锁机构卡死 | 中度 | |
| 3 | 抽屉与接插件连接处变形，不能正常使用 | 严重 | |

### 三、案例分析

1. 案例概况

交流低压开关柜机械操作不合格。

2. 不合格现象描述

低压开关柜的抽屉中的联锁机构损坏，断路器不能合分闸，联锁机构损坏如图 9-16 所示。

3. 不合格原因分析

低压开关柜抽屉中的联锁机构设计有缺陷，或者材料强度不够。

图 9-16　联锁机构损坏

# 第七节　提　升　试　验

## 一、试验概述

### （一）试验目的

低压开关柜壳体的结构强度应能满足成套设备在吊装和运输中的安全性和便捷性，且不损害其性能。

提升试验的目的是验证低压开关柜壳体的结构强度和吊装运输的可靠性。属于型式试验。

### （二）试验依据

GB/T 7251.12《低压成套开关设备和控制设备　第 2 部分：成套电力开关和控制设备》

### （三）试验主要参数

（1）样品质量：通过实测获得。

（2）提升质量：最大运输质量的 1.25 倍。

## 二、试验前准备

### （一）试验装备与环境要求

（1）试验装备。一般情况下试验中所需的设备的参数，提升装置（行吊）等各种规格的模拟负载见表 9-11。

表 9-11　　提升装置（行吊）等各种规格的模拟负载

| 仪器设备名称 | 参数 | 精度 |
|---|---|---|
| 行吊 | 规格：最大承重 15t | — |
| 砝码 | 25kg | 5 级 M1±0.6 |

续表

| 仪器设备名称 | 参数 | 精度 |
|---|---|---|
| 砝码 | 10kg | 5 级 M1±0.4 |
| 砝码 | 5kg | 5 级 M1±0.3 |
| 砝码 | 1kg | M1 等级 |
| 载荷 | 0.1kg | 0.01kg |

（2）除非相关标准另有规定，一般情况下成套设备的试验可在室温下进行。试验时环境温度应在–5～40℃，湿度在 85%以下。

**（二）试验前的检查**

（1）被试样品的外壳应清洁、全新和完整，所有的部件均应安装到位。

（2）检查低压开关柜提升装置安装到位，检查样品是否按照要求布置到试验位置。

（3）如正常使用状态下，所有的门和覆板应就位并关闭。

## 三、试验过程

**（一）试验原理**

此试验项目利用吊装装置，将低压开关柜提升至指定高度并按要求移动，现场试验照片图如图 9-17 所示。

**（二）试验方法**

*1．方法验证*

对于规定了提升方法的低压开关柜成套设备用以下试验验证。

（1）将初始制造商允许提升的最大数量的柜架单元、元件和/或砝码装在一起，并使质量达到最大运输质量的 1.25 倍。将门关闭，用初始制造商规定的方法，用指定的提升设施提升。

（2）将低压开关柜成套设备从静止位置垂直平稳地，无冲击地向上提升大于或等于 1m 的高度，然后，以相同方法缓缓地放回静止位置。此试验将成套设备提升离开地面不做任何移动悬吊 30min 后再重复两次。

图 9-17 现场试验照片图

（3）再将低压开关柜成套设备从静止位置垂直平稳地，无冲击地提升大于或等于 1m 的高度，并水平移动（10±0.5）m，然后放回静止位置。按照这个试验顺序以相同的速度进行三次试验，每次试验时间不大于 1min。

*2．提升试验的接受条件*

试验后，试验砝码应就位，低压开关柜成套设备经正常视力或没有附加放大设备的校正视力目测没有可见的裂痕或永久变形，其性能也没有受到损害。

## 四、注意事项

（1）试样按正常工作位置放置并将各种模拟负载安装固定；

（2）试验用全新清洁样品进行；

（3）提升的高度和次数，移动距离按要求进行；

（4）提升过程平稳无冲击；

（5）水平匀速移动；

（6）试验人员站在指定安全区域操作；

（7）做好安全防护，用安全围栏将试验区域隔离。

## 五、试验后的检查

（1）记录试验时，环境温湿度，大气压力；

（2）记录试验时的提升高度、次数、移动距离、移动时间；

（3）如壳体有裂纹或损坏，记录该部位情况。

## 六、结果判定

试验后，试验砝码应就位，成套设备经正常视力或没有附加放大设备的校正视力目测没有可见的裂痕或永久变形，其性能也没有受到损害。如柜体框架变形、提升装置损坏等。

常见不合格现象严重性程度进行初步分级，仅供参考。提升试验常见不合格现象分级表见表 9-12。

**表 9-12　　　　提升试验常见不合格现象分级表**

| 序号 | 不合格现象 | 严重程度分级 | 结果判定依据 |
|---|---|---|---|
| 1 | 柜内支撑件变形，但不影响使用 | 轻微 | GB/T 7251.12 |
| 2 | 柜内支撑件严重变形，且影响元器件的安装与母排连接 | 中度 | |
| 3 | 柜体与吊环分离 | 严重 | |

## 七、案例分析

1. 案例概况

交流低压开关柜提升试验不合格。

2. 不合格现象描述

低压开关柜的提升装置——吊环安装的框架处有可见的永久变形，提升试验照片图如图 9-18 所示。

3. 不合格原因分析

可能低压开关柜壳体框架选用的板材机械和抗拉强度不够。

图 9-18 提升试验照片图

# 第八节 温 升 试 验

## 一、试验过程

### （一）试验原理和接线

热电偶法测量温升：两种不同金属导体 A 和 B 两端连接起来构成闭合回路，这种结构称为热电偶。热电偶具有尺寸小、便于放置、对被测点温升影响小、热惯性小、制造和使用方便等优点，在电器温升试验中广泛来测量温升。

（1）自动温升测量设备系统框图如图 9-19 所示。

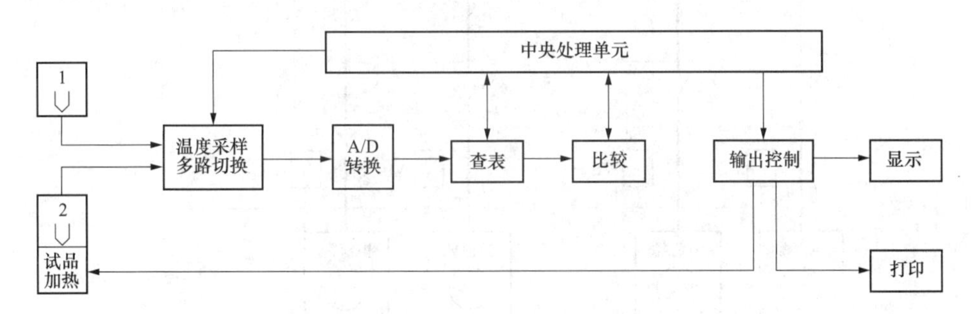


图 9-19 自动温升测量设备系统框图

（2）三相温升试验线路示意图如图 9-20 所示。

（3）使用程控交流恒流源进行温升试验，程控交流恒流源示意图如图 9-21 所示。

（4）系统工作原理：

1）利用低压成套开关设备主电路输入端短路产生较小损耗，来进行温升试验，也即对被测试品主电路输入端直接短接，对多台恒流电源分别接在被测试品各分支馈出回路输出端，通过倒输入恒定电流以达到测试目的。

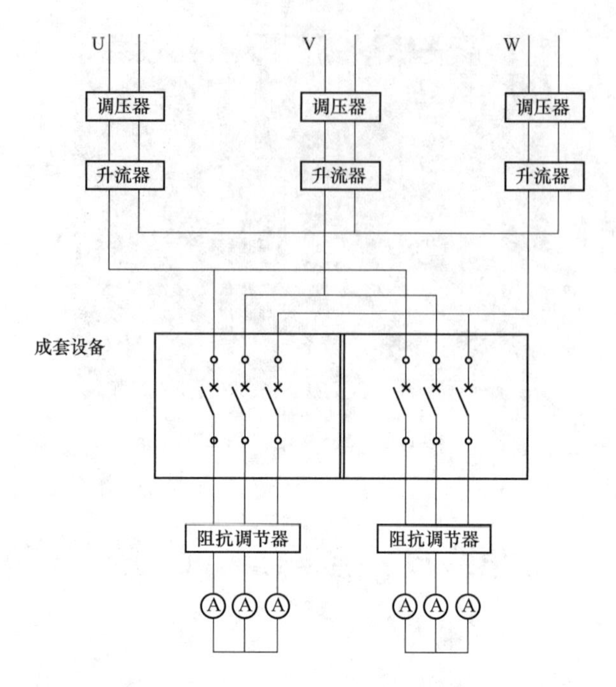


图 9-20　三相温升试验线路示意图

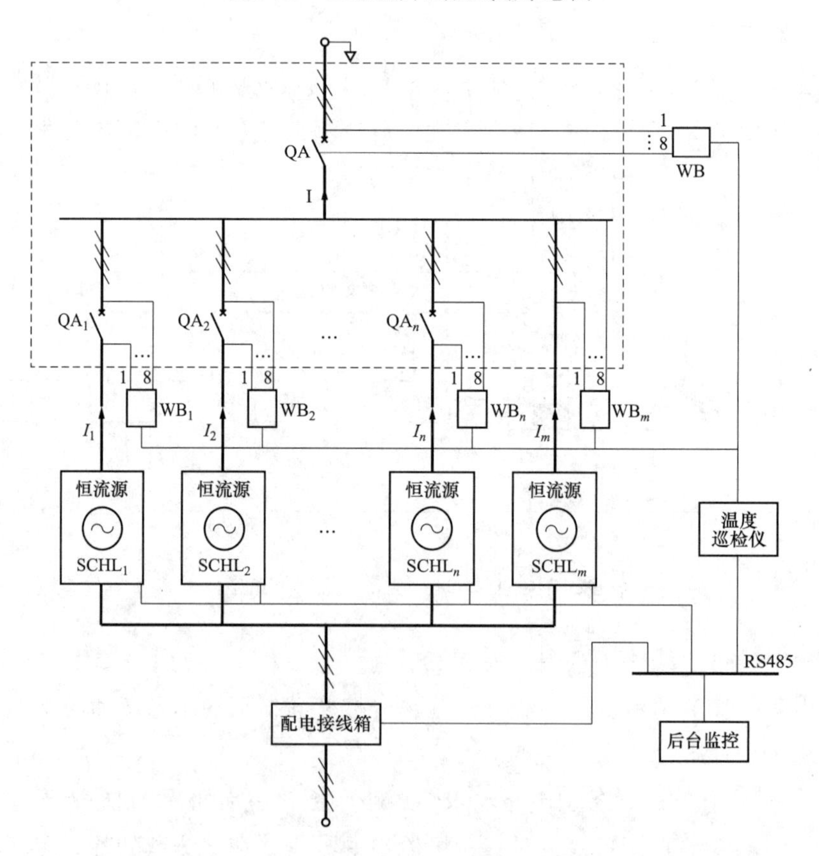


图 9-21　程控交流恒流源示意图

2）图 9-20 中，QA 为试品总开关，$QA_1$～$QA_n$ 为试品分支路开关；SCHL1～SCHL$n$ 为恒流电源。当 $I=I_1+I_2+\cdots+I_n$ 时，温升试验可用一套多台恒流电源进行试验；当 $I>I_1+I_2+\cdots+I_n$ 时，可在支路末端（或总母排）增加一台恒流电源 SCHL$m$，使 $I=I_1+I_2+\cdots+I_n+I_m$。

3）该系统具有测试方便、试验电流误差小，设备体积小、质量轻、移动方便、节材节能的特点，成功克服了传统对多组电路低压成套开关设备温升试验，无法解决的铜阻温升造成电流飘移需实时调整的缺点，不但可以提高检测精度，加快试验速度，提高工作效率，而且大大降低了能耗，节能效果明显。

**（二）试验方法**

具体步骤：请参照第八章低压综合配电箱（JP 柜）第八节温升试验中试验方法的相关内容。

## 二、结果判定

低压开关柜成套设备的温升极限应符合表 8-26 的相关标准要求。

常见不合格现象严重性程度进行初步分级，仅供参考。温升试验常见不合格现象分级表见表 9-13。

**表 9-13　　温升试验常见不合格现象分级表**

| 序号 | 不合格现象 | 严重程度分级 | 结果判定依据 |
|---|---|---|---|
| 1 | 温升极限超过规定值 5K（含）以内 | 轻微 | GB/T 7251.12 |
| 2 | 温升极限超过规定值 5K 以上，15K（含）以内 | 中度 | |
| 3 | 温升极限超过规定值 15K 以上 | 严重 | |

## 三、案例分析

1. 案例概况

交流低压开关柜温升试验不合格。

2. 不合格现象描述

低压开关柜的抽屉回路，断路器温升超出要求值。要求值为 70K，实测为 86K。

3. 不合格原因分析

低压开关柜的抽屉回路断路器连接铜排偏小。

# 第九节　机械碰撞试验

## 一、试验过程

**（一）试验原理和接线**

（1）此试验项目无需接线，利用撞击试验设备进行验证。

图 9-22　试验撞击过程

（2）试验撞击过程如图 9-22 所示。

**（二）试验方法**

具体步骤请参照第八章低压综合配电箱（JP 柜）第十节机械碰撞试验中的相关内容。

## 二、结果判定

试验后，低压开关柜壳体应该仍然保持其原有的防护等级；其介电强度应该仍然不变；可移式覆板应可以移开和装上，门可以打开和关闭；试验合格。

常见不合格现象严重性程度进行初步分级，仅供参考。机械碰撞试验见表 9-14。

表 9-14　　常见不合格现象分级表

| 序号 | 不合格现象 | 严重程度分级 | 结果判定依据 |
|---|---|---|---|
| 1 | 门板变形且影响防护等级，但不影响正常使用 | 轻微 | GB/T 7251.12 |
| 2 | 观察窗破碎（若有） | 严重 | |

## 三、案例分析

1. 案例概况

交流 400V 低压开关柜机械碰撞试验不合格。

2. 不合格现象描述

机械碰撞试验后防护等级不合格，直径 1.0mm 试具在柜门铰链处可以进入到壳内。机械碰撞试验后防护等级不合格如图 9-23 所示。

图 9-23　机械碰撞试验后防护等级不合格

3．不合格原因分析

机械碰撞试验后，低压开关柜壳体变形，防护等级不满足 IP40 要求。

# 第十节 成套设备的防护等级

## 一、试验过程

### （一）试验原理和接线

（1）此试验项目无需接线，利用探针试具和淋水设备进行试验验证。

（2）成套设备的防护等级试验验证过程如图 9-24 所示。

### （二）试验方法

具体步骤请参照第八章低压综合配电箱（JP 柜）第九节成套设备的防护等级中试验方法的相关内容。

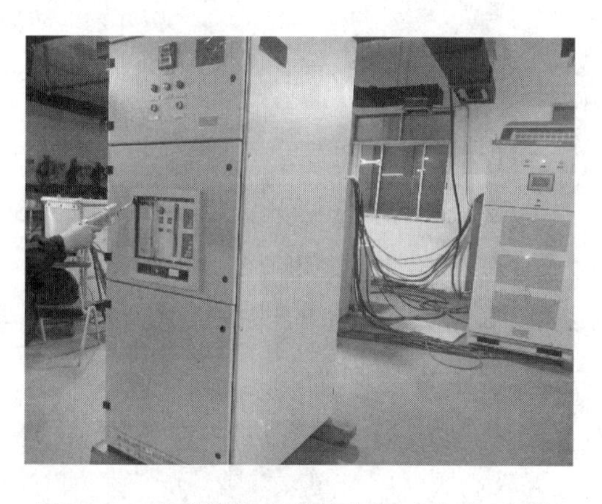

图 9-24 成套设备的防护等级试验验证过程

## 二、结果判定

按照 GB/T 4208—2017 的要求对各防护等级检验结果进行判定。

常见不合格现象严重性程度进行初步分级，仅供参考。成套设备的防护等级常见不合格现象分级表见表 9-15。

表 9-15 成套设备的防护等级常见不合格现象分级表

| 序号 | 不合格现象 | 严重程度分级 | 结果判定依据 |
|---|---|---|---|
| 1 | 试具进入壳体 | 轻微 | GB/T 7251.12 |
| 2 | 喷水后带电部件有水且介电不合格 | 严重 | |

## 三、案例分析

【案例一】

1．案例概况

交流 400V 低压开关柜防护等级 IP30 不达标。

2．不合格现象描述

直径 2.50mm 的试具从柜底支撑横梁处进入壳体，防护等级不合格（案例一）如图 9-25 所示。

3．不合格原因分析

可能是低压开关柜底板设计不合理或生产装配质量不合格，不满足 IP30 要求。

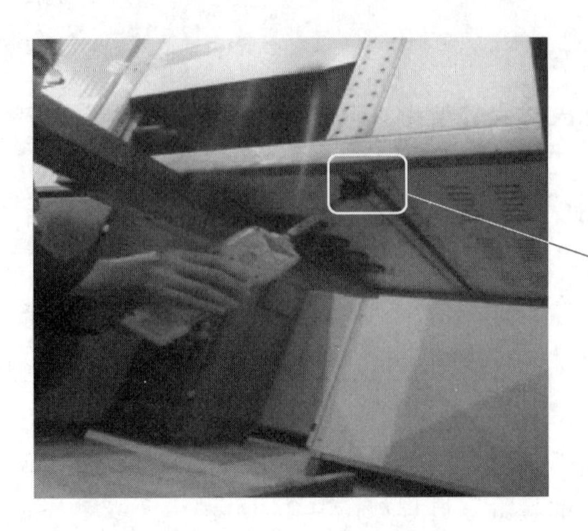


图 9-25　防护等级不合格（案例一）

**【案例二】**

1. 案例概况

交流 400V 低压开关柜防护等级 IP30 不达标。

2. 不合格现象描述

直径 2.50mm 的试具从万能式断路器与门板缝隙处进入壳体，防护等级不合格（案例二）如图 9-26 所示。

图 9-26　防护等级不合格（案例二）

3. 不合格原因分析

万能式断路器的安装与选用的低压开关柜装配处理不到位，不满足 IP30 要求。

**【案例三】**

1. 案例概况

交流 400V 低压开关柜防护等级 IP40 不达标。

2. 不合格现象描述

直径 1.0mm 的试具从柜体后门散热孔进入壳体，如图 9-27 所示。

图 9-27 防护等级不合格

3. 不合格原因分析

散热孔部件的选配不合理，1.0mm 试具可以进入壳内，不满足 IP 40 要求。

# 第十章　低压电缆分支箱（0.4kV）

低压电缆分支箱（0.4kV）是应用于额定电压不超过1000V的三相系统的电能分配的低压成套设备。适用于安装在仅专业人员可使用的场所，户外式可安装在普通人员可接近的场所。包括地面安装式、柱上安装式、悬挂式、嵌入式电缆分支箱等。

国家电网公司低压电缆分支箱（0.4kV）抽样检测试验项目详见表10-1，分为A、B、C三类。

表10-1　国家电网公司低压电缆分支箱（0.4kV）抽样检测试验项目

| 序号 | 抽检类别 | 试验项目 |
|---|---|---|
| 1 | C类 | 电击防护和保护电路完整性 |
| 2 | | 介电性能 |
| 3 | | 柜体尺寸、厚度、材质检测 |
| 4 | | 电气间隙和爬电距离验证 |
| 5 | B类 | 温升试验 |
| 6 | A类 | 成套设备的防护等级 |

特别说明：表10-1中低压电缆分支箱（0.4kV）的抽检试验项目：C类的电击防护和保护电路完整性，介电性能，柜体尺寸、厚度、材质检测，电气间隙和爬电距离验证；B类的温升试验；A类的成套设备的防护等级，均与低压综合配电箱（JP柜）同类抽检试验项目内容重复，因此，做如下说明。

（1）本章针对表10-1中国家电网公司低压电缆分支箱（0.4kV）抽样检测试验项目中相同部分：即试验概述、实验前准备、试验过程的试验方法、注意事项、试验后检查不做重复介绍，需要时，请读者直接查阅第八章低压综合配电箱（JP柜）对应的相关内容。

（2）本章仅对表10-1中国家电网公司低压电缆分支箱（0.4kV）抽样检测试验项目中试验过程的试验原理和接线、结果判定、案例分析的相关内容进行介绍。

# 第一节　电击防护和保护电路完整性

## 一、试验过程

### （一）试验原理和接线

采用电阻测试仪进行测量，为获得尽可能精确的电阻值，测量使用4线法进行。将测试仪器的两个测试线夹，一个夹在测试样柜的接地排（PE排）或接地点上，另一个测试夹夹在需要测量的部位上，测试接线完成。电击防护和保护电路完整性现场试验照片如图10-1所示。

图10-1　电击防护和保护电路完整性现场试验照片

### （二）试验方法

具体步骤请参照第八章低压综合配电箱（JP柜）第一节电击防护和保护电路完整性中试验方法的相关内容。

## 二、结果判定

成套设备的不同裸露导电部件是否有效地连接在保护电路上，且进线保护导体和相关的裸露导电部件之间的电阻不应超过0.1Ω为合格。

常见不合格现象严重性程度进行初步分级，仅供参考。电击防护和保护电路完整性常见不合格现象分级表见表10-2所示。

**表10-2　　电击防护和保护电路完整性常见不合格现象分级表**

| 序号 | 不合格现象 | 严重程度分级 | 结果判定依据 |
|---|---|---|---|
| 1 | 出现3处及以下电阻大于0.1Ω | 轻微 | GB/T 7251.5 |
| 2 | 出现3处及以上电阻大于0.1Ω | 中度 | |
| 3 | 不导通 | 严重 | |

## 三、案例分析

1. 案例概况

交流400V电缆分支箱电击防护和保护电路完整性试验不合格。

2. 不合格现象描述

PE排（主接地点）未与框架相连，不导通无电流。

现场试验照片如图 10-2 所示。

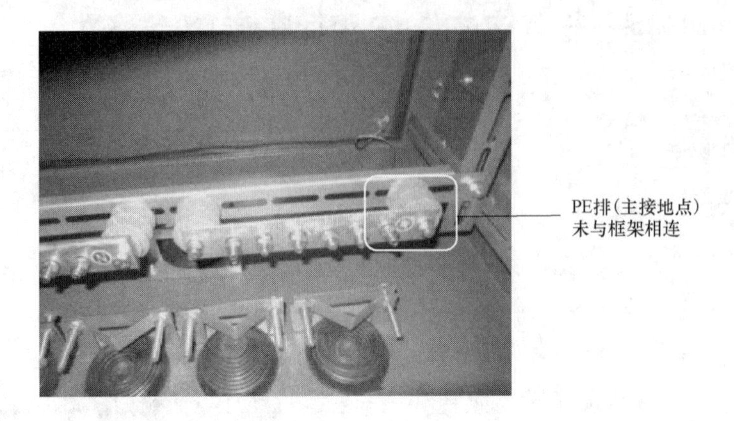


图 10-2　现场试验照片

3. 不合格原因分析

PE 排（主接地点）未与框架相连。

# 第二节　介　电　性　能

## 一、试验过程

### （一）试验原理和接线

（1）工频耐受电压试验原理框图如图 10-3 所示。

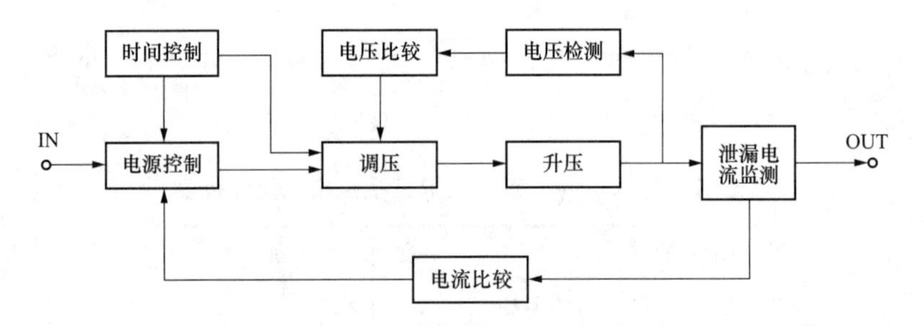


图 10-3　工频耐受电压原理框图

（2）冲击耐受电压设备原理框图见图 10-4 所示。

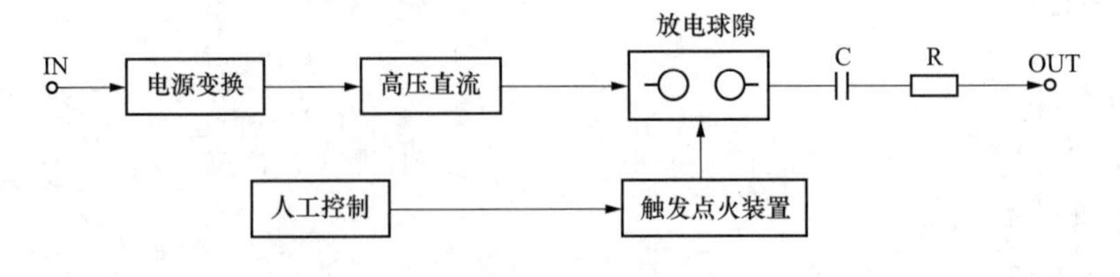


图 10-4　冲击耐受电压设备原理框图

（3）绝缘结构的泄漏电流和等效电路图见图 10-5 所示。

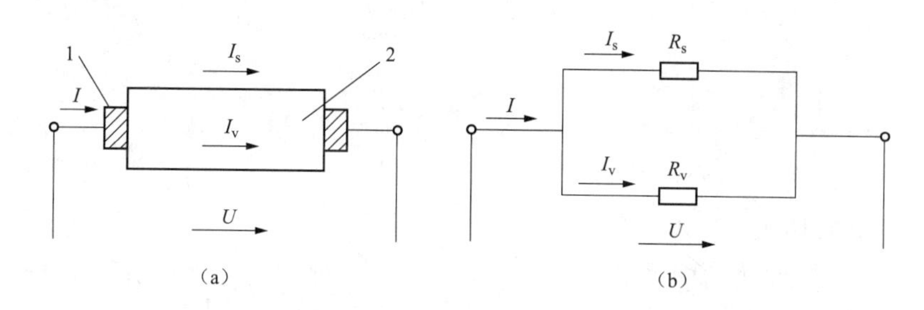


图 10-5　绝缘结构的泄漏电流和等效电路

（a）泄漏电流；（b）等效电路

1—电极；2—绝缘材料

### （二）试验方法

具体步骤请参照第八章低压综合配电箱（JP 柜）第二节介电性能中试验方法的相关内容。

## 二、结果判定

（1）工频耐压试验结果判定。

试验过程中，过电流继电器不应动作，且不应有击穿放电。

常见不合格现象严重性程度进行初步分级，仅供参考。工频耐压试验常见不合格现象分级表见表 10-3。

**表 10-3**　　**工频耐压试验常见不合格现象分级表**

| 序号 | 不合格现象 | 严重程度分级 | 结果判定依据 |
|---|---|---|---|
| 1 | 电压升高到试验电压，在规定的耐受时间（5s）内放电 | 严重 | GB/T 7251.5 |
| 2 | 施加电压过程中，出现放电 | 严重 | |
| 3 | 电压施加不上去 | 严重 | |

（2）冲击耐受电压试验结果判定。

在试验过程中，没有发生击穿或放电现象，则此试验通过。

常见不合格现象严重性程度进行初步分级，仅供参考。冲击耐受电压试验常见不合格现象分级表见表 10-4。

**表 10-4**　　**冲击耐受电压试验常见不合格现象分级表**

| 序号 | 不合格现象 | 严重程度分级 | 结果判定依据 |
|---|---|---|---|
| 1 | 试验出现电压波形截断 | 严重 | GB/T 7251.5 |
| 2 | 试验出现电压波形击穿 | 严重 | |

## 三、案例分析

【案例一】

1. 案例概况

交流400V电缆分支箱介电性能试验不合格。

2. 不合格现象描述

工频耐受电压试验时，所有带电部分连接在一起与外露可导电部分之间（L1，L2，L3，N）-PE击穿放电。工频耐受电压试验现场照片如图10-6所示。

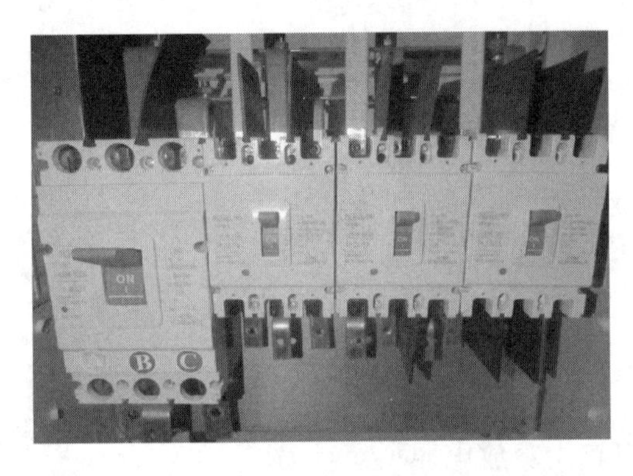


图10-6　工频耐受电压试验现场照片

3. 不合格原因分析

塑壳断路器内部对安装支架击穿放电。

【案例二】

1. 案例概况

交流400V电缆分支箱介电性能试验不合格。

2. 不合格现象描述

冲击耐受电压试验时，所有带电部分连接在一起与外露可导电部分之间（L1，L2，L3，N）-PE击穿放电。冲击耐受电压试验现场照片如图10-7所示。

图10-7　冲击耐受电压试验现场照片

3. 不合格原因分析

塑壳断路器端子螺钉过长，贴近安装支架。

# 第三节　柜体尺寸、厚度、材质检测

## 一、试验过程

### （一）试验原理和接线

此试验项目无需接线，一般由便携式仪器现场进行测量，记录检测结果。

（1）板材厚度测量（见图 10-8）。

（2）板材材质检测（见图 10-9）。

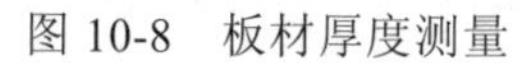
图 10-8 板材厚度测量

图 10-9 板材材质检测

**（二）试验方法**

具体步骤请参照第八章低压综合配电箱（JP 柜）第三节柜体尺寸、厚度、材质检中试验方法的相关内容。

## 二、结果判定

（1）板材厚度一般要求≥2mm，也有≥2±0.12mm，≥2±0.08mm 等要求，具体判定值按国家电网公司产品技术规范书或样机委托书参数要求进行。

（2）不锈钢箱体及铜材材质检查，结果判定值要求参考不锈钢箱体及铜排主要元素含量表（见表 10-5）。

**表 10-5** **不锈钢箱体及铜排主要元素含量表**

| 测点部位/部件 | 牌号 | 数量 | 主要元素含量（%） | | | |
|---|---|---|---|---|---|---|
| | | | Cr | Ni | Mn | Cu |
| 箱体顶部 | S30408 | 1 | 18.00～20.00 | 8.00～10.50 | ≤2.00 | — |
| 箱体侧面 | S30408 | 1 | 18.00～20.00 | 8.00～10.50 | ≤2.00 | — |
| 箱体前门 | S30408 | 1 | 18.00～20.00 | 8.00～10.50 | ≤2.00 | — |
| 箱体后门 | S30408 | 1 | 18.00～20.00 | 8.00～10.50 | ≤2.00 | — |
| 母排 | T2 | 1 | — | — | — | ≥99.90 |

常见不合格现象严重性程度进行初步分级，仅供参考。柜体尺寸、厚度、材质检测常见不合格现象见表 10-6。

表 10-6　　柜体尺寸、厚度、材质检测常见不合格现象

| 序号 | 不合格现象 | 严重程度分级 | 结果判定依据 |
|---|---|---|---|
| 1 | 板材厚度大于 1.8mm，小于 2mm | 轻微 | DL/T 991<br>GB/T 7251.5 |
| 2 | 铜排含铜量大于 97%，小于 99.90% | 轻微 | |
| 3 | 不锈钢箱体材质 Cr 的含量小于 18%、Ni 的含量小于 8%、Mn 的含量大于 2% | 中度 | |
| 4 | 铜排含铜量小于 97% | 严重 | |
| 5 | 板材厚度小于 1.8mm | 严重 | |

## 三、案例分析

**【案例一】**

1. 案例概况

交流 400V 低压电缆分支箱壳体板材厚度不达标。

2. 不合格现象描述

低压电缆分支箱壳体板材厚度不达标，壳体板材厚度要求值≥2mm。测量时记录顶板厚度：1.702mm、侧板：1.748mm、底板：1.738mm、后门板：1.698mm、前门板：1.770mm。上述部位测量结果均低于要求值，板材厚度不合格。试验过程分别如图 10-10～图 10-14 所示。

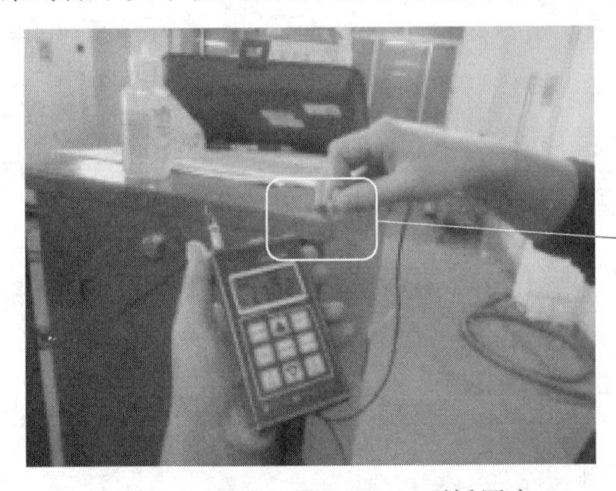


图 10-10　顶板厚度

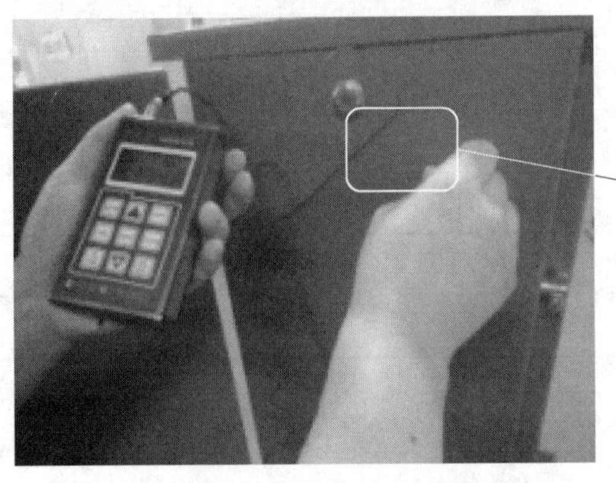


图 10-11　侧板厚度

图 10-12　底板厚度

图 10-13　后门板厚度

图 10-14　前门板厚度

3. 不合格原因分析

选用的壳体板材厚度不满足要求。

**【案例二】**

1. 案例概况

交流 400V 低压电缆分支箱壳体材质不达标。

2. 不合格现象描述

箱体及铜排主要元素含量测量表见10-7。

表10-7　　箱体及铜排主要元素含量测量表

| 测点部位/部件 | 牌号 | 数量 | 主要元素含量（%） | | | |
|---|---|---|---|---|---|---|
| | | | Cr<br>18.00～20.00 | Ni<br>8．00～10.50 | Mn<br>≤2.00 | Cu<br>≥99.90 |
| 箱体顶部 | S30408 | 1 | 14.47 | 1.34 | 10.34 | — |
| 箱体侧面 | S30408 | 1 | 14.39 | 1.29 | 10.39 | — |
| 箱体前门 | S30408 | 1 | 14.55 | 1.41 | 10.28 | — |
| 箱体后门 | S30408 | 1 | 13.99 | 1.36 | 10.27 | — |
| 母排 | T2 | 1 | — | — | — | 99.96 |

3. 不合格原因分析

本案例的箱体材质测量结果，与表10-5不锈钢箱体及铜排主要元素含量表进行比对，Cr、Ni、Mn等元素含量均不在要求范围之内，选用的壳体材质不满足要求。

# 第四节　电气间隙与爬电距离验证

## 一、试验过程

### （一）试验原理和接线

电气间隙与爬电距离试验项目无需接线，一般使用测量仪器现场进行测量，记录检测结果，电气间隙与爬电距离现场照片如图10-15所示。

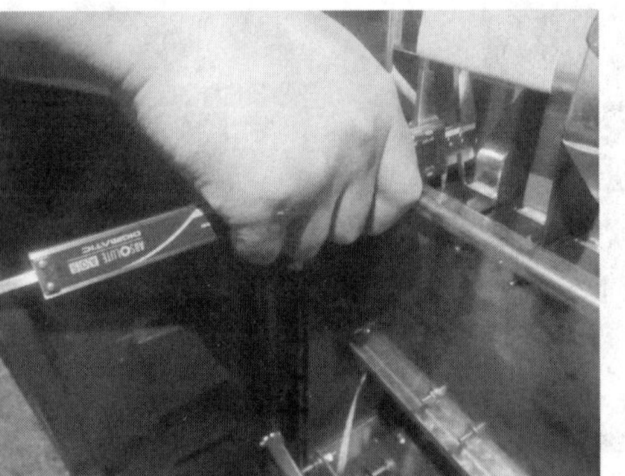

图10-15　电气间隙与爬电距离现场照片

### （二）试验方法

具体步骤请参照第八章低压综合配电箱（JP柜）第四节电气间隙与爬电距离中试验方法的相关内容。

## 二、结果判定

如果测量的电气间隙和爬电距离值小于标准要求值，试验结果不合格。

常见不合格现象严重性程度进行初步分级，仅供参考。电气间隙与爬电距离试验见表10-8。

表10-8　　电气间隙与爬电距离试验常见不合格现象分级表

| 不合格现象 | 严重程度分级 | 结果判定依据 |
|---|---|---|
| 电气间隙与爬电距离低于要求值 | 中度 | GB/T 7251.5 |

## 三、案例分析

1. 案例概况

交流 400V 电缆分支箱电气间隙和爬电距离试验不合格。

2. 不合格现象描述

水平母排相间固定螺钉之间电气间隙值低于要求值（≥10mm），实测值为 8.8m，电气间隙值低于要求值如图 10-16 所示。

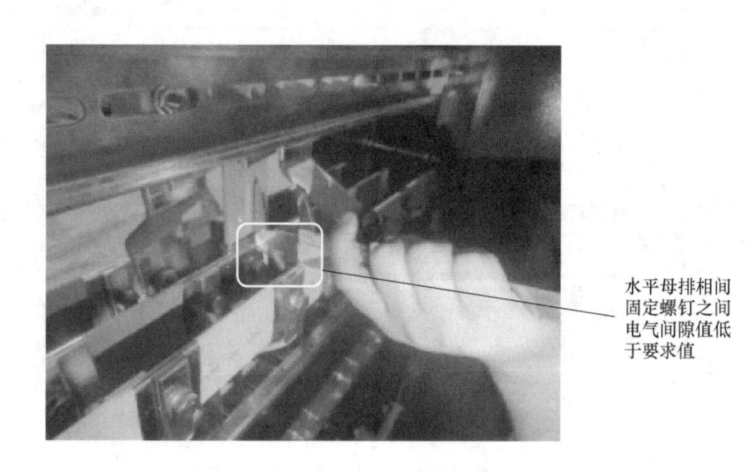


图 10-16　电气间隙值低于要求值

3. 不合格原因分析

母排固定螺钉过长，导致相间电气间隙值低于要求值。

# 第五节　温　升　试　验

## 一、试验过程

### （一）试验原理和接线

热电偶法测量温升：两种不同金属导体 A 和 B 两端连接起来构成闭合回路，这种结构称为热电偶。热电偶具有尺寸小、便于放置、对被测点温升影响小、热惯性小、制造和使用方便等优点，在电器温升试验中广泛来测量温升。

（1）自动温升测量设备系统框图如图 10-17 所示。

（2）三相温升试验线路示意图如图 10-18 所示。

（3）程控交流恒流源进行温升试验的系统原理图如图 10-19 所示。

（4）系统工作原理：利用低压成套开关设备主电路输入端短路产生较小损耗，来进行温升试验的，也即对被测试品主电路输入端直接短接，对多台恒流电源分别接在被测试品各分支馈出回路输出端，通过倒输入恒定电流以达到测试目的。

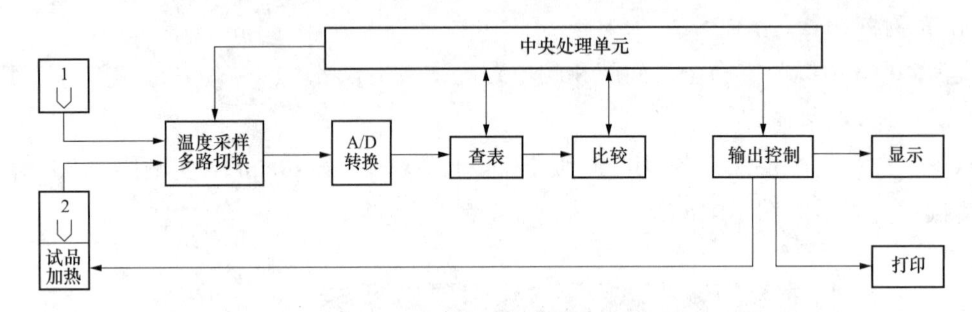


图 10-17　自动温升测量设备系统框图

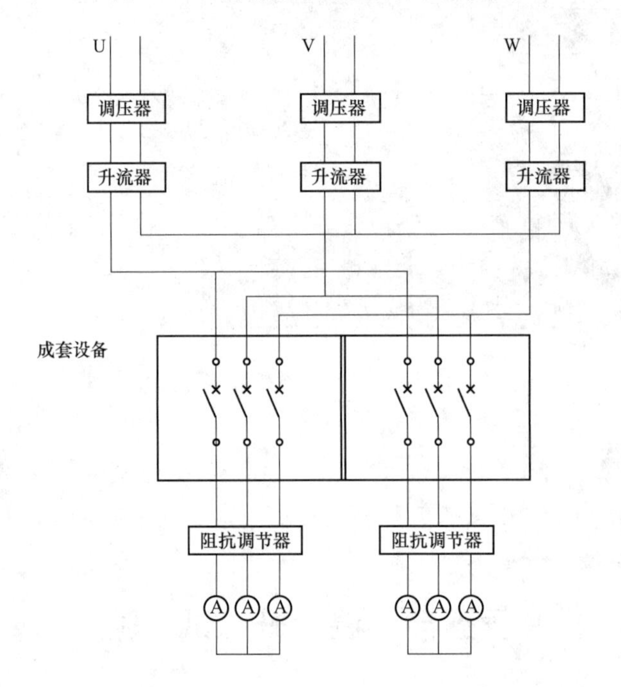


图 10-18　三相温升试验线路示意图

1）如图 10-19 中，QA 为试品总开关，$QA_1$～$QA_n$ 为试品分支路开关；SCHL1～SCHL$n$ 为恒流电源。当 $I=I_1+I_2+\cdots+I_n$ 时，温升试验可用一套多台恒流电源进行试验；当 $I>I_1+I_2+\cdots+I_n$ 时，可在支路末端（或总母排）增加一台恒流电源 SCHL$m$，使 $I=I_1+I_2+\cdots+I_n+\mathrm{I}_m$。

2）系统具有测试方便、试验电流误差小，设备体积小、质量轻、移动方便、节材节能的特点，成功克服了传统对多组电路低压成套开关设备温升试验，无法解决的铜阻温升造成电流飘移需实时调整的缺点，不但可以提高检测精度，加快试验速度，提高工作效率，而且大大地降低了能耗，节能效果明显。

**（二）试验方法**

具体步骤请参照第八章低压综合配电箱（JP 柜）第八节温升试验中试验方法的相关内容。

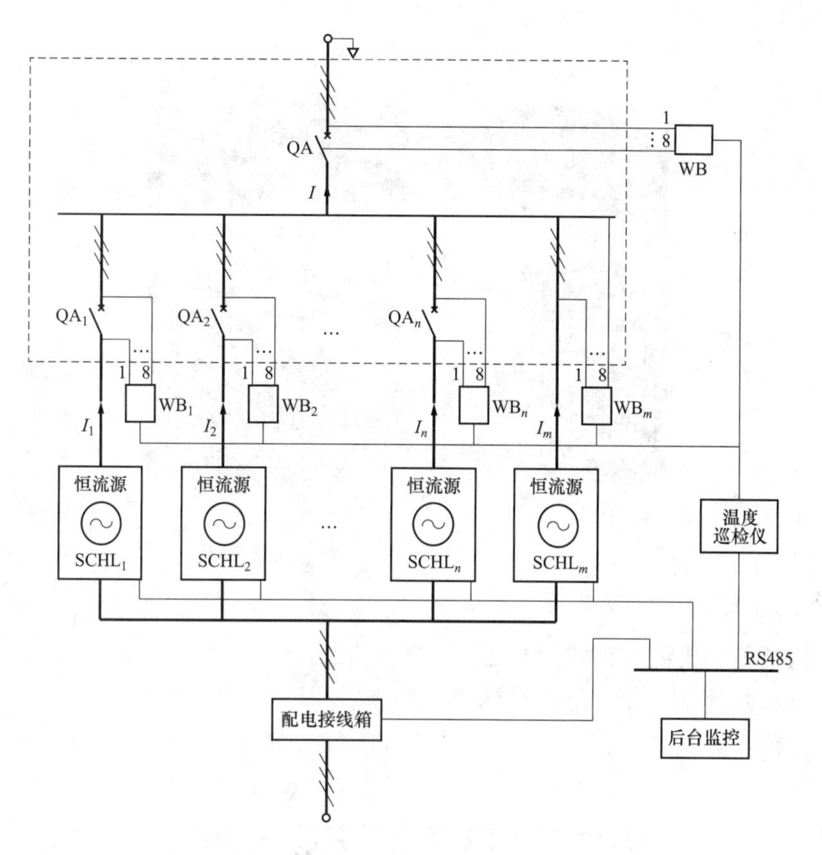


图 10-19　程控交流恒流源示意图

## 二、结果判定

低压开关柜成套设备的温升极限应符合相关标准的要求。

常见不合格现象严重性程度进行初步分级，仅供参考。温升试验常见不合格现象分级表见表 10-9。

**表 10-9　　温升试验常见不合格现象分级表**

| 序号 | 不合格现象 | 严重程度分级 | 结果判定依据 |
|---|---|---|---|
| 1 | 温升超过规定值 5K（含）以内 | 轻微 | GB/T 7251.5 |
| 2 | 温升超过规定值 5K，但未超过 15K（含） | 中度 | |
| 3 | 温升超过规定值 15K | 严重 | |

## 三、案例分析

1. 案例概况

交流 400V 低压电缆分支箱温升试验不合格。

2. 不合格现象描述

主回路隔离开关进出线端温升最高达到 77K，超出极限值（≥65K），现场试验照片如

图 10-20 所示。

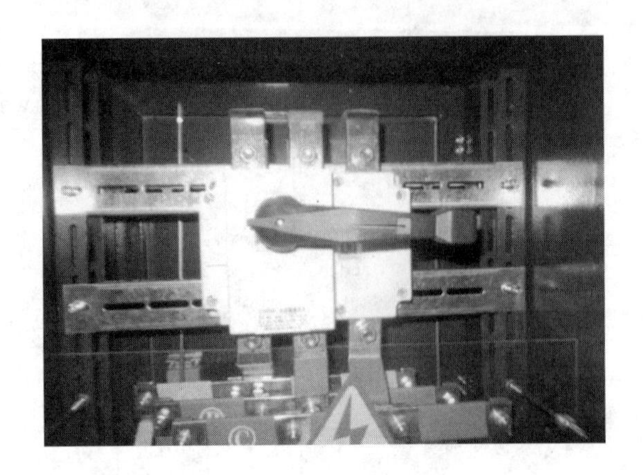

图 10-20　现场试验照片

3. 不合格原因分析

（1）隔离开关进出线端铜排尺寸小。

（2）或隔离开关本身在封闭的箱体中温升高。

（3）或者箱体散热不良。

# 第六节　成套设备的防护等级

## 一、试验过程

### （一）试验原理和接线

此试验项目无需接线，一般利用探针试具和淋水设备进行试验验证。

（1）探针试具现场试验（见图 10-21）。

图 10-21　探针试具现场试验照片

（2）淋水设备现场试验（见图 10-22）。

图 10-22 淋水设备现场试验现场照片

**（二）试验方法**

具体步骤请参照第八章低压综合配电箱（JP 柜）第九节成套设备的防护等级中试验方法的相关内容。

## 二、结果判定

按照 GB/T 4208—2017 的要求对各防护等级检验结果进行判定。

常见不合格现象严重性程度进行初步分级，仅供参考。成套设备的防护等级常见不合格现象分级表见表 10-10。

**表 10-10 成套设备的防护等级常见不合格现象分级表**

| 序号 | 不合格现象 | 严重程度分级 | 结果判定依据 |
|---|---|---|---|
| 1 | 试具进入壳体 | 轻微 | GB/T 7251.5 |
| 2 | 喷水后绝缘支撑件有水（若有）且介电不合格 | 严重 | |
| 3 | 喷水后带电部件有水（若有）且介电不合格 | 严重 | |

## 三、案例分析

**【案例一】**

1．案例概况

交流 400V 低压电缆分支箱防护等级 IP4X 不达标。

2．不合格现象描述

直径 1.0mm 的试具在试品侧面散热孔处可以进入到壳内，试具进入壳体如图 10-23 所示。

3．不合格原因分析

侧面散热孔未处理好，直径 1.0mm 的试具能够进入壳内，不满足 IP4X 要求。

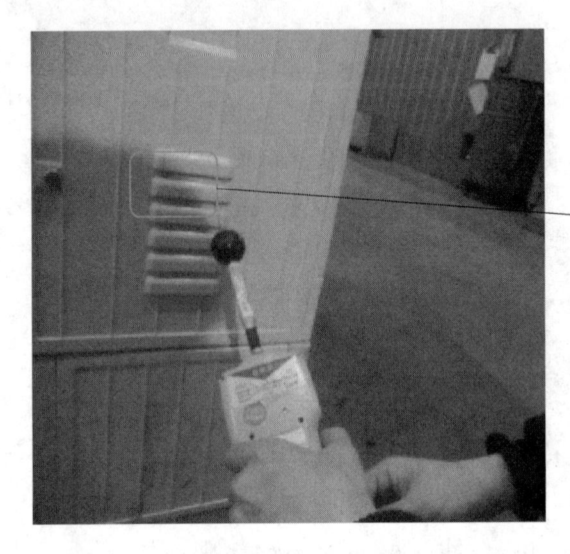


图 10-23　试具进入壳体

【案例二】

1. 案例概况

交流 400V 低压电缆分支箱防护等级 IP4X 不达标。

2. 不合格现象描述

直径 1.0mm 的试具在门轴脱落处可以进入壳内，防护等级不合格如图 10-24 所示。

图 10-24　防护等级不合格

3. 不合格原因分析

门轴脱落，直径 1.0mm 的试具能够进入壳内，不满足 IP4X 要求。

【案例三】

1. 案例概况

交流 400V 低压电缆分支箱防护等级 IPX4 不达标。

2. 不合格现象描述

绝缘支撑件上有可见水滴，绝缘支撑件上有水滴如图 10-25 所示。

图 10-25 绝缘支撑件上有水滴

3. 不合格原因分析

无有效的挡水措施，不满足 IPX4 要求。